유전상담의 역사: DNA로 계산하는 인간의 운명

Telling Genes:
The Story of Genetic Counseling in America
© 2012 Johns Hopkins University Press
All rights reserved. Published by arrangement with
Johns Hopkins University Press, Baltimore, Maryland

이 책의 한국어판 저작권은 Johns Hopkins University Press를 통해
저작권자와 독점으로 계약한 이음에 있습니다. 저작권법에 의해
한국 내에서 보호를 받는 저작물이므로 무단 전재와 무단 복제를 금합니다.
이 책의 전부 또는 일부를 이용하려면 반드시 저자와 이음의 동의를 받아야 합니다.

유전상담의 역사: DNA로 계산하는 인간의 운명
TELLING GENES: THE STORY OF GENETIC
COUNSELING IN AMERICA

알렉산드라 미나 스턴
ALEXANDRA MINNA STERN

책임번역
현재환

옮긴이
조희수
민병웅
최은경

유전상담의 역사: DNA로 계산하는 인간의 운명

처음 펴낸 날. 2025년 4월 30일

지은이. 알렉산드라 미나 스턴
책임 번역. 현재환
옮긴이. 조희수, 민병웅, 최은경

펴낸이. 주일우
편집. 이유나, 이임호
디자인. 워크룸프레스

펴낸곳. 이음
출판등록. 제2005-000137호 (2005년 6월 27일)
주소. 서울시 마포구 토정로 222 한국출판콘텐츠센터 210호
전화. 02-3141-6126
팩스. 02-6455-4207
전자우편. editor@eumbooks.com
홈페이지. www.eumbooks.com
인스타그램. @eum_books

ISBN 979-11-94172-13-0 (93470)
값 25,000원

이 책은 저작권법에 의해 보호되는 저작물이므로
무단 전재와 무단 복제를 금합니다.
이 책의 전부 또는 일부를 이용하려면 반드시
저자와 이음의 동의를 받아야 합니다.
잘못된 책은 구매처에서 교환할 수 있습니다.

	한국어판 서문	7
	서론	11
1	역사: 유전상담이 발전하다	19
2	유전적 위험: 진화하는 계산법	47
3	인종: 긴장과 문제가 있는 관계들	79
4	장애: 차이의 동역학	109
5	여성: 유전상담을 탈바꿈하다	143
6	윤리: 유전상담의 회색 지대	173
7	산전 진단: 현대 유전상담의 시녀	203
	결론	233
부록 A	참조한 아카이브 자료	241
부록 B	인터뷰 대상자	243
부록 C	북미 지역 유전상담 석사 학위과정 목록	245
부록 D	국내 유전상담 관련 현황	249
	미주	250
	보론: 한국 유전상담에 관한 짧은 역사	305
	옮긴이의 말	319

일러두기

각주는 모두 옮긴이 주이다.
책, 정기간행물은 『』로, 논문, 기사, 영화, 방송 프로그램은 「」로 묶었다.

한국어판 서문

2012년 『유전상담의 역사(원제: Telling Genes)』가 출간된 이래 미국의 유전상담 분야는 큰 변화를 겪었다. 내가 이 책을 마무리 지을 무렵 미국에는 약 30개의 석사 학위 유전상담과정이 있었다. 2024년 5월 현재에는 그 수가 두 배로 늘어 미국과 캐나다에 60개의 공인 학위과정이 있으며, 미국 내 유전상담사는 약 7,000명에 달한다.[1] 이러한 성장은 유전 의학 및 유전자 검사가 임상 치료 및 공중 보건에 통합되었고 여러 분야에서 상당한 수요를 보이고 있기 때문이다. 유전상담사는 연구 중심 의료 기관, 유전자 검사 회사, 주 보건부, 소규모의 전문 클리닉에 이르기까지 다양한 환경에서 일하고 있다. 또한 유전상담사는 진료 영역을 확장하는 데 능숙해 기존의 소아과, 산부인과, 종양학 외에도 심장학, 약물유전학, 희귀 질환 클리닉, 헬스케어 컨설팅 및 마케팅 분야에서도 활동 중이다.

　유전상담의 확장은 과학적 전문성, 의사소통 기술, 환자 중심의 정신이 결합된 이 독특한 분야의 중요성과 필요성을 보여 준다. 유전상담사는 개인과 가족이 유전자 검사 결과를 이해하도록 돕고, 치료나 개입이 불가능한 상황을 탐색하는 것은 물론 치료 및 시술에 대한 어려운 결정을 내릴 때 전문가의 조언자 역할을 한다.

　NSGC(National Society of Genetic Counselors, 전미 유전상담사 협회)에 따르면 이 분야는 향후 10년 동안 100% 성장하여 2030년에는 미국 내 유전상담사가 약 1만 명에 이를 것으로 예상된다.[2] 이러한 성장은 의학 및 임상 분야에서 유전학 및 유전체학이 지속적으로 확장되고 있으며 환자와 그 가족에게 정서적, 윤리적 영향을 미치는 고도의 기술 정보를 해석할 수 있는 전문가가 절실히 필요하다는 점을 반영한다. 동시에 유전상담은 1970년대 초에 본격화되던 당시부터 이 분야가 직면했던 문제와 동일한 것들로 계속 어려움을 겪고 있다. 특히 NSGC의 2021년 전문직 현황 조사에 따르면 유전상담사는 압도적으로 여성(94%)과 백인(90%)이 대다수이다.[3] 이러한 수치는 지난 반세기 동안 크게 변하지 않았으며, 미국의 인구 구성이 인종적, 민족적으로 더욱 다양해지면서 급격히 변화하고 있다는 점을 고려한다면 꽤 문제적이다. 또한 남성, 여성, 트랜스젠더, 논바이너리 환자들은 다양한 보건 환경에서 유전상담 서비스를 찾고 있으며, 이는 유전상담사라는 직종이 개선된 젠더 공정성(gender parity)을 갖추도록 이끌 것이다.

공인된 유전상담과정은 1970년대 초 미국에서 등장해 유전의학의 필수 요소로 자리 잡았다. 캐나다의 몇몇 학위과정과 함께 미국의 학위과정은 영어권 국가에 유전상담 교육 모델을 제공했으며, 시간이 지나면서 영국, 호주, 뉴질랜드, 남아프리카공화국에서도 유사한 학위과정이 설립되었다. 프랑스와 일본 등에서도 독립적으로 학위과정이 개설되었다. 모든 경우에 유전상담은 유전, 질병 및 가족에 대한 이해를 이루는 별도의 문화적, 사회적 맥락 가운데 기존의 의료 시스템과 유전 과학 및 의학의 구성 형태와 함께 발전해 왔다.[4] 유전상담과정은 오랜 전통을 가진 국가와 아직 도입 단계에 있는 국가 모두에서 향후 수십 년 동안 주목할 만한 성장을 보일 가능성이 매우 높아 보인다.

역자 현재환이 제공해 준 정보에 따르면, 한국에서는 2000년대 중반부터 아주대학교 병원의 희귀 유전 질환 전문 의사들이 일본과 미국의 모델에서 영감을 받아 유전상담 시스템 도입을 본격적으로 모색했다. 한국어판 부록에서 언급된 것처럼 현재 한국에는 5개의 석사 학위 유전상담과정이 있으며, 그중 2개는 의과대학과, 2개는 사회복지대학원과 연계되어 있으며, 1개는 학제 간 협동과정이다. 2013년부터 성공적인 학위과정이 설립되기 시작했고, 2024년 국공립대 최초로 부산대학교 의과대학에 유전상담 학위과정이 개설되었다.

유전상담사가 미국유전상담학회를 관장하는 미국과 달리

한국에서는 의사들이 주축이 된 의학유전체학회가 유전상담 프로그램을 인증하고 유전상담사 자격을 부여하고 있다. 이 학회는 국가 유전상담사 자격시험을 실시해 총 76명의 유전상담사를 인증했다. 유전상담사가 상주하고 있는 병원은 15곳에 불과하며, 대부분 간호사나 진단검사의학과 전문의 등 다른 직업을 겸직하고 있는 경우가 많다. 일본이나 미국과 마찬가지로 대부분의 유전상담사 자격증 소지자는 병원에서 간호 또는 진단검사의학 분야에서 근무한 경험이 있는 여성이다.

『유전상담의 역사』가, 초기에는 우생학 운동과 긴밀히 얽혀 있었으나 점차 생명윤리와 환자 중심주의, 공감적 소통에 대한 관심으로 발전한 미국에서의 유전상담의 성장에 대해 유용한 역사적 정보와 교훈을 제공하기를 바란다. 분명한 것은 전 세계적으로 다양한 환경에서 유전상담사가 필요하다는 사실이다. 미국 유전상담의 성공과 실패 사례를 배우는 일이 한국 유전상담의 발전을 위한 로드맵이 되기를 기대한다.

서론

의사에게 진찰 받고 뉴스를 읽거나 임신이나 양육 활동에 본격적으로 뛰어들 때 미국인들은 유전체 의학(genomic medicine)을 마주하게 된다. 미국인들이 어떻게 (그리고 누구로부터) 자신의 개인적인 유전적 구성에 대한 정보를 받게 되는지는 그들의 삶과 미래에 대단히 중요하다. 의료 서비스 분야에서 인간유전체학과 마주하는 개인들과 가족들 중에는 양수 천자 검사나 융모막 융모 생검과 같은 진단 절차들에 이어 산전 유전자 선별 검사를 받을지 결정을 내려야 하는 임신부들이 포함된다. 헌팅턴병처럼 치료할 수 없는 유전 질환의 위험 때문에 유전자 검사 수행 여부를 결정해야 하는 고통스러운 문제를 가진 개인들도 여기에 해당된다. 그리고 유전성 유방암을 가진 생물학적 친척이 있거나 예방적 유방 절제술과 난소 적출술의 가능성을 포함한 의학적 관리에 대한 어려운 결정에 직면한 여성들도 이에 포함될 것이다.

60년이 넘는 시간 동안 유전상담사는 유전적 상태의 위험, 실재, 그리고 인식에 대한 중요한 정보의 전달자로서 봉사해 왔다. 유전상담사는 이상적으로는 다양한 내담자에게 검사 결과와 전문 용어를 신뢰할 수 있는 정도로 해석해 주고, 과학적 통찰력과 인간적인 공감을 동시에 갖추어 이들이 자신의 선택을 결정하는 데 도움을 준다. 유전상담사는 임상 유전학이 환자의 자율성과 사전 동의와 같이 다른 임상 전문 분야들에서 준수되는 생명 윤리 원칙들을 보장하는 일을 도울 수도 있다. 이 특별한 의료 서비스 분야의 전문가들은 의사와 과학 연구자, 일반 대중에게 희귀 질환, 그리고 점차 수요가 늘어나고 있는 통상 질환 및 만성 질환에서의 유전학의 역할을 교육시키는 데 핵심적인 역할을 맡는다.

2012년 현재 미국에는 3천 명 이상의 인준받은 유전상담사가 존재한다. 이들은 카운티 클리닉, 지역 병원 및 교육 병원, 공중 보건 부처들과 사설 바이오 기업들, 의학계 등을 포괄하는 다양한 영역에서 활동 중이다. 오늘날 대부분의 유전상담사는 면허직이며 유전학과 심리학 과목을 수강했을 뿐만 아니라 임상 및 연구 현장 실습도 요구하는 2년제 석사 학위과정을 졸업했다. 이들 대부분은 이처럼 잠재적으로 삶을 바꿀 수도 있는 정보들이 (오늘날 면허제 유전상담의 주요 교리가 된) 환자 중심 진료(client-centered care) 환경에서 소통되어야만 한다고 확고하게 믿는다. 간호사, 사회 복지사, 다양한 분야의 전공의들을 포함한 여타의 많은 공중 보건 전문가도 유전 위험 정보나 검사 결과를 소통하며 종종 유전상담의 핵심 원칙들을 그들의 소통 전략의 일부로 통합시킬 방안을 모색한다.

유전상담 분야는 어떻게 발전하게 되었을까? 유전상담사들은 과학, 의학, 기술, 사회의 발전들에 어떠한 영향을 주고 또 받아 왔을까? 어떻게 유전상담은 현대 미국의 유전체 의학의 이해와 경험을 틀 짓는 데 도움을 주었을까? 생의학계에서 특정한 종류의 심리학적·임상적 훈련을 받은 이 조력 전문직(helping profession)에게 알맞은 위치는 어디일까? 무엇이 유전상담사와 환자 혹은 내담자들 사이의 상호 작용을 구별하며, 이런 상호 작용들은 시간이 경과함에 따라 어떻게 바뀌었을까? 이 책은 이 질문들을 탐구하기 위해 오늘날의 유전상담을 역사적 맥락에 놓고, 그것이 21세기에 맡게 된 역할을 살펴본다. 나는 유전상담의 기원을 1900년대 초의 우생 운동(eugenics movement)에서부터 추적한 후, 이 분야가 20세기 중반의 의학유전학(medical genetics)의 통합적인 일부로 출현하게 되는 과정을 검토하고, (오늘날 우리가 알고 있는 바와 같이 대부분 여성인) 유전상담사를 배태한 1960~1970년대의 과학적·사회적 요인들의 결합을 서술한다.

지난 60년 동안 유전상담은 극적으로 변화했다. 현존 인구와 미래 세대의 유전적 구조에 영향을 끼치는 것을 주 목표로 조언들을 제공했던 과거와 달리, 오늘날의 유전상담사들은 개인과 그 가족의 즉각적이고 장기적인 복지에 초점을 맞춘다. 이 같은 전환은 '이전'과 '이후'로 구별할 수 있는 분명한 시기들로 그려지지 않는다. 이보다는 생식, 유전학, 낙인, 그리고 차이와 관련된 많은 초미의 과제가 해결되지 않은 채로 남아 있는, 질질 끌리는 불균등한 과정들을 포괄한다. 대개 해결책의 부재는 인간유전체학 중심의 조력 전문직이라는 존재의 필연적인 부산물이다. 희귀 질환 및 통상 질환과 관련된 새로운 지식·기술·치료법을 만들어 내는 과학적 탐구와 연구를 진행하는 가운데, 심원한 사회적·윤리적·법적·개인적 결과들을 수반하는 이 급변하는 분야에서는 말이다.

    이 책에서 나는 오늘날의 유전상담 실천들·원칙들·전문가들에 대해 왜 역사가 문제인지를 예증한다. 유전상담은 여러 제약을 부과할 뿐만 아니라 그 분야와 종사자들을 알게 모르게 방해하는, 큰 부담이 되는 역사적 응어리를 지고 있다. 먼저 최근 대부분의 전문 조사에 따르면 유전상담사의 95%는 여성이며, 92%는 백인 혹은 코카서스인으로 분류된다. 분명하게 이 직종의 성원들은 그들의 내담자들과 사회 전반의 인종적·종족적·젠더 구성을 대표하지 않으며, 이는 유전상담사들이 얼마나 잘 훈련받았는지, 얼마나 좋은 의도를 갖고 있는지와는 무관하게, 다른 사회적·문화적 배경을 가진 내담자들에게 다가가고 효과적으로 소통하는 역량에 대해 심각한 질문들을 제기한다.[1] 게다가 1940년대에 유전상담이 출현했을 당시의 주도적인 종사자 대다수는 발달 장애를 지닌 사람들을 단종시키자는 주장을 지지하는 데 거리낌이 없었다. 적어도 1980년대까지 많은 유전상담사는 환자의 독립성과 사전 동의를 지지하더라도, 육체적·정신적 장애를 낳을 수 있을 것 같은 유전적 조건을 의학적·심리학적·경제적 이유로 피해야만 하는 생물학적인 오류로 보았다. 21세기의 유전상담사들은 과거의 우생학자들과는 완전히 다르다. 그뿐만 아니라 젊은 세대의 종사자들은 종종 생명 윤리

준칙들을 유전 서비스 제공 활동에 도입하는 최전선에 있다. 그럼에도 불구하고, 이 직종은 유전주의적 사고의 어두운 측면과 뚜렷한 연결 고리들을 갖고 있으며, 이런 연관들은 연구와 분석의 대상이 될 만하다.

  우생학적 과거와 유전체학적 현재 사이의 인준된, 그리고 인준되지 않은 연속성들을 드러내는 것은 부정적이든 긍정적이든 유전상담사에 대한 대중적 태도의 기원에 관한 통찰을 제공할 수 있으며, 보다 넓게는 유전 기술과 관련된 잠재적이거나 긴급한 도덕적 딜레마들을 모색 중인 보건 전문가들에게 이정표를 제공할 수 있다. 유전상담의 진화는, 작지만 확고한 보건 전문직이 어떻게 임상의학과 실험실 과학에서의 발견들에 의해 추동되었고, 미국 사회의 광범한 경제적·사회적·문화적 발전들에 의해 영향을 받으면서 비약적으로 성장할 수 있었는지를 밝힌다.

  나는 역사적 방법을 활용해 미국 사회에서의 유전상담의 역사를 비판적이면서도 공감하는 관점에서 서술하기 위해 아카이브들에서 발굴해 낸 문서들과 유전 건강 분야 종사자들의 목소리들을 결합하여 시간이 경과하며 일어난 우여곡절을 그린다. 이 책에서 내가 수행한 광범위한 연구는 대학들의 역사 보관소, 의과대학들의 특별 컬렉션(special collection), 환자 및 친인척 서류철들과 오랜 시간 동안 씨름한 결과이다. 이외에도, 유전상담이 생기 넘치는 살아 있는 역사이기 때문에 내가 유전상담사들, 의학유전학자들, 심리학자들을 대상으로 수행한 46건의 구술사 인터뷰들 또한 활용했다.[2] 이런 보완적인 접근들과 자료들은 유전상담의 발전이 과학적 진보들만큼이나 유전 지식과 유전 질환이 가져올 결과에 대한 도덕적·감정적 우려들에 영향을 받아 이루어진, 선형적이기보다는 우회적인 것임을 나타낸다.

  1장은 현재에서 과거로 되돌아가면서 1940년대부터 오늘날까지 유전상담의 발전과 정의들을 살펴본다. 이는 주디스 치피스의 가슴 뭉클한 이야기로 시작하는데, 그의 가족사와 과학적 전문성은 그가 1992년에 브랜다이스 대학교의 유전상담 석사 학위과정을 설립하도록 이끌었다. 이후에는 미네소타 대학교의 셸던 리드가 '유전상담'이라는 용어를 고안하는 과정을 추적하고 초창기 유전상담사들이 우생학적 관념들 및 조직들과 맺은 강고하지만 양가적인 관계를 분석한다. 이는 1970년대 초반에 새로운 세대의 여성 및 남성 종사자들이 전문적인 유전상담 석사 학위과정들을 수립할 때 일어난 극적인 변화를 이해하기 위한 틀을 제공한다.

 2장에서 나는 유전상담 종사자와 내담자 모두의 관점에서 유전상담의 주춧돌 가운데 하나인 유전적 위험을 고찰한다. 여기서 나는 현대적 위험 개념의 역사적 발전과 관련한 배경지식을 제공하고자 하며, 특히 유전적 위험 개념의 역사적 계보를 추적할 것이다. 이 장은 환자들의 이야기와 경험들을 통합하여 다루며 어떻게 내담자들과 환자들이 위험을 각기 다른 방식으로 경험하게 되는지를 보인다. 많은 내담자들이 위험 가능성이 존재한다는 사실만으로도 유전자 선별 검사나 다른 진단 검사를 받고자 하며, 유전적 위험 계산이 보다 정확해지면서 이런 경향은 가속화되어 왔다. 위험에 대한 주관적 이해들과 유전상담사의 위험 수치를 표준화하려는 시도들 사이에서 일어나는 마찰은 20세기와 21세기에 유전상담사의 특수한 전문적 역할과 유전상담에 대한 사회적 태도들을 파악하는 데 핵심적이다.

 3장은 인종에 대한 과학과 사회에서의 이해와 유전상담 사이의 관계를 강조한다. 심지어 1950년대에도 선도적인 유전학자들은 인종에 대한 조잡한 생물학적 개념을 무시했지만, 인종화된 차이들은 계속해서 유전상담과 의학유전학에서 중요한 역할을 맡았다. 예를 들어 미국의 유전 클리닉들 가운데 두 기관은 혼인 패턴과 인류 유전에 관한 연구 프로젝트들을 지원하기 위해 인종주의적인 파이오니어 재단의 독단적인 후원자와 파우스트적인 거래를 맺었다. 동시에 유전 클리닉에 소속된 유전학자들은 버려진 신생아와 입양 부모를 짝짓기 위한 인종 분류를 복지 기관 혹은 예비 부모가 원할 때 가장 중요한 전문가로서 활동했다. 유전학자들은 편향된 영국 생물학자 레지널드 러글스 게이츠에 의해 고안된 색상표를 사용하면서 피부색, 입술 모양, 머릿결, 여타의 형질들을 범주화하기 위해 의학 및 인류학의 동료들과 협력했다. 이 장은 1940년대부터 1960년대 사이에 미국에서 국내 입양이 한창이던 때의 유전상담의 잊혀진 활동을 탐구하고, 이것이 오늘날 인간유전체학에서의 인종과 인종적 사고에 관한 이슈들과 어떻게 관련되는지를 논한다.

  4장에서 나는 의학유전학자들과 유전상담사들이 장애에 낙인을 찍는 동시에 장애인과 그의 가족들의 역량을 강화하는, 복잡하면서도 일견 모순된 양상을 탐구하며 차이에 관한 논의를 장애로 확대한다. 이 장은 유전상담사들이 장애인들의 새로운 생명사회적 정체성과 네트워크 형성을 촉진하는 데 있어 맡은 역할을 살핀다. 나아가 1960년대 초 일군의 인류유전학자들이 보다 분명한 과학적 정확성을 기하고 비하적인 의미를 가진 용어를 의식적으로 탈인종주의화한다는 명목하에 몽고증과 몽고증 백치라는 진단명을 다운 증후군으로 대체하고자 했던 추론 과정도 검토한다. 오늘날 유전상담사들이 유전상담 분야에 뛰어들게 된 일이 부분적으로는 장애인과 그 가족들에 대한 개인적인 경험이나 그에 대한 자각 가운데 이루어졌다는 이야기들을 강조하면서 이 장은 유전상담과 장애인 인권 사이의 다루기 어렵지만 요구되는 관계를 살핀다.

  5장에서는 결연하고 용감무쌍한 여성이 대부분인 새로운 세대가 유전상담을 변화시키고 유전상담사를 오늘날 우리가 알고 있는 존재로 창조해 냈던 1960년대 말과 1970년대에 일어난 일들을 상술한다. 이 장은 1969년에 세라로런스 칼리지에 수립된 최초의 유전상담 석사 학위과정을 렌즈 삼아 유전상담을 재구성하기 위해 결합된 젠더 역학과 사회적·문화적·경제적 요인들을 설명한다.

이에 더해 럿거스 대학교와 콜로라도 대학교 건강과학센터, 그리고 캘리포니아 주립대학교 버클리 캠퍼스를 포함해 1970년대 자매 학위과정들이 설립될 수 있었던 동기와 이에 연루된 핵심 인물들을 검토한다. 감정 노동(emotional labor)이라는 사회학적 개념을 활용하여 나는 과학 지식과 감정적 의사소통, 그리고 정보 전달을 결합하는 여성화된 보건 의료 직종으로서 오늘날의 유전상담의 특수한 성격을 살필 것이다.

6장은 독립성과 비지시성의 교리에 초점을 맞추어 어떻게 생명 윤리가 유전상담에 영향을 끼쳐 왔는지를 검토한다. 1970년대 유전상담에서 생명 윤리 원칙들이 세워지는 데 기여한 네 가지 조류를 살핀다. 칼 로저스의 내담자와 개인 중심 상담 이론, 셸던 리드의 상담에 관한 콤플렉스 접근과 '환자'보다는 '내담자'라는 용어의 선호, 1960~1970년대 생명 윤리 탄생에서 유전상담과 유전자 검사의 중심성, 그리고 인간 행동에 관한 심리 사회적 이론들의 유전상담 훈련 학위과정들로의 통합이 여기에 포함된다. 이 장은 비지시성을 숭앙하는 기풍이 한때는 유전상담사들이 상담을 위한 윤리적이고 의미 있는 방법들을 고안하는 데 유용한 철학적 플랫폼을 제공했지만 점차 유연한 상담사-내담자 상호 작용의 장애가 되었음을 보인다.

7장은 앞 장들의 실타래들을 좇아 산전 진단의 확립 과정을 탐구하고 양수 천자 기법과 유전자 선별 검사가 도입되는 시기에 유전상담사들이 재생산 선택과 재생산 기술들에 어떻게 접근했는지를 조사하며 1970~1980년대로 나아간다. 이 장은 1969년 미국에서 최초로 세워진 양수 천자 클리닉 가운데 하나인 존스홉킨스 병원의 산전진단센터의 활동과 목적을 면밀하게 검토한다. 이 장은 재생산 선택과 관련된 멋진 신세계의 출현을 낙태를 둘러싼 투쟁과 재생산 및 유전 기술들에 대한 불평등한 접근, 석사 학위 소지 유전상담사의 증가, 재생산 자율성이 생명 윤리적 성배가 되어 가는 경향, 그리고 장애 아동과 장애인에 대한 지속되는 부정적인 태도들이라는 맥락 속에서 살핀다.

    이 책의 마지막 장은 유전상담의 역사와 21세기 다국면적인 유전체 의학의 관계를 검토한다. 유전체 의학은 소비자 대상 직접(DTC: direct-to-consumer) 유전자 검사의 급속한 성장과 만성 질환 및 보통 질환에서의 유전적 요인들에 대한 지속적인 발견들로 특정 지어진다. 결론에서는 미래를 전망하고 근 시일 내에 유전상담이 직면할 기회와 도전들을 성찰할 것이다.

1장 역사: 유전상담이 발전하다

1990년의 어느 날 브랜다이스 대학교의 생물학 교수 주디스 치피스(Judith Tsipis)는 여성 동료 몇몇과 점심을 함께하던 중이었다.[1] 당시는 인류유전학이 잘나가던 시기였고, 치피스와 그의 동료들은 이 분야의 비약적인 발전을 잘 인지하고 있었다. 바로 그해 인간 유전체 프로젝트(Human Genome Project)에 대해 미국 연방 정부가 막대한 지원을 제공할 것이라고 대중적으로 선언되었고, 과학적 탐구와 생명을 살릴 치료법의 탐구라는 이름하에 인간 유전체 전체를 지도화할 것을 제안했다.[2] 보스턴에서 이루어진 점심 식사 대화의 주제는 마침내 헌팅턴병(Huntington Disease)과 관련된 최근의 경이로운 연구들, 특히 이 치명적인 성인발증형 신경 질환과 관련된 4번 염색체의 유전 표지자 탐지에 관한 논의로 옮겨 갔다. 치피스의 동료 중 한 명은 헌팅턴병 연구를 이끌던 낸시 웩슬러(Nancy Wexler)가 최근 출판한 논문에 대한 이야기를 꺼냈다. 웩슬러의 논문은 다양한 산전, 신생아, 잠복기 유전자 검사들과 함께 헌팅턴병 검사를 사용할 수 있게 되면서 제기될 심리적 이슈들에 대응할 수 있는 유전상담사가 늘어날 필요가 있음을 상세히 설명했다.[3]

대화 도중 치피스는 유전체 지식과 기술의 폭발적인 성장이 막 시작되고 있다는 사실을 깨닫고 브랜다이스 대학교에서 유전상담과정을 출범시켜야 한다고 확신했다.[4] 1969년 세라로런스 칼리지에 유전상담 석사과정이 처음으로 설립된 이후부터 그때까지 미국에는 총 17개의 학위과정이 설립되었으며, 당시에도 새로운 과정들이 등장하던 참이었다(유전상담과정 석사 학위에 대한 연보에 관해서는 〈부록 C〉 참고). 비록 보스턴은 저명한 교육 기관들과 의학 관련 기관들이 몰려 있는 학문적 고향과도 같은 곳이었지만, 어느 대학에도 유전상담과정은 개설되지 않았다.

매사추세츠 공과대학교(MIT)에서 박사 학위를 받고

세균 및 동물 바이러스 유전학을 공부한 치피스는 DNA의 분자 수준에서 이루어진 과학적 발견들에 매료된 것도 있지만, 개인적인 이유에서도 인류유전학에 이끌렸다. 1975년에 치피스는 아들 안드레아스를 출산했는데, 그의 아이는 생후 6개월부터 발달 지연 증상을 보이기 시작했다. 상태는 해가 갈수록 악화되었다. 수많은 전문가의 진찰에도 불구하고 정확한 병명을 알지 못했다. 안드레아스가 13세가 된 후에야 중추 신경계가 점진적으로 손상되는 것을 특징으로 하는 희귀한 상염색체 열성 질환인 카나반병으로 진단되었다. 1931년에 이 질환을 발견한 보스턴의 의사 머텔 카나반(Myrtelle Canavan)의 이름을 딴 카나반병은 백색질 장애(leukodystrophy) 중 하나로, 이 경우에는 아스파르토아실라아제(aspartoacylase)의 유전적 돌연변이 때문에 몸이 N-아세틸아스팍틴산(N-acetylaspartic acid)을 효과적으로 대사하지 못하고 체내에 축적되어 신경학적·신체적 저하를 야기하는 질환이었다. 이 병은 열성 질환이었기에 돌연변이 카나반병 유전자의 두 복사본을 (이 열성 유전자에 영향을 받지 않은 보인자인) 각 부모로부터 물려받은 경우에만 일어났다.[5] 멘델 유전의 기본 원리를 따르자면 돌연변이 카나반병 유전자의 두 보인자를 가진 아이는 열성 동형 접합(homozygous)이 되어 질환이 발병할 확률이 25%였다.[6] 비록 모든 종족 집단에서 카나반병이 발견되었지만, 특히 아슈케나지 유대인(Ashkenazi Jews) 사이에서 더 흔하게 발병했다.

치피스가 말한 것처럼 그 운명적인 점심 식사는 그의 "사적인 삶과 직업을 결합해 우리와 같은 처지에 놓인 다른 가족들을 돕는" 촉매가 되었다.[7] 늘 철두철미하고 지치는 일 없이 살아온 치피스는 당시에 현존하던 유전상담과정에 관해 그가 살펴볼 수 있는 모든 것을 살피고 브랜다이스 대학교에 응용 석사 학위과정을 수립하는 데 필요한 행정적 절차들을 배우는 데 자신을 바쳤다. 치피스는 그의 설립 계획을 반기지 않는 지역 안팎의 유전상담사들의 일부

저항에 직면해 추가로 더 많은 시간을 투자해야 했다. 그럼에도 그의 끈기는 결국 보상을 받았다. 2년이 채 되지 않아 치피스는 처음에 내키지 않아 하던 브랜다이스 대학교의 중진 교수들로부터 승리를 거두어 임상 실습의 기초를 마련하고, 교육과정을 고안했으며, 과학과 심리학 분야 관련 기본 이수 과목들을 가르칠 강사들을 고용했다.

  1992년 가을 일곱 명의 학생을 첫 과정생들로 받아들인 브랜다이스 대학교 석사과정은 뉴잉글랜드 지역 최초의 유전상담과정이 되었다. 장애인과 그들 가족의 경험을 강조하는 데서 유명해진 치피스의 성취는 오늘날에도 이어지고 있다. 감동적이게도, 치피스의 아들 안드레아스의 유산은 이 학과에서 살아 숨 쉬고 있다. 1998년에 안드레아스가 스물두 살이 되고 죽음을 맞이하기 직전에 치피스와 그의 남편은 아들의 이름을 따 유전상담 대학원생들을 후원하는 장학금을 만들었다.[8]

  여러 측면에서 치피스의 이야기는 현대 유전상담의 발전을 예증한다. 현명하고 고등 교육을 받은, 학계의 중심부에 안착하여 중요한 자원들에 접근 가능한 여성이었던 치피스는 모정, 부모의 비통함, 과학적 전문성, 대인 관계 기술 등이 결합된 가운데 동기 부여를 받았다. 그러나 그의 여정이 유전상담에 있어 가장 중요하고 상징적인 테마를 잘 설명한다고 해도, 이는 유전상담으로 나아가는 수많은 경로 중에 하나일 뿐이었다. 현대 유전상담의 발전이나 유전상담사가 되는 일에 단일한 경로 같은 건 없었고, 오늘날에도 마찬가지다. 유전상담의 역사는 이보다는 다양한 전문적·개인적 배경의 사람들을 끌어들이고 연루시키는 다층의 경로 가운데 하나이다. 그들의 공통분모는 어떠한 방식으로든 인류 유전과 유전 질환에 영향을 받았으며 내담자와 가족들이 유전 질환과 유전체 정보의 생생한 현실과 미래의 함의를 이해하고 대응하도록 돕기를 원했다는 점이다.

  대부분의 유전상담사는 검사 결과를 소개하며, 이상적으로는 다양한 부류의 내담자들의 처지를 공감하고 이들의 힘을 돋우는 방식으로 유전 위험 정보를 계산하고 전달하는 데 대부분의 시간을 바친다. 유전상담사들은 내담자들에게 복잡한 기술적·과학적 정보들을 이해 가능한 언어로 설명하고 가장 적절한 다음 단계를 결정하는 일을 도울 수 있도록 교육받는다. 상담을 희망하는 개인이나 가족에게는 각각의 면담을 특수하게 만드는 수많은 요인이 존재한다. 유전 질환이나 유전 진단, 계산된 위험 수준, 진단 검사의 유형(산전, 신생아, 증상 전(presymptomatic) 진단 검사)뿐만 아니라 내담자의 성적·인종적·종족적 배경, 종교적·문화적·도덕적·개인적 가치 등 말이다.[9]

2012년 시점에서 미국과 캐나다에서 완전히 인가받은 유전상담 석사 학위과정은 28개이고, 임상, 연구, 교육, 상업적 맥락에서의 의료 서비스라는 넓은 스펙트럼을 가로지르며 발견된다.[10] 전미 유전상담사 협회(NSGC)에 의해 수행된 2010년 조사에 따르면 NSGC 회원의 대다수인 37%가 대학 의학 센터에, 22%는 민간 의료 기관에, 16%는 공립 병원에 고용되었다. 유전상담사들의 직장은 산전 클리닉과 소아과 클리닉, 암 유전학, 마르판 증후군이나 헌팅턴병 같은 유전 질환에 초점을 맞춘 전문 기관에 집중되어 있다. 또 훨씬 적은 수지만 건강 관리 기관, 카운티 보건 기구, 제약 회사, 야전 진료소의 진단 검사 실험실에서 근무하기도 한다.[11]

2010년에 NSGC에 의해 조사된 유전상담사의 90% 이상은 유전상담이나 인류/의학유전학 석사 학위를 받았으며, 나머지 10%는 간호학사특별과정(BSN/RN), 법학전문 석사(JD), 경영학 석사(MBA), 의사(MD), 보건학 석사(MPH), 간호학 석사(MSN), 혹은 박사 학위(PhD) 들을 결합한 형태로 갖고 있다.[12] 미국 유전상담 위원회(ABGC: The American Board of Genetic Counseling)는 유전상담사 자격을 부여하고 유전상담과정을 인준한다. NSGC는 해당 분야의 대표 저널인 『유전상담

협회지(Journal of Genetic Counseling)』를 출판하고 연례 회의와 지역 미팅을 조직한다.[13] 물론 위원회 자격 인증이나 NSGC 소속이 아닌 이들을 포함해 많은 보건 인력도 환자들과 내담자들에게 유전 정보를 전할 때에 유전상담 활동에 광범위하게 참여한다고 할 수 있다. 산부인과 전문의들은 양수 천자 검사 결과를 주기적으로 제공하고, 소아과 전문의들은 유전 질환 발병 가능성이 있는 아이들 및 가족과 긴밀하게 소통하며 진료하고, 안과 전문의들은 유전성 안과 질환을 발견하고 환자들에게 선택 가능한 치료 방안을 설명하며, 종양학자들은 유방암, 난소암, 직장암의 유전적 소인에 관한 유전자 검사의 이용 가능성을 논의한다.

비록 많은 의사 학위 소지자가 높은 수준의 유전상담을 제공하고 있지만, 전반적으로 의사들은 훈련된 유전상담사들보다는 처방 중심적이고 심리 사회적 측면을 덜 신경 쓰는 경향을 보인다. 게다가 의사의 경우 대개 단시간에 수많은 환자를 진료해야 하는 압력을 받는 상황 때문에 환자들과 깊이 있는 대화를 하기가 쉽지 않다. 예를 들어 2010년도 NSGC 조사에 따르면 유전상담사의 대다수(60%)는 면 대 면 상호 작용에 환자당 31~60분을 소모한 반면, 의사 대다수(52%)는 15분이 채 안 되었다. 이 패턴은 유전상담사에게 좌절의 원천이 될 수 있지만, 동시에 환자와 내담자에게 개인화된 돌봄을 제공하는 의료 서비스 전문가로서 그들의 적합성을 정당화하는 일을 도울 수 있다.[14]

유전체 의학은 흥미진진하고, 급변하며, 치료, 예방, 생물학적 치료와 예방 그리고 최적화를 약속한다.[15] 희귀 유전 질환의 염기 서열이 분석되고 지도화되거나 만성 질환의 유전적 감수성(genetic susceptibility)과 환경적 요인 사이의 관계가 밝혀지면서 우리는 매일 질환의 유전적 요인들에 대해 더 많이 배운다.[16] 2011년 10월 기준으로 미 국립보건원(NIH: National Institutes of Health)에 의해 유지되는 진테스트(GeneTests) 데이터베이스에 따르면 2,440개 이상의 유전 질환 검사가 존재하며, 1,200개에 가까운

클리닉에서 검사 서비스를 제공하고 거의 600개에 달하는 실험실에서 표본을 처리한다.[17] 또 유전 질환은 사람들이 생각하는 것보다 흔히 발병하는데, 그 결과 치명적인 감염병들을 효과적으로 치료하는 항생제들과 집단 면역 프로그램이 도입된 1950년대 이래 서구화된 국가들에서 유병률과 사망률의 주요 기여 인자가 되어 왔다. 예를 들어 오늘날 낭포성 섬유증(cystic fibrosis)은 코카서스계 미국인 2,500명 가운데 1명에게 영향을 끼치며 25명 가운데 1명이 보인자다. 아프리카계 미국인 신생아 500명 가운데 1명은 겸상 적혈구 빈혈증(sickle cell anemia)의 동형 접합이며, 12명 가운데 1명은 이형 접합(heterozygous) 보인자다. 그리고 미국 여성 8명 가운데 1명은 유방암이 발병하며, 이 가운데 5~10%는 유전적 소인 때문에 일어난다.[18] 이외에도 95%는 비유전성 유전 질환인 다운 증후군이 가장 흔한 염색체 이상으로 600~700명의 출생당 1명꼴로 발병한다.[19] 유전학에 대한 지식이 신속하게 성장하는 가운데 과학자들은 통상 질환과 만성 질환에 관련된 수많은 유전 인자를 발견하고 있으며, 유전체 의학의 빠른 확장은 더 일반적으로 유전상담과 의료 서비스에 심대한 함의를 갖는다.[20]

    도로시 넬킨(Dorothy Nelkin)과 수전 린디(M. Susan Lindee)가 십여 년 전에 『DNA 신화(DNA Mystique)』에서 언급한 내용은 여전히 유효한 것처럼 보인다. 미국 사회는 수많은 신체적·심리적 상태에 대한 유전학적 설명이 편재하는 것부터 우리의 진정한 자아(authentic self)가 우리의 DNA에 의해 드러날 것이라는 믿음에 이르기까지, '유전자 본질주의'로 넘쳐난다.[21] 역학자(疫學者)이자 페미니스트 건강 연구자인 애비 리프먼(Abby Lippman)은 DNA 담론을 통해 유전자 결정론과 많은 건강 및 사회 문제의 개인화가 상호 작용하는 양상을 기술하기 위해 '유전학화(化)'라는 용어를 사용한다.[22] 유전적 설명과 유전체 연구가 임상 의료에 스며들고, 유전자 검사와 유전상담은 산전 및 소아 관리 분야를 넘어 안과, 신경과, 정신과, 종양과, 피부과를 아우르며 이제는 생의학의 중요한 일부가 되었다. 알츠하이머병, 비만, 도박에 관한 유전자 발견을 알리는 신문 헤드라인이 넘쳐 나고 100달러짜리 맞춤 유전체 검사 키트가 월그린스 같은 약국 체인점들에서 마케팅 대상이 되고 있다.[23]

불행하게도 대부분의 유전적 지식은 치료나 예방에 관한 직접적인 이득을 가져오지 않는다.[24] 유전자 검사는 다양한 유전 질환의 유전자 표지자나 유전적 소인을 소유한 개인을 발견하는 데 도움을 줄 수는 있으나, 사람들 대부분은 이차 증상을 치료하거나 완전히 발병하는 일을 불안해하며 기다리는 것 외에는 거의 할 수 있는 일이 없다. 유전자 치료나 생식 세포 치료는 의사들과 연구자들을 감질나게 하면서도 오직 적은 성과만을, 때로는 치명적인 결과들을 가져왔다.[25] 실로 유전상담사의 주요 역할 가운데 하나는 잠재적으로 삶을 바꾸는 유전자 정보와, 제한된 의학적 치료와 의료품이라는 선택지 사이의 깊은 틈을 내담자가 다룰 수 있게 돕는 일이다.[26]

이런 모든 이유 때문에 유전상담은 21세기에 그 어느 때보다도 중요한 영향을 미치고 있다. 그러나 이처럼 앞으로 나아갈수록 유전상담은 과거에 짓눌리고 현재에 휘둘린다. 수십 년에 걸친 긴 역사적 유산은 가시적으로 드러나지는 않지만 장애와 비정상성에 관한 태도와 유전상담이라는 전문 직종의 인구학적 특성이 내담자의 상담에 영향을 끼칠지 모르는 방식으로 유전상담을 북돋는 동시에 저해한다. 가장 눈에 띄게는 우생학의 그림자가 어른거린다. 비판자들은 산전 진단 검사가 장애를 질병과 선험적으로 동일시한다고 비판하며, 비장애인이 장애인보다 더 가치 있다는 검사에 내재화된 가정이, 유전 질환 고위험군이나 염색체 이상 혹은 해부학적 이상으로 진단받은 경우 임신 중절을 결정하도록 장려한다고 주장한다.[27] 국가가 승인했던, 강제 불임 수술과 우생 결혼법을 수반한 과거의 우생학과는 다르지만, 미국 여성들에게 이용 가능한 유전자 기술과 생식 기술을 활용해 가능한 한 '최고'의, 혹은 가장 건강한 아이를 낳으라는 편재하는 압력은 우수한 생물학적 적합성을 추구하는 것과 공명하며 이는 신우생학적인 것으로 여겨질 수 있다.[28] 그리고 소수의 사람은 착상전 유전자 진단(PGD: Pre-implantation genetic diagnosis)과 같은 최신 유전 기술을 활용할 여유가 있지만, 대부분은 불가능하다. 이런 격차는 잠재적으로 희귀 유전 질환의 예방을 부유한 소수의 사치이자 대다수의 사람은 얻기 어려운 것으로 만든다.[29]

이 같은 역사적 부채 이외에도, 유전상담은 오늘날의 의료 서비스 환경에서 혹독한 도전을 받고 있다. 유전상담사는 여러 방향으로 휘둘리며 유전체 의학의 급속한 진보, 새로운 유전자 기술 이용 가능성의 확대, 쇠약성 질환과 만성 질환의 유전적 요인에 관해 계속해서 증대되는 지식에 보조를 맞추어야만 한다. 유전상담사들은 복잡한 개인으로서 총체적으로 내담자를 대하려 하면서도, 고도로 환원주의적이고 환자보다는 질환을 더 특별히 취급하는 보건 체계 서비스를 선택할 수밖에는 없는, 상류를 헤엄쳐 나가는 어려운 위치에 서 있는 스스로를 종종 발견하게 된다. 1995년에 두 학자가 쓴 것처럼 인간 유전체 프로젝트가 모멘텀을 얻게 된 이후 "유전상담사는 공감하는 비지시적인 조력자(nondirective supporter)라는 역할과 정보 제공자이자 의사 결정 촉진자라는 역할 사이의 충돌을 종종 경험한다".[30] 비록 활발히 논의되지는 않았지만, 유전상담은 낙태 논쟁의 교차로에 놓여 있다. 이는 특별히 민감한 이슈가 될 수도 있는데, 다양한 유전 질환으로 인한 임신 중절 수술이 전형적으로 임신 6개월 이내에 이루어지기 때문이다. 비용 절감과, 점점 더 짧은 시간 내에, 종종 청구 가능한 보험 환급에 대한 약속 없이 내담자와 면담해야 한다는 요구가 더해지는 가운데에서도 유전상담사들이 환자들과 내담자들의 삶과 의사 결정에 긍정적인 영향을 끼칠 수 있다는 것은 놀라운 일이다.

이 같은 역사적 우여곡절과 동시대의 역류들이 결합된

상황에서, 오늘날 많은 유전상담사는 그들의 분야가 심대한 난관에 직면해 있고, 생존과 번영을 위한 확고한 지도력, 의사 결정, 그리고 영향력을 요구한다고 기꺼이 주장한다.[31] 피츠버그 대학교 유전상담과정의 공동 디렉터인 로빈 그럽스(Robin Grubs)는 그의 직종이 "낮은 위신, 높지 않은 연봉, 그리고 문제적인 역사"로 규정된다며 유감을 나타냈다.[32] 유전상담에 대한 열정적인 헌신을 공유하는 많은 동료처럼 그럽스는 분야 안팎에서 이 곤경을 헤쳐 나가려 한다. 예를 들어 유전상담과정들은 내담자와 가족의 만족도와 관련해 유전상담의 효과성을 측정하기 위해 이 분야가 의사 결정과 의학적 관리에 끼치는 긍정적인 영향을 평가할 뿐만 아니라, 유전상담이 임상 진료에 가져오는 경제적 이득을 기록하고자 연구 트랙을 확대·개편하고 있다. 많은 유전상담사는 유전체 의학의 임상적·과학적·사회적·윤리적 함의들을 평가하는 여러 분야 내외부 위원회들에서 활약 중이다. 주 단위의 유전상담사 면허제를 주장하면서 본인들의 직종을 강화하려는 공동의 노력 또한 존재한다. 2011년 현재, 오직 11개의 주만이 주법으로 면허를 발급하고 있으며, 최근 법안이 통과되거나 주 사법 위원회에 상정되어 있는 주만 적어도 10개 이상이다.[33]*

(재)정의된 유전상담

인류유전학의 발전 속도와 유전자 검사에 딸린 논쟁적인 주제들을 고려하면 유전상담이 다루는 범위와 임무의 적절성이 60년도 더 전에 이 분야가 출현한 이래로 여러 차례 재고되어 왔다는 사실이 놀랍지 않다. 더 최근인 2003년에 NSGC는 유전상담에 관한 정의를 수정할 필요가 있는지 검토하는 위원회를 조직했다.[34] 이 재평가의 배경은 대략 30년 전에 ASHG(American Society

---

* 2022년 7월 현재 유전상담사 면허를 발급하는 주는 31개이고, 하와이와 위스콘신을 포함한 4개의 주에서 면허법이 추가로 통과되었다.

of Human Genetics, 미국유전학회)에 의해 제창된 유전상담에
대한 정의가 너무 장황할 뿐만 아니라 유전상담의 지평을 확
바꾼 유전체 의학이 크게 진보하고 있는 것과는 맞지 않는다는
걱정이었다. 게다가 NSGC 지도부는 주로 의사 학위 소지자와 박사
학위 소지자들을 대상으로 하는 ASHG보다는 자신들의 조직이
정의되기보다 정의를 내리는 집단이 될 만큼 충분히 성장했다고
판단했다. 몇 개월간의 교섭 이후 NSGC 유전상담 정의 대책
위원회(Genetic Counseling Definition Task Force)는 다음의
설명을 제안했다.

> 유전상담은 사람들이 질병의 유전적 원인에 의한 의학적·심리적
> 영향과 그 원인이 가족에게 끼치는 영향을 이해하고 적응할 수
> 있도록 돕는 과정이다. 이 과정은 다음의 것들을 포괄한다.[35]
> — 질병이 발생하거나 재발할 확률을 평가하기 위해 가족력과 기존
>   병력을 해석하는 일
> — 유전, 검사, 관리, 예방, 리소스(resources)와 연구에 관해
>   교육하는 일
> — 위험이나 질환에 대한 정보에 입각한 선택과 적응을 돕기 위해
>   상담하는 일

2005년에 NSGC의 집행 위원회가 승인한 이 정의는 유전상담사가
하는 일보다는 유전상담이 무엇인지를 강조하고, "내담자와
상담사가 상호 작용할 때 이들 관계의 본질"에 집중하기 위한
의식적인 선택을 담아 냈다.[36] NSGC 유전상담 정의대책
위원회에서 활동하고 NIH의 국립인간유전체연구소(National
Human Genome Research Institute)와 존스홉킨스 대학교에
의해 공동으로 운영되는 유전상담과정의 디렉터인 바버라
비제커(Barbara Biesecker)와 동료 캐스린 피터스(Kathryn
Peters)는 2001년에 해당 분야에 대한 영향력 있는 정의를

제시했다. 이들이 쓴 저서의 축약판 첫 문장은 다음과 같이 시작한다. "유전상담은 유전 정보를 중심으로 한 역동적인 **심리교육학적 과정이다**".[37] 이를 포함한 21세기에 새로이 제시된 정의들은 유전상담사가 우선적으로 수행해야 할 임무들을 단순히 나열하는 대신에 상담사와 내담자 사이의 치료적 관계에 강조점을 두면서 유전상담의 상호 작용적, 심리 사회적 역동성을 강조한다. 비제커와 피터스에 따르면, 유전상담사의 목적은 심리적 고통을 최소화하고 개인이 스스로 통제할 능력을 증대시키는, 개인에게 유의미한 방식으로 유전 정보를 활용할 "내담자"의 능력을 "촉진시키는 데" 있다.[38] 이 같은 정의들은 유전상담이 각 개인의 유전적 상태와 직면한 개인적 상황들에 유동적이고 즉각적으로 대응하는, 정보를 제공하고 교육적인 면담 과정으로 이루어져야만 함을 시사한다.

    이와 함께 현대적 정의는 유전상담에 수반되는 여러 시나리오에 맞추어져 있다. 종양유전학과 관련해 유전상담사는 의학적 치료 과정을 추천하는 일을 빼놓지 않을 것이다. 예측적 성인 검사의 경우 내담자들은 비밀 사항과 관련된 윤리적 문제들과 민감한 유전적 정보가 가족과 친인척들에게 끼칠 영향을 평가한다. 산전 선별 검사에서 상담사의 최우선 목표는 부모가 선별 검사와 진단 검사 수행 여부에 대해, 그리고 장애아의 출산과 관련해 가능한 대안들이나 임신 중절에 대해 독립적인 의사 결정을 내리도록 돕는 것이다.[39]

    이런 뉘앙스들은 ASHG가 유전상담에 관해 처음으로 전문적인 정의를 고안했을 때에는 거의 보이지 않던 것들이다. 1970년에 ASHG는 1940년대부터 불분명한 형태로 존재해 오다가 과학적 발전과 유전상담 석사 학위과정들의 급증에 대응하며 일어나는 전환과 팽창에 일정한 질서를 부과하기 위한 시도로 유전상담 특설 위원회(Ad Hoc Committee on Genetic Counseling)를 조직했다. 특설 위원회는 다음과 같은 몇몇 중요한 질문에 직면했다. 누가 유전상담을 제공하기 위한 자격을 갖춘 사람인가? ASHG가 유전상담사를 인준할 책임을 가져야만 하는가? 유전상담의 장단기 목표는 무엇인가?

    1971년 10월, 특설 위원회는 유전상담의 괄목할 만한 성장을 예견하며 의사 학위 소지자들과 박사 학위 소지자들이 이 새로운 분야를 통제할 능력에 관해 걱정하는 내용을 실은 내부 보고서를 출간했다. 특설 위원회 위원들은 유전상담이 "유전학에 관해 적절히 훈련받은 의사들에" 의해서 유전상담이 제공되어야 한다고 단언하며, 덜 숙련된 석사 학위 종사자들이 점유하는 분야가 되어서는 안 된다는 데 동의했다.[40] 또한 1971년 보고서는 임상의학과 인류유전학의 역량을 보장하기 위해 인준 업무를 맡는 조직을 만들 필요가 있다고 주장했다. 이런 소유권 선언에도 불구하고, 이 보고서는 ASHG의 문제를 거의 해결하지 못했다. 이런 우려가 이어지는 가운데 ASHG는 이듬해 특설 위원회를 재개시키고 캘리포니아 대학교 샌프란시스코 캠퍼스(UCSF)의 소아과 의사 찰스 엡스타인(Charles J. Epstein)을 위원장으로 임명했다. 엡스타인은 미국의 가장 저명한 유전학자들인 커트 스턴(Curt Stern)과 아르노 모툴스키(Arno G. Motulsky), F. 클라크 프레이저(F. Clarke Fraser) 등을 논의에 참여시키기 위해 초대했다.[41] 재조합 DNA와 같은 신기술이 의학유전학을 분자 수준에서 재구성하고 있고, 석사 학위과정이 좋든 싫든 간에 유전상담의 중심이 될 것이기에 위원회가 신속히 행동해야 한다는 판단에서였다. 1972년에 한 위원이 엡스타인에게 촉구했던 것처럼, "다른 조직들도 움직이고 있었기 때문"에, "ASHG가 이번에 체계적으로 연구할 여유가 없다고 해서 유전상담을 전문 직종으로 설립하려는 움직임이 중단되지는 않을 것임을 냉정하게 인식하고 인정해야"만 했다.[42]

    위원장직을 맡았을 때 엡스타인은 오직 의사 학위와 박사 학위 소지자만이 유전상담을 진행할 수 있고, 유전상담의 핵심 목표는 정확한 위험 정보를 전함으로써 질병을 예방하는 것이라고 믿었다.[43] 이후의 회고에서 엡스타인은 당시 그와 많은 동료는 올바른 "유전 정보의 검열"과 잘 훈련되지 않은 상담사들이 "위험한 영역에 들어설" 가능성을 걱정했다고 설명한다.[44] 1972년 10월에 엡스타인은 즉각적인 반향을 가져온 ASHG 회의의 한 강연에서 이 같은 우려를 드러냈다. 약 40년 이후에 동료 유전학자 커트 허쉬혼(Kurt Hirschhorn)은 당시 엡스타인이 강한 어조로 의사 학위 미소지자와 박사 학위 미소지자는 모두 유전상담에서 배제되어야 한다는 단언을, 일부를 기쁘게 만들었지만 동시에 그만큼 많은 이가 공격받았다고 느끼게 만든 입장을 주장했음을 선명하게 기억한다.[45] 예를 들어 럿거스 대학교에 막 창설된 유전상담과정의 책임자 역할을 맡게 된 마리안 리바스(Marian Rivas)는 엡스타인의 진술한 발언에 허를 찔렸다. 인디애나 대학교의 임상 기반 학위과정에서 박사 학위를 얻은 의학유전학자였던 그는 학생들이 유전 과학과 유전 질환 진단의 복잡성을 파악하는 데 2년이라는 시간은 짧음을 분명히 인식하고 있었다. 하지만 럿거스 유전상담과정의 잘 설계된 교과과정과 실험실 교육, 임상 실습 체계를 확립하고 첫 입학생들의 높은 수준을 직접 보면서 리바스는 잘 훈련된 석사 학위 소지 유전상담사들의 능력에 대해 점차 낙관하게 되었다. 전문화를 북돋으려는 목적으로 과정생들을 ASHG로 데려왔던 리바스는 엡스타인의 강연을 들으면서 낙담했다. 그는 엡스타인이 이야기할 때 심장이 쿵 하고 내려앉는 것 같았던 기분을 회상한다. 그는 강연장에 앉아 있는 자신의 근면한 제자들을 둘러보며 어떻게 이들을 다시 북돋을지를 고민했다.[46]

 엡스타인의 강연과 그에 대한 뜨거운 반응은 유전상담의 정의와 방향에 지대한 영향을 미쳤다. 그가 ASHG 회의 기간 동안, 그리고 그 이후 존경하던 동료들로부터 받은 비판들을 수용하면서, 엡스타인은 추가적으로 리바스와 마거릿 톰프슨(Margaret

Thompson)과 같은 이들을 특설 위원회의 위원으로 초청했다. 이후 30년 동안 위원회는 유전상담의 의미와 범위를 두고 논쟁을 벌였으며, 궁극적으로는 엡스타인의 초기 입장을 무시하는 방향으로 나아갔다. 석사과정 학위과정에서 훈련받은 첫 세대의 유전상담사들이 성공적으로 졸업하고 취직하는 상황과 당시 성장 추세이던 유전자 검사 프로그램과 산전 클리닉에서의 분명한 인력 수요 덕에, 처음에는 침묵하던 다수의 의학유전학자는 점차 새로 등장한 유전상담사들이 가치 있고도 중요한 틈새를 채워 줄 것이라고 확신하게 되었다. 가장 놀라운 것은 엡스타인이 UCSF 클리닉에서 UC버클리 대학교의 유전상담 학생들의 능력을 확인하면서 자신의 초기 입장을 바꾸었다는 것이다. 그는 석사 학위 소지 유전상담사들이 잘못된 진단과 유전 정보를 전달할 것이라는 공포가 근거 없는 것임을 깨달았다. 1970년대 말 무렵이 되면 엡스타인은 그의 태도를 "180도로 전환"해서 동시대 유전상담사의 목소리 큰 대변자이자 수많은 학생에게 영감을 주는 멘토가 되었다.[47]

엡스타인과 ASHG의 입장 전환은 1974년에 회원들에 의해 승인되고 2005년 NSGC의 개정 이전까지 정설로 유지된 유전상담에 대한 정의에서 명백하게 드러난다.

> 유전상담은 가족 내 유전 질환의 발생 혹은 발생의 위험과 관련된 인간 문제들을 다루는 의사소통 과정이다. 이 과정은 한 명 이상의 적절히 훈련된 인물이 다음과 같은 사항들과 관련해 개인이나 가족을 도우려는 시도들을 포함한다.[48]
> (1) 유전 질환의 진단과 질환의 가능한 전개 과정과 이용 가능한 치료 방법을 포함한 의학적 사실들을 이해하는 것.
> (2) 유전이 해당 질환에 영향을 끼치는 방식과 특정 친인척에서 재발할 위험에 대해 파악하는 것.
> (3) 재발 위험에 대처하기 위한 대안들을 이해하는 것.

(4) 위험, 가족의 목표, 윤리적·종교적 관점에서 그들에게 적절해 보이는 조치를 선택하게 하고 그와 같은 결정에 부합하도록 행동하는 것.
(5) 해당 질환의 영향을 받을 가족 구성원이나 재발 위험에 대해 최선의 가능한 적응 방안을 만드는 것.

결국 1974년의 ASHG 정의는 유전상담의 과거 이해와의 의미심장한 결별을 나타낸다. 전문 직종의 사회학을 연구하는 리자이나 케넨(Regina Kenen)은 "예방에 대한 우려가 내담자의 총체적 삶의 질에 대한 우려에 의해 억눌리는 전환이 1970년대 중반에 일어나기 시작"했고, "유전상담을 진행하던 의학유전학자들이 모든, 혹은 대부분의 유전적 결함을 예방하는 것이 예측 가능한 장기적인 미래에도 성취할 수 없는 목표일지 모른다는 점을 깨닫기 시작했다"고 통찰력 있게 지적했다.[49] 올바른 진단과 의학 지식, 위험 평가 외에도 이제 유전상담사와 내담자 간의 상호 작용적이고 소통적인 경험에 더 많은 가치가 부여되었다.[50] ASHG는 또한 실무 담당자에 대한 입장 역시 바꾸어 적절한 훈련을 받은 의료 복지 인력, 공중 보건 간호사, 임상심리학자 그리고 눈에 띄게도, 유전상담사를 간단하게 부르는 명칭인 유전학 어소시에이트(genetic associates)가 유전상담을 제공할 수 있음을 확고히 했다.[51]

20세기의 마지막 사반세기 동안 ASHG의 정의는 유전상담사를 위한 확고한 틀을 제공했다. 그 정의는 유전상담 분야의 지위를 향상시키고 "보다 넓은 의료 서비스 공동체가 의학유전학과 유전상담을 수용하는 일을 도왔다".[52] 유전상담 역사의 아이러니 가운데 하나는, 비록 ASHG가 의사 면허와 박사 학위를 가진 유전학자들의 게이트 키핑 우려 가운데 만들어 낸 유전상담에 대한 초기의 작업적 정의가 시간이 지나면서 가열된 논쟁을 낳았지만, 최종적으로는 인류유전학이 유전상담을

'소유'하지는 않는 것으로 귀결되었다는 사실이다. 1970년대에 유전상담은 석사 학위 유전상담과정의 성공과 임상, 연구 영역에서 졸업생들의 직업적 안착에 열중하는 전문직 여성들을 중심으로 새로운 분야가 되어 가고 있었다.

유전상담의 (우생학적) 기원

ASHG는 분자생물학과 유전공학의 주요 진보와 생의학에서의 핵심적인 윤리 원칙들이 도입되던 10년 동안 유전상담의 의미를 숙고했다. 그러나 '유전상담(genetic counseling)'은 의학유전학과 우생학 사이의 경계가 모호하던 시기에 처음 사용된 약 30년 전의 용어이다. 과학사학자 너새니얼 컴퍼트(Nathaniel Comfort)는 20세기를 통틀어 우생학과 인류유전학은 쌍둥이로, 때로는 질병 예방과 인간 고통의 구제라는 두 개의 상반된 목표가 결합되는 형태로 공생적 관계를 맺어 왔음을 보였다.[53] 이와 유사하게 정치학자이자 잘 알려진 유전학 연구자인 다이앤 폴(Diane Paul)은 1940~1950년대 동안, 심지어 1960년대에도 소수의 유전학자들만이 응용 의학유전학을 "우생학으로 규정하는 일에 반대했다"고 주장했다.[54] 유전상담은 초기의 종사자들이 유전적 선택을 통한 인간 개선의 가능성과 건강과 생식에 관한 개인적·가족적 수준의 의사 결정 영역에서 상담사의 적절한 역할에 관해 커다란 양면성을 표명하는 가운데 의학유전학과 우생학의 접점에서 출현했다.

어찌되었든 이는 조잡한 인종적·종족적 편견, 주크(Jukes)나 칼리카크(Kallikaks) 같은 빈자, 무식자 가족들에 대한 신속한 비난, 그리고 단성의 멘델 '유전 형질'의 지나치게 단순한 이론들로 무장한 20세기 초의 우생학이 아니었다.[55]* 이 개량주의적인, 더

---

* 주크와 칼리카크 가계는 19세기 말부터 20세기 초까지 미국에서 우생학적 목적에서 이루어진 가족 연구의 연구 대상들로, 우생학의 여파가 가신 이후로도 미국 남부와 북동부 지역의 농촌 빈곤층을 지칭하는 문화적 약어로 널리 쓰였다.

민주적인 우생학의 신봉자들은 공적으로 생물학적 인종주의를 피하고 바람직하거나 바람직하지 못한 형질들이 집단들에 걸쳐 골고루 분배되었다고 믿었던 제2차 세계 대전 이후의 자유주의 과학자들이었다.[56] 이들은 대개 그들의 임상 실무, 의학 연구, 그리고 교육 프로그램들을 자유 민주주의와 조화를 이루려는 노력으로서 구상했다. 이들은 유전 질환으로 인해 삶과 가족들이 신체적·감정적으로 뒤흔들린 입원 환자나 외래 환자를 상담하고 위로하는 유일한 전문 의료진이었다.

그러나 개량되었다 하더라도 우생학은 여전히 편향들을 지니고 있었으며, 이런 편향들은 미국의 첫 유전 클리닉들이자 모두 1941년에 설립된 미네소타 대학교의 다이트연구소(Dight Institute), 미시간 대학교의 유전클리닉(Heredity Clinic), 그리고 웨이크포레스트 대학교의 의학유전학과에서 두드러지게 나타났다.[57] 비록 이 클리닉들은 서로 제도적 배열이나 핵심 인물들에서 구별되지만 우생학적 원칙에 기초해 설립되었다는 점에서는 동일했다. 다이트연구소는 미네소타의 가장 유명한 우생학자이자 1925년 미네소타주에서 단종법을 성공적으로 통과시키는 데 기여한 운동가 찰스 다이트(Charles Dight)의 관대한 기부 덕분에 설립되었다.[58] 미시간 주 앤아버의 유전클리닉은 주로 야생 쥐에 전문성을 가진 동물학자이자 1930년대 말 우생학과 인류유전학에 매혹된 리 레이먼드 다이스(Lee Raymond Dice)가 노력한 결과였다. 노스캐롤라이나의 웨이크포레스트 대학교의 의학유전학과는 유전 질환을 앓는 것으로 의심되는 환자들에게 '자발적인 소극적 우생학(voluntary negative eugenics)'을 처방한, 유전 질환에 관심을 가진 일반 개업의 윌리엄 앨런(William Allan)에 의해 수립되었다.[59]

1947년에 '유전상담'이라는 용어를 고안한 인물은 다이트연구소 소장 셸던 리드(Sheldon C. Reed)였다.[60] 그는 자신의 신조어가 덴마크의 유전학자 타게 켐프(Tage Kemp)의 영향을 받았다고 설명했다. 켐프는 1940년대 코펜하겐에서 '유전 위생(genetic hygiene)'을 추진하던 이로, 유전적 결함이 있는 것으로 여겨지는 이들을 단종하는 것과 같은 우생학 프로그램들을 전폭적으로 지지했다.[61] 리드는 켐프의 활동을 존경했지만 미국에서는 위생이 "치약, 비누, 다른 보건 제품과 관련된 것"이라고 생각해 그 용어를 좋아하지 않았다.[62] 새로운 용어를 찾아내기 위해 고심하던 리드는 '유전상담'이라는 용어를 택했다. 그가 이 유전 의료 서비스를 처음 시작한 날이 1947년 8월 18일이라고 딱 짚으면서 말이다.[63]

오늘날 리드의 새로운 분야를 논할 때, 그의 유전상담은 보통 "우생학적 함의가 없는 유전 사회사업의 한 종류"로서 언급된다.[64] 유전상담사들은 자기 직종의 20세기 중반 (우생학적) 기원([eu]genesis)을 인정하지 않음으로써 스스로에게 해를 끼치고 있다. 리드의 긴 경력을 간단히만 훑어보아도 그가 우생학의 목표를 무시하지 않았고, 오히려 인류유전학이 이를 구현할 도구와 지식을 공급할 준비가 되지 않았다고 생각한 것이 분명하게 드러난다.[65] 많은 논문에서 리드는 우생학이 "인간에게 적용할 유전 과학"이고 "인류유전학과 우생학은 동의어"라는 시각을 드러냈다.[66] 그는 의학유전학이 충분히 발전한다면 유전자 풀(gene pool) 향상에 이용될 수 있는 응용 우생학을 위한 과학적 사실과 객관성을 제공할 수 있다고 주장했다. 나아가 리드는 만약 조언을 구하는 내담자가 그들의 가계도를 토대로 생식에 관한 건전한 의사 결정을 내린다면, 유전상담은 인간 개선에 도움을 줄 것이라고 생각했다. 그가 쓴 것처럼 유전상담은 "집단의 유전을 향상시키는 데 유용한 역할"을 맡을 수 있을 것인데, "왜냐하면 만약 한 커플이 두세 명의 아이만 낳기로 한다면, 그 아이들이 유전적으로 정상이라는 점을 보장받고 싶을 것"이기 때문이다.[67] 1961년 리드는 미국 우생 협회(AES: American Eugenics Society)의 회장 해리 셔피로(Harry L. Shapiro)에게 "인간은 그의 유전형을 궁극적으로는 의식적 노력에 의해 향상시킬 수 있기" 때문에 적극적 우생학과 소극적 우생학을 모두 추구하는 일을 지지한다고 썼다. 비록 "우리는 정확한 우생학적 목표를 세우는 방법에 대해서는 아직 거의 알지 못"했지만, 리드는 AES가 "이런 목적에 헌신해야 한다"고 생각했다.[68] 1979년에도 리드는 강연에서 "오늘날 '우생학' 대신 '인류유전학'이라는 용어를 사용하는 것이 재정적으로나 정치적으로 편리하기는 하지만 이들 사이에 커다란 철학적 차이가 없다"고 설명했다.[69]

그러나 1970년대 임기 동안 다이트연구소에서 유전상담을 4,000회 이상 진행했던 경험을 회고할 때 리드는 자신의 상담 활동의 궁극적인 결과가 역도태(dysgenic)였는지 우생학적인 것인지를 확신하지 못했다. 왜냐하면 그는 그의 주요 내담자인 중산 계급 내담자들에게 그들의 출산력과 가족력에서 선천적 질환이나 유전 질환을 앓았던 것 같은 징후를 발견한 경우에도 더 많은 아이를 낳으라고 격려했기 때문이다.[70] 그리고 리드는 유전상담을 우생학에 상응하는 것으로 소개하다가도 또 다른 때에는 서로 구별되거나 심지어 정반대의 것으로 말하기도 했다. 1972년에 리드는 네브래스카 대학교 강연의 청중들에게 "유전상담이 폭발적으로 성장한 것은 부분적으로 자신이 유전상담이 우생학이나 여타 생식 금지와는 직접적으로 관련이 없다고 처음부터 주장했기 때문"이라고 연설했다.[71] 같은 시기에 리드는 유전상담을 "친절하고, 편안하고, 비위협적인" 환경에서 "사실을 알려 주고 평균적인 기대를 예측하는" 전문가에 의해 수행되는 "투자 상담"으로 규정했다.[72]

리드의 다양한 정의는 그의 표리부동함이나 혼동의 증거라기보다는, 20세기 중반 미국에서 유전상담 전문가라 자처하던 이들 사이에서 논의된 유전상담의 목적과 범위에 관한 풍부한 양가성을 반영한다고 할 수 있다. 1940년대부터 1960년대 사이에 리드, 다이스, 로런스 스나이더(Lawrence Snyder),

매지 매클린(Madge Macklin), 내시 헌든(Nash Herndon)처럼
유전상담에 연루된 저명한 의학유전학자들은 AES와 1948년에
설립된 ASHG 양 학회 모두의 회원으로 활동했다. 일부에게
유전상담은 "의사가 가장 잘 안다(doctor knows best)"의 정신을
인간 생식에 관한 가장 사적인 문제에 강요할 기회를 제공했다.
동시에 이 초대 유전상담사들은 환자들을 유전적 결함의 보인자로
낙인찍으면서도 환자와 그들 가족에게 큰 공감을 표했다. 예를
들어 리드는 환자의 부모들로부터 자신들을 단순히 기형아의
부모로 대한 것이 아니라 존중했다며 찬사를 아끼지 않는 편지들을
정기적으로 받았다.

  우생학과 의학유전학 사이의 겹침은 1950년대에 정점에
이르렀다. AES의 저널인 『계간 우생학(Eugenics Quarterly)』은
1954년부터 1958년까지 유전상담에 관한 정기적인 칼럼을
출판했고, 그 결과 저널의 구독자 수는 281명에서 1,033명으로
늘어났다.[73] 이 특별란에서 의학유전학자들은 유전상담과
다양한 우생학적 사상, 정책 사이의 관계를 고찰했다. 1953년에
웨이크포레스트 대학교의 내시 헌든은 적극적 우생학과 소극적
우생학 모두 유전자 빈도에 영향을 끼치기 때문에 두 방법이
모두 필요하다고 적었다. 이 논리에 따라 헌든은 유전상담이
응용 우생학을 이룬다고 단언했다. "유전 질환에 관한 연구들에
한해서는 여전히 조사 중인 상태이고, 이는 유전학이라는 과학의
영역에 남아 있지만, 우리가 습득한 지식을 가족들이나 집단들에
적용하자마자 우리는 우생학을 실천하는 것이다".[74]

  유전상담의 목적과 범위를 조사하는 최초의 일치단결된
노력은 1957년에 AES가 유전상담(heredity counseling)
심포지엄을 후원했을 때 이루어졌다. 미국 뉴욕의학아카데미(New
York Academy of Medicine)에서 열린 일일 행사였던 이
콘퍼런스는 "회합 참가자의 참석 비용과 약간의 사례비"를
지불한 록펠러재단의 인구 협회(Population Council)가 비용을

부담했다.75 심포지엄은 인류유전학을 이끄는 주요 인물들인 리드, 프레이저, 빅터 매쿠식(Victor McKusick), 제임스 닐(James Neel) 등의 강연으로 채워졌다. 콘퍼런스 참석자는 100명이 넘었고, AES와 ASHG에 모두 가입한 많은 회원뿐 아니라 가족 및 결혼 상담사, 의료 사업과 관련된 재단들의 대표들, 의사들, 간호사들, 사회복지사들이 참석했다.76 콘퍼런스 이후에 AES는 수많은 회원이 참석했다는 점을 활용해 연례 회의를 개최했다.77 미시간 대학교 인류유전학과의 초대 학과장으로 갓 임명된 닐은 콘퍼런스 직후 오즈번에게 "심포지엄이 정말 잘 진행되었네요"라고 말했다.78

콘퍼런스 논문집은 『계간 우생학』에도 실렸을 뿐만 아니라 단행본으로도 출판되었는데, 여기에는 콘퍼런스 내용과 함께 더 일반적인 맥락에서 유전상담을 추진한 배경들이 서술되어 있다.79 여기에는 유전상담 서비스의 구조, 유전적 위험의 평가와 의미, 의사 처방을 위한 프로토콜, 유전 질환의 유형들, 유럽의 클리닉들과 방법들의 비교 등이 포함됐다. 가장 긴급한 문제는 자문과 환자와의 상호 작용이었다. 유전상담사는 "내담자에게 단순히 이용 가능한 정보를 제공하고 말 것인가, 아니면 행동 방침에 대해 조언해야 하는가?"80 콘퍼런스 참가자들은 유전상담이 우생학의 수단이라는 시각과, 이와 같은 심리 서비스는 내담자의 의사 결정 역량을 존중해야만 한다는 시각을 오갔다. 어떤 참가자들은 유전적 결함을 가진 아이를 낳을 것 같은 부부들의 출산을 막기 위해 유전상담에 강압적인 권고가 필요하다고 생각한 반면, 유전상담사는 드러나게 조언하거나 원하는 방향으로 관심을 끌려는 시도를 피해야만 한다는 확고한 신념에 찬 참가자들도 있었다. 예를 들어 정신분석 의사 프란츠 칼만(Franz J. Kallmann)은 "유전적 자문을 요청하는 사람들이 배우자 선택이나 아이를 갖는 일이 바람직한지에 대해 직접적인 지침이나 격려 없이 현실적인 결정을 내릴 수 있다고 항상 가정할 수 없습니다. 여타의 억압적 치료들을 권고하는 것과 마찬가지로, 유전 클리닉에

온 사람들도 예를 들어 출산 없는 결혼이나 신중하게 제한된
규모의 가족을 갖는 것에 **어떻게** 적응할지에 대해 들을 필요가
있을 겁니다".[81] 반대로 리드는 콘퍼런스 참석자들에게 유전상담은
유전 클리닉에 온 내담자들에게 "공감하며, 분명하고 편안한
방식으로, 어떠한 권유도 없이 진행되어야만 한다"고 말했다.[82]
1940~1960년대 중반 동안 이 세대의 유전상담사들은 의학유전학의
사회적·치료적 목표에 대해 서로 다른 다양한 견해를 표명했으며,
명백히 우생학적인 것에서부터 좁은 의미의 정보 제공에
이르기까지 다양한 범위의 자문과 견해들을 제공했다.

유전상담사로 종사하게 되다

초창기의 유전상담 분야 종사자들이 사람들의 생식 생활에 그들의
전문성이 발휘될 활동 범위와 역할을 두고 바삐 논의하는 동안
의학유전학은 급성장했다. 1950년대에는 이상 대사산물(abnormal
metabolites)을 소변에서 검출할 수 있는 크로마토그래피가 이용
가능해졌으며, 뒤이어 일반화된 혈청 단백질의 종이 및 전분 겔
전기영동은 단백질의 구조적 이상과 이상 혈색소증, 그리고 다른
유전성 빈혈증에 대한 관심을 불러일으켰다. 1956년에 조-힌
치오(Joe-Hin Tjio)와 알베르트 레반(Albert Levan)은 인간의
염색체 수가 정확히 46개임을 보였으며, 3년 후 제롬 르죈(Jérôme
Lejeune)은 여분의 염색체(21번 삼염색체성(trisomy 21))*가 다운
증후군의 원인임을 밝혀냈다. 이후 10년간 유럽, 북미, 아시아의
연구자들은 터너 증후군과 클라인펠터 증후군과 같은 성염색체
질환을 포함해 적어도 100개에 달하는 염색체 이상을 발견했다.[83]
    1950~1960년대에 가속화된 인류유전학의
의학화(medicalization)**는 인류유전학을 조직화된

---

* 삼염색체성은 2배체인 체세포의 염색체 수가 2n+1가 되는 현상이다.
** medicalization은 보통 '의료화'로 번역되지만 여기서는 문맥에 맞추어 '의학화'로

우생학으로부터 분리하는 데 도움을 주었다. 비록 의학화 과정에서 생산된 지식과 기술들이 유전적·생식적 질병 예방과 생물학적 개선(bioenhancement) 모두의 가능성에 관한 심대한 철학적 질문들을 제기했고 여전히 그러하지만 말이다. 린디가 지적한 것처럼 세포유전학과 염색체 핵형 분석(karyotyping)의 발전 이전에 유전 질환은 오직 "가계도 조사나 가족력의 역사적 재구성, 혹은 임상적으로 비정상적인 몸에서만 보이거나 탐지되었다".[84] 1960년대에는 질병 발생 기전이 생화학적 산물로 시각화되고 이해될 수 있는 유전 질환의 수가 늘어났다. 페닐케톤뇨증(PKU: phenylketonuria)은 페닐알라닌 수산화효소 결핍이 원인이 되는 대사 작용의 선천적 이상으로 지적장애를 야기하는데, 많은 경우 출생 초기부터 저페닐알라닌 식단을 통해 효과적으로 치료할 수 있다. 이 시기에 PKU에 관한 신생아 검사가 미국 전역에서 일반적인 절차가 되었다.[85] 1970년대에는 양수 천자와 초음파 기술이 함께 등장하면서 산전 진단의 꾸준한 팽창을 자극했다. 무엇보다도 피임약으로 대표되는 피임의 가용성이 높아지고, 낙태를 합법화하려는 페미니스트 건강 운동 캠페인이 강화되면서 생식 건강과 유전 건강의 지평이 바뀌었다.[86]

이 상황에서 오늘날의 유전상담사들이 등장했다. 1969년에 첫 유전상담 석사 학위과정 학생들이 세라로런스 칼리지의 학위과정에서 수업 수강과 임상 실습을 시작했다. 1970년대 초반에 럿거스 대학교(더글러스 칼리지), 피츠버그 대학교, 캘리포니아 대학교 어바인 캠퍼스, 콜로라도 대학교 덴버 캠퍼스의 건강과학센터, 캘리포니아 대학교 버클리 캠퍼스에 유사한 학위과정들이 등장했고, 70년대 말에는 더 많은 과정이 생겼다. 1979년에 유전상담사들의 노력과 본인들의 직종 이름과 활동 범위에 관한 열띤 논쟁 이후에 NSGC가 설립되었다.[87]

번역했다.

1982년에 미국 의학유전학 위원회(The American Board of Medical Genetics)가 유전상담사를 인준하기 시작했으며, 이 같은 인준 활동은 위원회가 석사 학위 소지 유전상담사들을 자신들의 관할 대상에서 제외하기 전까지 지속되었다. 노장 유전상담사 로버트 레스타(Robert Resta)가 "쓰디쓴 이혼"이라고 불렀던 이 같은 결별은 본질적으로 ABGC가 자격 인정 기관으로 지명된 결과였으며 "유전상담사들이 의사 출신 유전학자들의 그늘로부터 벗어나 독립적인 진지한 전문 직종이 되는 것"을 허용하는 달콤한 결말을 맞이하게 되었다.[88] 이 30년 동안 유전상담사들은 생의학과 의료 서비스에서 작은 비율이지만 중요한 일부가 되었으며, 이런 중요성은 전문 클리닉과 산과의, 부인과의, 일차 진료의의 진료실에서 산전 진단, 신생아, 예측적 유전자 선별 검사와 진단 검사가 팽창하면서 강화되었다. 이외에도, 유전상담사들은 양수 천자의 이용 가능성이 점차 증대되고 수요가 늘어나면서, 그리고 이후에는 융모막 융모 생검(CVS: chorionic villus sampling)과 알파 태아 단백(alpha-fetoprotein) 검사가 태아 염색체 이상 위험이 더 큰 노산모(35세 이상) 사이에서 널리 권장되는 상황으로부터 이익을 얻었다.[89]

점진적으로 꾸준히 발전해 온 다른 의학 및 보건 분야들과 달리 유전상담은 1970년대에 급격한 변화를 겪었다. 유전 클리닉과 의학유전학의 후원을 받던 남성 전문가들이 주를 이루던 분야는 전문 석사 학위를 가진 여성들이 주로 종사하는 직업으로 변모했다. 예를 들어 1970년대에 제임스 R. 소런슨(James R. Sorenson)이 이 신생 전문 직종(그리고 그 직종에 종사하는 실무자와 원칙 및 실천)에 관한 체계적인 연구를 시작했을 당시, 미국 내 285개의 센터에서 정기적으로 상담을 제공하는 인원이 대략 650명이라고 계산했다. 대다수(72%)는 의사 학위 소지자인 남성이었으며, 이들 가운데 64%는 소아과 전문의였고, 나머지는 주로 박사 학위 소지자인 남성 과학자들이었다. 오직 7%만이 석사 학위 소지자였다.[90] 10년이 채 지나지 않아 대략 700명의 석사 학위 소지 유전상담사가 주요 상담 서비스를 제공하며 해당 직종의 주류 집단이 되었다.[91] 리자이나 케넨과 앤 스미스(Ann Smith)가 적었듯이, "새로운 직업 분야가 이처럼 빠르게 발전·팽창·변화하는 경우는 상대적으로 드물기에, 사회학적 분석은 십 년마다 그 변화를 촉진하는 외적·내적 요인들에 대한 통찰을 제공한다. 석사 학위 수준의 유전상담사가 바로 이런 드문 직업으로, 다른 직종에서 더 오랜 기간 동안 이루어지고 발휘된 압력들을 단축된 시간 프레임워크에서 보인다".[92]

그럼에도 불구하고, 1970년대에 일어난 유전상담의 재구성을 통해 해당 분야가 문제적인 과거로부터 자유로워짐을 뜻한 것은 아니었다. 1980년대까지 유전상담 관계자들이 개별 환자들에게 유전 질환 예방과 이에 수반되는 집단적 유전자 풀의 질적 향상이라는 논리를 옹호하는 것은 드문 일이 아니었다. 존스홉킨스 대학교의 소아유전학자 바턴 차일즈(Barton Childs)는 1970년대에 쓰인 유전의학에 관한 논문에서 다음과 같이 주장했다. "성공적인 예방의 비밀은 무엇을 예방할지뿐만 아니라 어떻게 예방할지에도 있다. 총체로서의 종의 건강(the health of the species)이라는 관념 이외에도 우리의 유전적 지식에 대한 관념 또한 확산시키려고 노력해야만 하는 것이다".[93] 1980년대에는 유전자 검사의 비용 효과성에 대한 주장이 널리 퍼졌는데, 유전자 검사가 미래 세대에서 유해할 것으로 추정되는 유전자들을 제거할 뿐만 아니라 보호 시설 비용을 줄이고 전반적인 소득 수준이 더 높은, 더 생산적인 시민들을 출산하여 수백만 달러를 절약할 수 있다는 주장이었다. 예를 들어 두 저명한 유전학자는 산전 유전자 선별 검사에 의해 절약되는 공공 지출의 사례들을 제공하며 "예방 프로그램의 비용 편익 측면"을 계산하는 일의 중요성을 홍보했다. 이들의 추정치 중 하나에 따르면, 선별 검사 프로그램을 통해 테이-삭스병(Tay-Sachs disease)과 헌터 증후군(Hunter syndrome)을 예방하여 "남성의 경우 83,000달러, 여성의 경우 47,000달러"가 절약될 수 있고, 다운 증후군과 18번 삼염색체성(trisomy 18)의 경우 남성과 여성 각각이 "(이런 유전 질환을 겪는 영아의 전체 생산력이 정상 영아의 20% 정도일 것이라는 가정하에) 66,000달러와 38,000달러"를 절약할 것이었다.[94]

1970년대에 유전상담 분야는 종사자의 성비에 있어서는 혁명적인 변화를 이루었지만, 이들은 압도적으로 백인 중산층 내지 상류층 출신이었다. NSGC의 2010년 조사에 따르면, 이 분야 종사자의 95%가 여성이며, 이 가운데 대다수(92%)가 스스로를 백인이나 코카서스인으로 여겼으며, 5%가 아시아인, 그리고 1%가 아프리카계 아메리카인이라고 응답했다.[95] 이런 인종비는 1970년대 이래 사실상 변하지 않은 채로 남아 있으며, 21세기 미국에서 다양한 다인종적·다종족적 내담자를 모두 사로잡으려고 노력하는 유전상담에 문제가 되고 있다.[96] NSGC 회장 낸시 캘러넌(Nancy Callanan)이 2005년 회장 취임 연설에서 촉구한 것처럼, "유전상담사 수의 증가뿐만 아니라 이 직종의 다양성을 증가시켜야 할 긴급한 필요가 있다".[97]

이에 더해 이전 세대의 가부장적이고 처방주의적 접근을 거부하는 목적으로 유전상담사들에게 기치적인 사조(banner ethos)로 기능해 온 비지시성(nondirectiveness)의 이점과 약점에 관한 논쟁이 이어지고 있다. 한때 비지시성이 유용한 지침이 되었을지는 모르지만, 이제 많은 유전상담사는 이 사조가 자기 직업의 복잡성에 부응하지 못하고 도움을 주기보다는 저해하고 있다고 단언한다. 예를 들어 1989년부터 2001년 사이에 캘리포니아 대학교 버클리 캠퍼스의 유전상담과정을 이끌고 심리 사회적 상담을 선도한 존 웨일(Jon Weil)은 비지시성이 "상담사가 내담자들과 작업한다는 그들의 목표와 관련된 전 범위의 능동적인 상담 기술들을 발전시키고 사용하는 일을 저해한다"고 주장한다. 웨일은 비지시성이 "유전상담의 역사 가운데" 수많은 유전상담사에게 형성적이고 접근 가능한 개념으로 늘 "맴돌고 있었기" 때문에 없애기 어려웠으며, 이 개념이 유전 질환 가능성이 있는 임신의 중절 문제 이야기를 꺼내기 어렵게 해 왔다고 주장한다.[98] 워싱턴 주 시애틀의 스웨덴의학센터(Swedish Medical Center)에서 근무하는 레스타는 종양유전학 상담 분야로 자리를 옮긴 이후 비지시성이 유전성 유방암, 난소암, 결정암의 검사 결과에 따른 잠재적인 의학적 개입 방안에 대해 알 필요가 있는 내담자들을 돕는 데 장벽이 되었음을 발견했다.[99]

  21세기로 나아가면서 비지시성의 가치에 관한 논의는 유전체 의학의 최신 발전에 의해 가려지고 있다. 유전상담자들은 최근에 널리 확산되고 있는 소비자-대상 직접유전자 검사에 관해 어떻게 대응할지에 대해 결정하고 있으며, 많은 상담사가 개인화된 유전적 정보를 어떠한 보장, 해석, 상담도 없이 구매하는 일에 대한 심리적·윤리적 위험들을 우려하고 있다.[100] 개인화된 유전체 지도나 보험 회사에 보험 청구할 수 없는 유전자 검사를 자비로 구매하는 내담자들은 정보에 대한 해석이나 심리적 상담이 거의 전무한 상태로 민감한 유전 정보를 받게 될 가능성이 높다.[101] 게다가 통상 질환과 만성 질환에서 유전의 역할에 대한 계속되는 새로운 발견들(단일 유전자 질환의 새로운 발견에서 유전적 소인의 계산된 확률에 이르기까지)은 유전상담사의 수요를 높이는 동시에 유전학 전문가와 준전문가의 필요성을 낮추는 두 방향의 잠재성을 모두 갖고 있다.

2장 유전적 위험: 진화하는 계산법

1977년 9월, 미시간 주 플린트 부근에서 트럭 운전사로 근무 중이던 스물두 살의 청년 잭 머피(Jack Murphy)는 결혼을 하고 싶었다. 잭의 어머니와 외할머니, 두 이모와 외삼촌은 모두 행동 장애, 인지 장애, 정신 질환 징후를 특징으로 하는 진행성 질환인 헌팅턴병을 앓았다.[1] 가장 흔한 유전성 신경 질환인 헌팅턴병은 상염색체 우성 질환으로, 부모 가운데 한 명으로부터 오직 하나의 헌팅턴병 유전자만 물려받아도 발생했다. 결혼식을 준비하기 전에 잭과 약혼녀는 미시간 대학교의 유전클리닉에 상담을 예약했다.[2]

비록 헌팅턴병을 시사하는 어떤 증상도 보이지 않았지만, 잭은 그의 가족력을 걱정하고 있었고, 특히 동생 로저(Roger Murphy)의 육체적·정신적 붕괴에 대해 고민하고 있었다. 약 1년 전에 로저는 "틱 증세가 주로 왼쪽 눈꺼풀에서 시작하여 오른쪽 눈꺼풀에서도 일어난다는" 것을 알아차리고 미시간 대학교의 (지금은 의학유전학클리닉(Medical Genetics Clinic)이라고 불리는) 유전클리닉을 찾았다. 얼마 지나지 않아 로저는 기억력이 감퇴하는 것을 느꼈고, 곧 안경을 떨어뜨리고, 의자에서 넘어지고, 아내를 때릴 정도로 "폭발하는 분노"에 굴복하기 시작했다. 그는 여러 차례 제정신이 아니라고 느껴 약을 과다 복용하여 자살을 시도하기도 했다. 1977년 여름에 로저는 정기적으로 정신과 상담을 받고 있었으며 두 아이의 양육권을 갖고 있던 아내와 법적으로 별거하게 되었다.

잭과 로저는 모친이 24세라는 젊은 나이에 헌팅턴병 증상을 보이기 시작했다는 사실을 알고 있었고, 45세에 세상을 떠나기 전 몇 년 동안 심하게 쇠약해진 채 주립 병원 침대 신세로 지내는 모습을 지켜보았다. 몇 대를 거쳐서, 수십 년 동안, 이 대가족의 여러 성원에게 헌팅턴병이 발병했다. 사실 그 형제의 조모는 1942년 미시간 대학교의 유전클리닉에서 헌팅턴병을 처음으로 진단받은 사람 중에 한 명이었다. 유전클리닉 실무자들이 그의 증조모까지 거슬러 올라가 추적한 그의 가계도는 미시간 주의 공공병원과 주립 학교들에서 모든 헌팅턴병 환자를 파악하려는 야심 찬 노력의 일부였다.[3]

만약에 잭이 유전상담을 통해 결혼과 출산에 대한 딜레마를 해소하게 될 것이라고 생각했다면 그것은 오산이었다. 임상 평가를 진행하고 가계도를 보완한 후 잭은 유전클리닉으로부터 다음과 같은 내용이 적힌 우편을 받았다. "현재로서는 귀하가 헌팅턴병에 걸렸다는 증거는 없습니다. 하지만 앞서 설명드렸던 것처럼, 해당 질환은 종종 30세 이후, 심지어 50세 이후로도 나타나지 않는 경우가 있어 현재로서는 미래의 발병 여부를 말씀드릴 수 없습니다. 모친이 헌팅턴병에 걸린 가족력이 있다는 점을 고려하면, 귀하는 50%의 헌팅턴병 발병 위험을 갖고 있습니다". 바꿔 말하자면, 잭은 헌팅턴병에 걸릴 확률이 높지만 동시에 그러지 않을 가능성도 상당하다는 뜻이었다. 의심할 여지없이 훨씬 심각한 상황에 처해 있던 로저 역시 분명한 진단을 받지 못했다. 로저를 평가했던 의학유전학자는 "환자가 확실히 헌팅턴병 초기임을 시사하는 징후들을 보이기는 하지만, 현 시점에서 확실한 진단을 내리기에는 증거가 너무도 약하다고 생각합니다"라고 말했다.[4]

헌팅턴병에 관한 생물학적 가족력이 있는 모든 사람과 마찬가지로 머피 형제도 자신의 몸과 행동 조절 능력 부족이나 과민성, 인지 문제, 경련 등의 징후가 없는지 주의 깊게 관찰하며 위험에 처한, 불확실한 상태로 살았다. 잭과 로저가 유전클리닉 상담을 받은 같은 해에 설립된 연방 헌팅턴병 통제 위원회(The Federal Commission for the Control of Huntington Disease)는 미국의 헌팅턴병에 관해 여러 권으로 이루어진 보고서에서 위험에 처한 상태의 본질을 포착했다. 그에 따르면, "위험에 처한 개인들은 심리적 부담을 가중시키는 불확실성의 상태에서 살아간다. 이들은 부모가 고통스럽게 쇠약해지는 모습을 지켜보는 일을 감내해야 할 뿐만 아니라 언젠가 같은 일이 자신들에게도 일어날지도 모른다는 두려움과 불안의 짐을 짊어져야 한다".[5] 유사한 맥락에서 헌팅턴병 가족력을 지니고 있을 뿐만 아니라 방대한 전문 지식 또한 갖춘 임상심리학자 낸시 웩슬러는 이제는 고전적인 논문이 된 「유전학적 러시안 룰렛(Genetic Russian Roulette)」에서 유전상담사들은 "위험에 처한 상태"를 "아프거나 건강할 것임을 확실하게 아는 상태와는 질적으로 다르다"고 생각하며 접근해야 한다고 썼다.[6] 헌팅턴병 유전자 보유 여부를 확인할 수 있는 검사 없이 잭, 로저, 그리고 동일한 위험에 처한 다른 수없이 많은 사람은 종종 두려움, 부정, 만성적인 불안으로 특징지어지는 경계 공간(liminal space)에서 살아갔다.[7]

머피 형제가 유전클리닉에서 상담을 받은 지 불과 6년이 지난 후 헌팅턴병 진단의 역학 관계는 극적으로 바뀌었다. 1983년에 제임스 구셀라(James F. Gusella)와 동료들은 4번 염색체 단완에서 해당 질환 유전자의 염색체 위치를 나타내는 다형성 DNA 표지자를 발견하여 가족 간 연관성 연구에 증상 전 유전자 검사를 사용할 수 있게 되었다.[8] 그로부터 10년 후에는 인간 유전체 프로젝트가 가속화되는 추세 가운데 헌팅턴병 연구자들은 4번 염색체 단완에서 연관 유전자들을 지도화해 가족 연관성 분석 없이도 개인의 헌팅턴병 유전자 돌연변이 여부를 확인하는 검사가 가능해졌다. 이 연구자들은 또한 헌팅턴병의 임상적 발현과 발병 시기가 CAG(시토신-아데닌-구아닌) 삼 핵산 염기 서열이 정상 범위인 11~34회(현재 1~28회로 재조정)를 넘어 반복되는 횟수와 관련된다는 사실을 증명했다. 헌팅턴병 공동연구그룹(The Huntington's Disease Collaborative Research Group)은 CAG 염기 서열이 반복되는 수가 더 많을수록 발병 시기가 빨라지고 임상적 징후가 더 심하다는 일반적인 원리를 밝혀냈다.[9]

이와 같은 획기적인 발견들은 단일 유전자의 변이로 발생하는 소수의 유전 질환 중 하나인 헌팅턴병의 원인에 대한 끈질긴 질문에 마침내 답을 주었다. 하지만 헌팅턴병 환자 가족들의 불안을 잠재우지는 못했다. 1977년의 보고서에서 연방 헌팅턴병 통제 위원회는 증상 전 유전자 검사 덕분에 "헌팅턴병 관련 집단들의 적어도 반수"는 "일상의 동작을 서투르게 하거나, 넘어지거나, 물건을 떨어뜨리거나, 화를 내고, 울고, 우울해지는 등의 정상적인 인간 경험을 질환 발병의 징후로 생각하고 항구적인 불안으로부터 자유"로워져 "부담을 덜게 될 것"이라는 낙관론을 제시했다.[10] 그러나 검사의 상용화라는 목표를 달성한 후에도, 그 기술이 실제로 가져온 결과는 훨씬 더 모호했다.[11] 증상 전 헌팅턴병 검사라는 신기술은 검사를 받아야 할지, 양성 또는 음성 진단에 어떻게 반응할지, 검사 과정에 다른 가족 구성원을 참여시키거나 그들에게 알릴지, 그렇다면 어떻게 전달해야 할지 등 유전적 미스터리를 깔끔하게 해결하기보다는 오히려 새로운 난제들을 낳았다.[12] 실제로 헌팅턴병과 관련해 일어난 극적인 발전에 관여하고 이를 잘 알고 있던 과학자와 논평자들은 미국과 유럽에서 헌팅턴병 발병 위험이 있는 환자들 가운데 오직 20%만이 검사를 받기로 했다는 사실에 놀라움을 금치 못했다. (낸시 웩슬러의 언니인) 앨리스 웩슬러(Alice Wexler)는 감동적인 회고록인 『운명을 지도화하기: 가족, 위험, 유전 연구에 관한 회고(Mapping Fate: A Memoir of Family, Risk, and Genetic Research)』에서 자신과 같은 헌팅턴병 고위험군에 속하는 80%의 다른 사람들처럼 "검사를 받을 생각이 그다지 들지 않았"으며, 명확한 결과를 가져오는 가혹한 확실성보다는 알지 못하는 모호함을 안고 살아가기를 선호했다고 설명한다. 웩슬러에게 이 같은 결정은 "완전한 해방이라는 생각도, 헌팅턴병 발병 가능성으로부터의 자유라는 환상도 없이 위험에 처한 상태로 살아가야 한다는 점을 다시 한번 더 알게 되는 것"이었다.[13] 증상 전 헌팅턴병 진단 검사는 또한 유전상담사의 최선의 모범 관행과 유전 정보의 윤리적 보급에 대한 질문도 제기했다.[14]

유전자 검사와 유전상담의 경계를 넘나들며 변화해 온 헌팅턴병의 위험 계산법은 20세기 유전적 위험(genetic risk)의 의미와 적용에 관련된 더 광범위한 변화를 드러낼 수 있다. 1940년대 이래 유전적 위험도 계산은 의학유전학 지식의 팽창과 전문화에 힘입어 점점 더 표적화되고 정밀해졌다. 20세기 중반에 최초의 유전 클리닉들이 설립된 이래 유전적 위험 평가는 유전 질환을 가진 개인에 대한 관찰 연구를 통해 수집한 정보와 생화학적 유전학, 세포유전학, 분자유전학, 컴퓨터생물학, 그리고 단백체학의 극적인 발전으로 인해 괄목할 만큼 바뀌었다. 유전학 실험실이 더욱 정교해짐에 따라 인류유전학자들은 유전적 위험을 평가하기 위한 새로운 기술들과 도구들을 설계했다.[15] 하지만 선별 검사, 진단 검사, 그리고 생물통계학의 발전이 환자와 내담자가 자신의 위험을 평가하는 방법과 간단히 연결되지는 않았다.[16] 의학적 치료법이 거의 없거나 전혀 없는 경우, 유전 질환들에 대한 더 많은 정보와 유전적 위험에 대한 더 정확한 정보는 반드시 불안감을 줄이는 것이 아니라 오히려 대다수의 경우 더 많이 유발할 수 있기 때문이다.

산전, 소아, 혹은 성인 유전자 검사를 이용할 수 있는 많은 환자와 가족이 받을 수 있는 최종 결과 가운데 하나는 진단 가능한 유전 질환을 발견하는 것이다.[17] 그러나 많은 경우에 양적인 위험도 계산이나 확률을 최종 결과로 받게 된다. 이런 위험 계산은 가족력 및(또는) 임상 증상을 토대로, 혹은 산전 및 주산기 관리의 일부로 이루어진 여러 종류의 기술과 검사를 사용해 결정된다. 유전상담사들은 위험 평가의 최전선에서 내담자와 가족에게 중요한 정보를 전달한다. 유전상담사들은 유전적 위험에 대한 공식들을 만들어 내고 이해하는 데 중요한 역할을 해 왔다. 특히 최근 수십 년간 이들은 위험 행동에 대한 기존의 사고에 도전하며, 잭과 로저처럼 위험에 처해 불안정한 상태에 놓인 사람들을 위한 자원들을 생산해 왔다.

유전 클리닉과 그들의 모든 내담자

오늘날 유전상담사는 대부분의 대형 병원과 많은 전문 클리닉에서 찾아볼 수 있다. 하지만 1940년대에 유전 클리닉에 내원하는 일은 완전히 새로운 경험이었다. 처음에는 환자들이 겪고 있는, 혹은 잠재적인 질환과 유전 사이의 관계를 가능한 한 정확히 평가하려는 인류유전학자가 진료를 보았다. 유전 클리닉이 개원하기 전에는 가계도가 비체계적이고 덜 의학 지향적인 방식으로 수집되었는데, 때로는 한 가족에서 세대에 걸쳐 일어나는 퇴행을 추적하려는 우생학 분야의 현장 요원들에 의해, 때로는 질환의 유전적 패턴을 직감한 주치의들에 의해, 그리고 때로는 헌팅턴병, 대장암, 다지증과 같은 특정 질환의 영향을 받는 개인과 가족들을 연구하는 연구자들에 의해 이루어졌다. 20세기 초에 우생학 현장 요원들은 수천 개의 가계도를 수집했으며, 이는 주로 겉으로 보기에 "부적자(unfit)"에 해당하는 개인과 그 친족을 대상으로 제도적 격리나 강제 불임 수술 정책을 정당화하려는 목적하에 진행되었다.[18]

미시간 대학교의 유전클리닉 설립은 인류 유전 연구가 어떻게 학문적 과학과 의학계에 진입하며 환자와 의사들에게 의학유전학을 인지하게 했는지를 잘 보여 준다. 미시간 대학교의 유전클리닉은 리 레이먼드 다이스에 의해 설립되었다. 다이스는 그가 자란 워싱턴 주 남동부 척추동물의 생태적 확산에 관한 학위 논문을 제출하고 1915년에 고생물학 및 동물학 박사 학위를 받은 인물이었다.[19] 제1차 세계 대전 참전 후 다이스는 미시간 대학교 동물학박물관의 동물 분야 학예사로 고용되었다. 1920년대 동안 그는 여러 종의 생쥐속(흰발생쥐)의 변이, 행동, 유전에 관해 연구했다. 1934년 다이스는 포유류유전학실험실의 책임자가 되었고 자신의 에너지 대부분을 실험실과 현장 연구에 쏟아부었다.[20]

스탠퍼드 대학교에서 데이비드 스타 조던(David Starr

Jordan)의 지도하에 학부과정을 공부하고 캘리포니아 대학교 버클리 캠퍼스에서 새뮤얼 J. 홈스(Samuel J. Holmes) 밑에서 대학원생으로 지내던 시절에 우생학을 처음 접했던 다이스는 1930년대의 어느 시점에 자신의 포유류 연구를 인간까지 확장하기로 결심했다. 처음에는 뇌전증의 유전적 측면에 관심을 가졌던 그는 "척추동물 실험실에서 동료들과 함께 연구해 확보한 생쥐속에서의 경련성 행동 및 여타 행동 이상의 유전에 관한 정보는 인간 뇌전증의 일부 유형도 상당히 단순한 방식으로 유전될 수 있음을 암시"한다고 추측했다.[21] 호기심이 발동한 다이스는 래컴 대학원에 제안서를 제출했고, 대학원의 긍정적인 검토로 결국 '인간 결함의 유전에 관한 연구'를 위한 클리닉을 설립하게 되었다. 1941년 11월 12일 일반 대중에게 공개된 미시간 대학교의 유전클리닉은 기초 과학 기관들과 의과대학 양측에 다리를 걸치고 있었다.[22] 유전클리닉의 제도적 모체는 지역 동식물종의 분류학적 조사부터 생쥐와 원숭이에 관한 실험실 연구에 이르는 다양한 연구를 추진하는 척추동물 생물학 실험실이었다.

    미시간 대학교 의학부는 생의학에서 인류유전학의 낮은 지위를 반영하듯 과거 수련의 숙소로 사용하던 낡아 빠진 이층 판잣집에 유전클리닉을 개소했다.[23] 클리닉은 다이스의 관리하에 헌팅턴병, 신경 섬유종증, 수정체 편위, 마르판 증후군을 포함한 유전 질환에 대한 통합 임상 연구를 개시했다. 클리닉 초기부터 소규모의 중핵 교수진과 직원들은 내과, 신경과, 안과, 정신과 의사들과 사회학과, 인류학과 연구자들과 좋은 협력 관계를 구축했다. 1946년에는 제임스 닐이 책임자가 되었고, 10년 후 다이스가 은퇴를 준비하면서, 닐은 의과대학에 인류유전학과를 창설하는 동시에 유전클리닉을 의과대학으로 이관하는 행정 작업을 마무리 지었다.[24]

    학술 기관들과 의료 기관들의 후원하에 유전 클리닉이 창설되면서 인류유전학자들은 환자 접수 및 평가 과정을 간소화하기 시작했다. 1945년 다이스는 유전학적 평가에 관한 절차들을 열거하고 지정 상담실, 요금 정책, 진료 의뢰 프로토콜 및 접수에 대한 정보를 담은 매뉴얼 제작을 감독했다. 다이스는 가계도 작성 체계를 세심하게 고안했는데, 여기에는 "카나리아색 아황산지에 연필로 필기한" 초안 양식에서 표준화된 잉크 펜 가계도로 전환하는 작업이 포함되었다. 표준화된 가계도는 시조(the propositus), 혹은 가족 연구에서 최초의 시조로 조사된 인물로 시작해서 혈연관계 A(첫 형제자매 세트)에 대한 데이터를 수집한 다음 뒤따르는 혈연관계 B, C 및 다른 추가 혈연관계 세트들로 분기하는 방식으로 구성되었으며, 이 같은 분기는 화살표로 표시되었다. 각 친족 또는 대가족 단위는 파일 카드에 요약되었으며, 여성은 분홍색, 남성은 파란색으로 표시되었다.[25] 이 카드들에는 번호가 부여되어 질병에 따라 연대순으로 분류되었다. 다이스와 동료들은 환자의 프라이버시를 준수할 방안을 모색했다. "첫 면담에서 환자의 제안자, 부모, 또는 보호자는 유전클리닉으로부터 다른 친족 구성원 면담을 허용할 것인지 답해야 한다. 허가가 거부될 경우 일반적으로 우리는 친족 연구를 수행할 수 없다". 수집된 모든 정보는 "엄격한 기밀 사항"으로 취급되었다.[26]

이런 방법들은 비록 임상적인 목적에서 추동되고 구조화되었지만, 그 뿌리는 우생학 운동에서 직접적으로 찾을 수 있다. 무엇보다도 20세기 초 미국과 영국의 우생학자들은 여성은 원형, 남성은 사각형, 알코올 중독은 A, 지적장애(feeblemindedness)는 F 등 특정 질환의 약어를 고안해 가계도를 규약화하고 표준화했다. 1940년대에 가계도는 의학유전학으로 그대로 옮겨졌다. 유전상담의 역사를 연구한 로버트 레스타가 말한 것처럼, "우생학자들과 인류유전학자들은 자신의 유전주의적 주장을 입증하거나 증명하기 위해 동일한 도구(가계도)를 사용했다".[27] 실제로 미시간 대학교 유전클리닉의 연구자들은 뉴욕 콜드스프링하버의 ERO(Eugenics Record Office, 우생학기록보관소)에서 고안된 가계도 기호를 사용했다. 1910년부터 1939년까지 ERO는 미국 최고의 우생학 연구 기관으로, 각 주를 돌아다니며 '결함'이 있는 것으로 추정되는 가족들의 가계도를 작성하는 수백 명의 우생학 분야 현장 요원을 훈련시켰다.[28] 미국의 선도적인 우생학자 찰스 B. 대븐포트(Charles B. Davenport)가 집필한 『형질서(The Trait book)』를 활용해 ERO 요원들은 수천 개의 가족사를 수집하고 유전 정보와 패턴에 대한 방대한 데이터베이스를 구축했다. 닐은 미시간 대학교에 자리를 잡기 전에 콜드스프링하버에 방문해 ERO의 방대한 가족 연구 아카이브를 연구 프로젝트에 활용할 수 있을지 생각해 보았지만, 자료들이 편향되고 체계적이지 않으며 과학적 가치가 부족하다고 판단했다. 닐에 따르면, ERO에 비축되어 있는 문제적인 데이터들을 검토하게 되면서 "인류유전학이 존중받을 만한 학문 분야가 되기 전에 해야 할 일의 규모가 얼마나 큰지 끔찍하게 분명해"졌다.[29]

미시간 대학교의 유전클리닉(그리고 미네소타 대학교의 다이트연구소와 웨이크포레스트 대학교의 의학유전학과)은 외래 환자, 진료 의뢰 환자, 인간 피험자라는 세 유형의 내담자들에게 상담 서비스를 제공했다. 외래 환자들은 대개 결혼이나 출산 계획 때문에 가족의 유전병에 대해 우려했다. 대부분의 경우 이런 내담자들은 "평균 이상의 소득과 교육을 받은 사람들"이라는 공통점을 보였다.[30] 셸던 리드는 많은 내담자가 "신문에서나 다른 사람들과 대화 중에 다이트연구소를 알게 되었고, 그래서 다이트연구소를 찾는 사람들이 끊이지 않는다"고 적었다.[31] 어떤 사람들은 근친상간과 부녀 및 남매 간의 관계가 지니는 유전적 결함의 위험을 궁금해했다.[32] 다른 사람들은 발달 장애가 있거나 백색증 가족력이 있는 아이가 태어날 가능성을 걱정했다.[33] 예를 들어, 한 청년은 과도한 자위로 인해 '몽고 인종' 자손이 태어날

1949년 유전 질환의 유전 패턴을 분석하는 셸던 리드(중앙), 그의 아내 엘리자베스 리드, 그리고 동료 데이비드 머렐(David Merrell). 다이트 연구소에 기부한 별난 우생학자 찰스 다이트가 그들을 내려다보는 듯한 사진이 벽에 걸려 있다. 출처: "What Do We Inherit? A Three-Way Attack on Heredity Problems," *Minnesotan* 3, no. 2 (1949): 3. 미네소타 대학교 제공.

것을 걱정했다.34*

　　유전학자들은 스스로 내담자이자 피험자가 되기도 했다. 미시간 대학교의 유전클리닉에서는 전 직원과 가족 구성원이 가계도를 수집하는 활동에 참여했다.35 다이트연구소에서 리드는 자신과 아내를 대표 사례에 포함시켰다. 리드 부부 가족은 Rh 혈액형 부적합이라는 점이 밝혀졌는데, 셸던이 Rh형 양성, 엘리자베스가 Rh형 음성이었다. 셋째 아이를 임신한 마지막 몇 주 동안 엘리자베스에게는 Rh형 양성 태아에 대한 항체가 생겼다. 태아 적혈 모구증(erythroblastosis) 발병을 걱정하던 엘리자베스는 조기 제왕 절개 수술을 받은 후 불임 수술을 하기로 결정했다.36 이 결정은 다음 아이도 Rh 양성일 확률이 64%라는 셸던의 계산에 근거한 것으로, 리드 부부는 이 위험이 "사소하게 넘기기에는 너무 크다"고 판단했다.37

　　두 번째 그룹은 유전학자의 전문적인 의견을 기대하던 의사들의 진료 의뢰로 오게 된 환자들이었다. 이 경우는 대개 명백하고 심각한 임상 증상을 보이는 데다 잘 알려진 유전 질환과 관련된 사례들이었다. 예를 들어 미시간 대학교 유전클리닉 운영에서 첫 3년 동안 진료한 400명의 환자 가운데 대부분은 안과(주로 망막 색소 변성증과 수정체 편위), 피부과(주로 신경 섬유종증), 그리고 치아교정과(다양한 유전적 이상)라는 세 부서의 의뢰를 받아 내원한 환자들이었다. 1940년대 중반에는 신경과, 정신과, 소아과, 그리고 산부인과로부터 진료 의뢰가 증가했다.38

　　마지막으로, 유전상담사들은 다양한 질환의 유전적 요인들을 규명하는 연구를 위한 인간 피험자로서 선별되었다고 묘사하기 가장 좋은 환자들을 평가했다. 이 연구들 가운데 일부는 인체 실험에 가까웠고, 사전 동의 등 오늘날 연구자들이 지켜야만 하는 윤리적 프로토콜이 결여되어 있었다. 예를 들어 노스캐롤라이나

---

* 여기서 '몽고 인종'은 다운 증후군을 가리킨다.

주 웨이크포레스트 대학교의 의학유전학과는 연구자들을 그레이트스모키 산맥으로 파견했으며, 이들은 보통 클립보드를 들고 걸어 다니며 족내혼과 격리 생식(isolated breeding)과 같은 생식 패턴 때문에 눈에 띄게 높은 '유전적 결함' 비율을 보이는 지역 공동체 성원들의 의료 및 개인 정보를 수집했다. 미네소타에서는 다이트연구소가 패리보 지적장애인의 집(Faribault Home for the Feebleminded)에 수용된 환자들의 정신적·신체적·심리적 특성에 대한 대규모 연구에 착수했다. 1910년대에 실시된 우생학 조사의 후속 연구인 이 가족 연구는 20세기 중반 미국의 지적장애인 현황에 대한 리드의 핵심 데이터가 될 만한 자료를 만들어 냈다. 같은 기간 동안 다이트연구소는 미네소타주 로체스터 주립 병원(Rochester State Hospital)의 헌팅턴병 환자에 대한 연구를 진행했다. 그럼에도 불구하고 유전 클리닉에서 수행한 초기 연구들 가운데 일부는 오늘날 연구의 선구자 격에 해당하는 것들이자 영향을 받은 집단들이 윤리적으로 수용할 만한 연구들로 간주될 수 있다. 예를 들어 다이트연구소의 초기 프로젝트들 가운데 하나는 동의한 가족들을 대상으로 여성 친족들의 유방암 유전성을 조사했으며, 미시간 대학교의 유전클리닉은 헌팅턴병, 낭포성 섬유증, 겸상 적혈구 빈혈증, 지중해 빈혈에 대해 임상적으로 제한된 연구들을 추진했다.[39]

유전적 위험의 계보

'위험(risk)'이라는 단어의 어원은 라틴어 'riscum'으로 거슬러 올라간다. 하지만 위험이라는 용어와 개념은 중세 시대에 이르러서야 본격적으로 등장했으며, 해양 탐험과 바다에서 "항해를 위태롭게 할 수 있는 위험(perils)"과 연관되었다. 이 시기에 위험은 "인간의 잘못이나 책임이라는 개념"과는 무관하게 신이나 자연법에 의해 행해지는 잠재적 위험(danger)을 의미했다.[40] 18~19세기에는 국민 국가들의 성장과 함께 자유주의적 개인주의에

관한 이론이 등장하고 과학과 객관성에 대한 믿음이 증대되면서
위험 개념의 변화와 세속화가 이루어졌다. 위험은 패턴을
파악하고, 기준을 계산하고, 궁극적으로 인간 행동과 사건에
대한 예측 방안을 제공하려는 확률과 통계에 관한 신생 과학들에
포함되었다.[41] 요컨대 위험은 "근대화에 의해 유발되고 도입된
위해(hazards)와 불안정성(insecurities)"에 대처하기 위해 조직된
새로운 관리 체계 계산법의 일부로, 양적으로 측정할 수 있는
개념이 되었다.[42] 동시에 과거에는 섭리와 행운이라는 좋은 결과와
연관될 수 있었던 위험이 거의 전적으로 부정적인 의미와 결과로
정의되었다. 위험은 항상 예측 불가능성을 암시하는 우연과 점차
분리되었다. 나아가 위험은 개인들이 자신의 신체를 관리하고
국가나 사회와 같은 더 큰 실체들이 인구를 관리하는 방법들과
관련된 생명정치적 개념이 되어 갔다.[43]

위험이 근대적 삶과 행동을 이해하는 데 중요해지면서
다양한 분야의 전문가들과 학자들이 위험을 계산·측정·평가하는
알고리즘과 프레임워크를 개발하기 시작했다. 전문적 위험
지식의 발전과 관련해 가장 잘 알려진 사례는 보험업과 관련된
보험계리학(actuarial science)의 부상이다. 제2차 세계 대전
이후 핵무기부터 환경 오염원에 이르는 여러 새로운 기술과
산물이 개인과 사회에 미칠 수 있는, 잠재적으로 부정적인
영향에 대한 우려로 인해 위험 연구가 확대되었다. 특히 위험
연구는 1960년대부터 1980년대 사이에 엄청난 호황을 누렸다.
1966~1982년 사이에, 그중에서도 1970년대 초 이후로 위험 연구가
학술 저널들에 등장하는 빈도가 급격하게 늘어났다.[44] 수학,
심리학, 사회학 등 다양한 분야의 학자들은 양적 혹은 수치적인
위험값과, 질적 혹은 사회적 위험 인식 사이의 관계를 탐구했다.
크게 위험 분석으로 분류되는 이 연구는 환경, 직업, 기술 및 건강
관련 위험들의 다양한 차원을 탐구했다.[45] 이 분야에서 가장 중요한
가정은 개인과 사회가 자기 혹은 집단 극대화의 공리주의적 원칙에

따라 움직이는 합리적 의사 결정자처럼 행동한다는 것이었다.[46] 이 프레임워크에서 행위자들은 수용 가능한 위험 수준을 파악하고 특정한 행동 방침에 대해 합당한 결정을 내린다. 자신이 진료하던 역사적 맥락에 부합하게 셸던 리드는 이와 같은 접근을 받아들이며 내담자가 자신들의 유전적 위험을 합리적으로 평가하고 거의 항상 가족과 사회 전체에 유익한 방식으로 행동한다고 믿었다. 그는 "계산된 위험이라는 생각은 대부분의 사람에게 의미가 있다"고 말했다.[47] 위험학자 크리스티나 파머(Christina Palmer)와 프랑수아 상포르(François Sainfort)는 1970년대 말까지 지배적이었던 이 같은 경향을 "재발 위험의 정도에 관한 객관적 규정"의 시대의 주춧돌로 보았다.[48]

그러나 시간이 지나면서 사람들, 특히 보건 의료에서 환자들의 의사 결정을 위한 위험 정보 평가에 관심을 갖던 연구자들은 위험의 양적 차원과 질적 차원 사이의 관계가 거의 일치하지 않는다는 사실을 깨닫게 되었다. 1980년대에 이르러서는 특히 유전상담 분야에서 상응성 모델에 도전하는 흐름이 나타나기 시작했다. 연구자들은 위험 인식에서 커다란 차이가 존재함을, 즉 환자들은 "유전 위험 분석가들에 의해 이용되는 데이터베이스와 계산 공식대로" 생각하지 않는다는 점을 입증했다.[49] 대신 사람들은 인구통계학적 및 사회적 특성을 많이 공유하든 그러지 않든 동일한 수준의 위험, 혹은 심지어 동일한 수치로 표현된 위험을 다양한 방식으로 평가했다. 이러한 이유로 영국의 한 유전상담사는 "특정한, 유전적으로 결정된 질환은 사람마다 다른 것을 의미할 수 있다"고 간결하게 말했다.[50] 맥길 대학교의 의학유전학자였던 F. 클라크 프레이저는 다음과 같이 설명했다. "한 사람에게는 안심할 만한 위험이 다른 사람에게는 치명적일 수 있고 혹자에게는 사소한 것으로 보이는 결함이 다른 이에게는 재앙처럼 보일 수 있음을 염두에 두어야 한다".[51]

1979년에 프레이저는 역학자 애비 리프먼과 함께 위험,

인식 및 선택에 관한 일련의 획기적인 논문들을 발표했다.[52] 유전상담을 받는 내담자들과의 질적 인터뷰 분석을 바탕으로 리프먼과 프레이저는 유전상담사와 내담자가 유전적 위험 수치에 대해 동일한 이해를 공유하고 있으며 "이 수치들은 본래 정확한 방식으로 제공된 것이고 행동 방침을 결정하는 데 유용한 기반이 된다"는 가정이 틀렸음을 밝혔다. 이들은 "진단과 그 함의가 서로 일대일로 상응하는 것만은 아니기에 모호성이 발생한다. 표현 방식이 다양하기 때문에 한 특정 질환에 대해 다양한 '부담'이 발생할 수 있다"고 적었다.[53] 이들은 또 내담자들이 단순화하여 생각하는 경향이 있으며 위험을 이분법적인 것으로 여긴다는 점을 발견했다. 캘리포니아 대학교 버클리 캠퍼스의 유전상담과정을 오랫동안 이끈 존 웨일은 "이분법화는 위험에 처한 상황에 대한 인지적 단순화와 이에 수반되는 중요한 의사 결정에 대한 정서적 부담, 책임감 등에 영향을 미친다"고 설명했다.[54] 이런 연구 결과에 따라 리프먼과 프레이저는 유전상담사가 "전통적인 비용-편익(위험 부담) 접근 방식이 아닌 경험과 직관에 의존한 휴리스틱 처리"를 강조하는, 보다 개선된 유전적 위험 평가 모델을 개발해야 한다고 결론지었다.[55] 최근에 파머와 상포르는 이 분석을 확장하여 내담자와 환자가 유전상담에서 제공되는 수치나 비율에 따라 위험을 평가하는 것이 아니라 존부(存否) 모델에 따라 평가하는 경향을 보인다고 주장했다. 이들은 "불확실성과 불행(adversity)의 양이 아니라 그 존재 여부가 위험에 대한 우리의 관점과 유관하며 우리에게 필요한 측면"이라고 주장했다.[56]

이러한 연구로부터 힌트를 얻어 지난 20년 동안 다양한 학문적 배경을 가진 학자들이 20세기 대부분을 지배했던 합리적 선택 모델에 도전했다.[57] 최근에는 위험의 정서적 차원을 검토하고, 위험뿐만 아니라 심지어 위험을 감수할 가능성까지도 불가사의한 심리적·인지적 의미들로 가득 찬 감정으로 이해되어야 한다는 연구들이 늘어나고 있다.[58] 다른 관점에서 사회 이론가인 카를로스 노바스(Carlos Novas)와 니컬러스 로즈(Nicholas Rose)는 1970년대에 유전적 위험 개념이 굳혀지는 일을 산전 유전자 진단의 부상과 위험에 처한 개인, 즉 '생물학적 신체를 지닌 개인(somatic individual)'의 구성과 관련지어 설명한다.[59] 문화와 위험의 관계에 관한 인류학의 선구적인 연구들과 나란히 읽는다면, 위험과 그 의미에 대한 이러한 보다 다면적인 이해는 유전상담과 특히 유관하다.[60]

지난 60년 동안 한 가지 분명한 경향은 저위험도, 중위험도, 고위험도의 역치들이 점차 낮아지고 있다는 점이다. 리드와 동시대의 사람들은 유전 질환 발병 위험도가 10%인 경우 낮은 것으로 평가했지만, 1970년대에는 많은 사람에게 높은 것으로 여겨졌다. 1986년에 출판된 『잠정적인 임신(The Tentative Pregnancy)』에 실린 유전상담사들의 성향에 대한 연구에서 바버라 캐츠 로스먼(Barbara Katz Rothman)은 "50분의 1이라는 위험도에 대해 인터뷰에 응답한 상담사들 가운데 절반 가까이가 고위험 내지 매우 고위험이라고 보았는데, 이전에는 오직 20% 정도만이 이렇게 여겼다".[61] 심지어 위험도가 400분의 1, 즉 1% 미만으로 계산되더라도 위험의 부재가 아니라 위험의 증거로 취급하는 경향을 보였다. 디아나 푸냘레스-모레혼(Diana Puñales-Morejon)은 콜롬비아 대학교의 뉴욕장로병원(Columbia Presbyterian Hospital in New York)의 심리학자이자 유전상담사로서 자신의 역할을 논의하면서 환자들, 특히 부유한 환자들은 개인 및 생식 건강과 관해 확실한 보장을 받기 원했다는 관찰 결과를 공유했다. 1985년에 유전상담 석사과정을 졸업하고 이후 해당 과정의 실습 강사로 일한 세라 로런스는 많은 환자에게는 "어떠한 위험도 용납될 수 없다"고 말한다.[62]

위험 평가 계산법의 변화는 지난 70년 동안 진화해 온 유전상담의 관행과 피상담자들의 경험을 통해 추적될 수 있다. 처음에 유전상담사들은 가능한 한 광범위하고 정확한 가계도를 바탕으로 유전 질환이 발생할 확률을 계산하는 멘델주의 위험 평가(Mendelian risk assessment)를 기본 도구로 사용했다. 1940년대에 다이스, 리드, 그리고 동시대 동료들이 유전 클리닉을 설립했을 때 멘델주의 위험 평가는 그들이 가장 중요하게 여긴 도구였다. 멘델주의 위험은 헌팅턴병, 테이-삭스병과 선천성 낭포성 섬유증과 같은 열성 질환, 그리고 혈우병과 뒤셴 근이영양증(Duchenne muscular dystrophy)과 같은 X염색체 관련 질환들에 초점을 맞춘다. 유전상담의 초창기에 대해 쓴 글에서 리드는 이런 위험 분석을 "할 수 있는 것이라고는 이후 자손에 특정한 결함(defect)이 반복되는 위험 수치를 제공하는 게 전부였던 낡아 빠진 방식"이라고 적었다.[63]

  유전상담사들은 많은 질환이 2분의 1 또는 4분의 1이라는 멘델 비율과 일치하지 않는다는 점을 깨달았다. 특히 1960년대까지 몽고증(mongolism), 몽고증 백치(Mongolian idiocy), 혹은 지적장애로 불리던 다운 증후군은 이 같은 확률에 전혀 들어맞지 않았다. 1940년대에 유전 클리닉들이 문을 열었을 때, 유전상담사들은 다운 증후군 아이를 가진 부모와 정기적으로 만나며 그들의 다음 아이에게서 유사한 증상이 발병할 가능성을 알아내려고 했다.

  1933년에 라이어널 S. 펜로즈(Lionel S. Penrose)는 150쌍의 형제자매에 관한 통계적 연구에 기초해 모친의 출산 연령이 높아지는 것과 '몽고증 치우(mongolian imbecile)'를 출산할 확률이 올라가는 것 사이에 상당한 상관관계가 존재한다고 말했다.[64] 리드는 그의 내담자에게 어떤 용어로 제시할 수 있게 상관관계를 더 잘 이해하고 싶었다. 이 퍼즐을 풀기 위해 그와 스웨덴인 동료 얀 뵈크(Jan Böök)는 멘델 유전 이론이 아닌, 가족 및 더 큰 친족 집단 사이의 질병 경험 패턴의 관찰에 기초한 '경험적 위험(empiric risk)'이라는 개념을 고안했다. 1950년에 리드와 뵈크가 『미국 의사 협회지(JAMA: The Journal of the

American Medical Association)』에 이 용어를 처음 제안한 이래 오늘날까지 유전상담에서 핵심적인 것으로 남아 있다.[65] 스웨덴 북부 집단에서의 몽고증에 관한 뵈크의 데이터를 활용해 이들은 20~29세 여성 집단에서는 몽고증 발병률이 0.09%이지만 40세 이후의 여성에게서는 "통계적으로 약 1~6% 확률"로 훨씬 높다고 계산했다. 이들은 "산모의 연령이 몽고증의 병인에서 주요 인자라는 점은 의심의 여지가 없다"고 결론지었다.[66] 점차 많은 스칸디나비아의 연구자가 유계 인구 집단(bounded population groups)의 유전적으로 낮은 등급의 정신 질환과 무뇌증(anencephaly)의 가능성을 계산할 때 경험적 위험 개념을 채용하게 되었다.[67]

경험적 위험 개념은 리드의 유방암 유전에 관한 연구와도 공명했다.[68] 1943년에 다이트연구소가 미국암학회의 재정적 지원을 받아 수행한 이 연구는 가족력이 보고된 173명의 여성을 대상으로 유방암의 잠재적 유전 인자를 파악하고자 했다.[69] 리드는 연구소를 인수한 후 이 종단 연구를 계속하여 1950년에 결과를 공개했다. 그는 망막아종이라는 안암과 신경암이자 피부암인 신경 섬유종증을 제외하고는 "특정 가족에게서 암의 발병이 집중되는 것과 백색증, 혈우병, 그리고 다른 유전성 질환들에서 발견되는 실제 멘델 비율 사이에는 조금의 관계"도 없다고 주장했다.[70] 대신에 그는 개인이 "특정한 종류의 암에 대한 감수성(susceptibility)을 물려받을 수 있다"고 말했다. 리드의 주요 결론 가운데 하나는 일반 인구 집단의 동일 연령 여성들 사이에서보다 "유방암 환자의 자매들 사이에서 유방암 발병으로 인한 사망률이 네 배 더 높다"는 것이었다.[71]

유방암에서의 유전적 영향과 몽고증이라 불리는 질환의 연구는 경험적 위험 계산의 강점과 약점을 모두 부각시켰다. 리드와 뵈크는 경험적 위험도가 관찰에 따른 것이고, 특정 집단의 임상 양상의 역학적 패턴에 기초한 것이며, "병인에 대한 어떠한 특정한 이론도 함축하지 않음"을 분명히 했다.[72] 1950년대 말에 미시간 대학교의 닐은 경험적 위험 분석 연구를 확대시켰다. 그는 구순열(harelip)을 앓고 있는 100명의 가족력을 모두 수집 및 검토했다. 이들은 모두 정상인 부모를 두고 있었으며, 이들의 형제자매 300명 가운데 15명이 같은 질환을 보였다. 그는 "질환을 보이는 개인의 형제자매들이 이 형질을 갖게 될 경험적 위험도"는 "5%(혹은 300분의 15)이고, 이 위험도는 이 같은 결함을 보이는 개인의 향후 태어날 어떤 형제자매든 간에 같은 확률로 적용될 수 있다"고 계산했다. 또한 닐은 경험적 위험도가 병인에 관해서는 말해 주는 것이 없음을 강조했다. 이는 발현된 형질에 대한 관찰을 토대로 계산된 것이지 질환의 잠재된 다요인적인 유전 원인들에 기초한 것이 아니었다. 요약하자면, 닐은 "경험적 위험도 수치는 축적된 의학 통계에 기초한 실용적인 확률 진술"이라고 적었다.[73] 유전학자 케네스 K. 키드(Kenneth K. Kidd)는 멘델주의 위험 모델과 경험적 위험 모델을 1979년에 출판한 일련의 논문들에서 검토했다. 그는 "경험적 재발 위험(empiric recurrence risk)은 병인이 알려지지 않았으며(혹은 적어도 불분명하며) 단순 멘델 유전 패턴을 보이지 않는 가족 형질들과 질환들에 고려되고 사용된다"고 결론지었다.[74]

1959년에 제롬 르죈은 21번 삼염색체성과 다운 증후군 사이의 관계를 확인했다. 뒤이어 다른 삼염색체성과 터너 증후군과 클라인펠터 증후군 같은 성염색체 질환들을 포함해 다양한 질환에서 염색체 이상이 맡는 역할들에 대한 발견이 이루어졌다. 심지어 르죈이 (95%가 비분리 21번 삼염색체성에 의해 발생하는) 다운 증후군이 염색체 이상으로 인해 발생하며 유전 질환이 아니라는 점을 밝혔음에도 경험적 위험도라는 개념은 유전적 위험 평가의 핵심으로 남았으며, 특히 경험적 위험과 관련한 수학적 작업은 참조 데이터베이스에 덧붙일 수 있는 유전 질환의 지표 사례(index cases) 수집을 위한 모델을 제공했다. 향후 수십 년 동안 동일한 논리가 테이-삭스병과 같은 멘델 유전 패턴을 보이는 질환에도 적용되어 질환에 영향을 받는 (주로 종족과 인종으로 정의되는) 대규모 인구 집단들로부터 데이터를 수집하는 데 사용되었다.

　　유전상담사들은 멘델주의 위험과 경험적 위험 이외에도 개인의 유전적 위험 요인을 결정하기 위해 다른 출처의 자료들(발병 연령, 효소 수치, 건강한 자녀 수 등)로부터 얻은 정보들을 통합할 수 있게 하는 베이즈주의 위험 평가 기법(Bayesian risk assessment) 또한 사용했다. 웨일은 "소규모의 단순한 가족에서도 열성 또는 X-염색체 관련 질환 또는 불완전하거나 연령과 밀접한 우성 질환의 영향을 받는 자녀를 가질 위험을 평가하는 표준 방법"으로 사용되는 베이즈주의 분석의 중요성을 강조했다.[75] 새로운 데이터가 생성됨에 따라 업데이트되는 베이즈주의 모델은 특히 대규모 비멘델주의적 유전 위험 분석에 적합하며, 친족이 확장 및 변경됨에 따라 잠정적이며 변화하는 것으로 이해되었다.[76]

　　위험평가의 세 모델(멘델주의 위험 모델, 경험적 위험 모델, 베이즈주의 위험 모델)은 유전 기술과 검사 기법의 진화와 함께 발전했기에 1970년대는 유전 클리닉의 초창기와는 확연히 달라진 위험 예측이 이루어졌다. 특히 태아의 염색체 이상을 진단할 수 있게 하는 양수 천자 기법의 등장과 테이-삭스 질환과 겸상 적혈구 빈혈증과 같은 질환들의 검진 프로그램 출범은 유전적 위험을 추상적인 추정에서 더 정확한 계산으로 전환시키는 것을 도왔다. 이 전환기 동안 리드가 의사들에게 말한 것처럼, 유전상담은 더 이상 "상담사가 비정상아를 가진 부부에게 유전적·환경적 위험을 해석해 주는 단순한 추론 게임"이 아니라, "가족에게 가장 중요한 예방의학적 상황"이 되었다.[77]

무엇이 나의 위험인가?

1948년 12월, 미국의 주부들이 대중 여성 잡지『매콜스(McCall's)』당월 호를 펼쳤을 때 미소 짓는 엄마와 천사 같은 얼굴의 아기, 그리고 가계도에 딸린 막대 그림이 눈에 들어왔다. 이 이미지들은 인류 유전에 관한 지식 확대와 그것이 미국 가족에 끼치는 영향을 조망한「누구의 딸아이입니까?(Whose Little Girl Are You?)」라는 기사와 함께 실렸다. 미시간 대학교의 유전클리닉을 강조하면서 이 기사는 열성 질환인 백색증, 우성 질환인 헌팅턴병, 그리고 눈 색깔의 패턴에서 나타나는 멘델 유전에 관한 기본 법칙을 설명했다. 독자들은 "자신의 유전적 형질과 자식들에게 물려줄 형질들이 더 이상 추측으로 끝날 문제가 아니"라는 점을 알게 되었다. "이제 그들은 대부분의 경우 과학적·수학적으로 계산할 수 있게 되었다".[78]

다이스와 리드 같은 초창기의 유전상담사들은 신문, 잡지, 라디오를 통해 수만 명의 미국인에게 유전적 위험과 유전상담이라는 개념을 소개했다. 이들의 메시지는 분명히 큰 반향을 일으켰다. 유전클리닉에 막 합류한 닐에 따르면, 이 『매콜스』기사 때문에 "전국 각지에서 인류 유전에 관한 개인적 문제의 자문을 원하는 요청이 쇄도했다". 기사가 나가고 난 뒤 몇 주 동안 유전클리닉은 "가족 유전의 특정 문제에 관한 자문을 요청하는 편지를 하루에 두 통 내지 다섯 통씩이나 받았다. 이는 사람들이 유전에 관한 자문을 얼마나 필요로 하는지를 잘 보여준다".[79]

이 잡지 기사가 미시간 대학교의 유전클리닉의 인지도를 높였다면, 중서부 북부 지역의 또 다른 곳에서는 다이트연구소가 신문과 라디오 방송에서 주목을 받고 있었다. 리드는 유전과 관련된 모든 문제에 있어서 지역 전문가로 자주 인용되었다. 예를 들어 그는 1958년의 한 기사에서 그의 유전적 위험에 대한 전문성을 입증했다. "대부분의 희귀 질환에 대해 리드 박사는

1948년 여성 잡지 『매콜스』에 실린 이 기사는 미시간 대학교의 유전클리닉에서 제공하는 유전상담에 대해 언급했으며, 제임스 닐에 따르면 "인간 유전과 관련된 개인적 문제에 대한 조언을 구하는 요청이 쇄도"했다. 1940년대에는 가족 유전 패턴과 인류유전학에 대한 이미지와 설명이 잡지, 텔레비전, 라디오를 통해 대중문화로 유입되기 시작했다. 출처: "Whose Little Girl Are You?," *McCall's,* December 1948, 22-23.

어떤 확률(예를 들어 1/4이나 1/2 같이)로 특정 부부가 희귀 질환을 앓는 아이를 낳을지에 대해 정확한 계산값을 갖고 말할 수 있다. 각 출산은 동일한 확률을 가지며 이전의 출산 결과는 영향을 미치지 않는다".[80] 리드는 또한 『미네아폴리스 트리뷴(Minneapolis Tribune)』에 "해결사(Mr. Fixit)"라는 제목의 자조적인 칼럼에 유전 정보에 관한 소식들을 꾸준히 제공했는데, 여기에는 미래 후손의 머리카락 및 눈 색깔과 관련해 유전의 역할이나 근친상간으로 생긴 자손에 대한 독자들의 우려스러운 질문이 포함되었다.[81]

이에 앞서 3년 전에 리드의 『의학유전학에서의 상담(Counseling in Medical Genetics)』이 출간되었다.[82] 유전상담에 관한 최초의 대중 교육 매뉴얼이었던 이 책은 독자들에게 유전상담의 철학과 근거들을 가르칠 방안을 모색했다. 이 책은 몽고증, 혈액 유전, 알레르기, 방사선의 유전적 효과 등 20개 이상의 주제를 다루며 유전상담사를 유전적 문제를 걱정하는 내담자들에게 과학적인 정보와 공감을 제공할 준비가 된 전문가로 제시했다. 이 책의 가장 중요한 메시지 중 하나는 유전적 위험이 보편적이라는 것이었다. "거의 모든 가족들이 가족 성원의 유전에 직접적으로 관련이 있는 곤란한 상황에 처해 있다".[83] 『미네아폴리스 트리뷴』의 칼럼니스트가 독자들에게 상기시킨 것처럼, "우리 모두는 어떤 열성 유전자의 보인자이다".[84] 의학 및 대중 출판물에 『의학유전학에서의 상담』 광고를 쏟아부으면서 미국인들에게 널리 호소할 방안을 모색했다. "대도시에서, 그리고 가장 작은 시골 마을에서 불안한 환자가 의사에게 묻습니다. '유전이 어떤 역할을 하나요? 우리 아이가 비정상일 확률은 얼마나 될까요?'"[85]

다이트연구소와 유전 클리닉은 해마다 늘어나는 "위험의 규모"를 알려고 열망하는 내담자들에게 자문했다.[86] 예를 들어, 1957년에 뉴욕 브루클린 출신의 산모는 리드에게 다음과 같은 내용의 편지를 보냈다. 그가 사산한 아기의 외모는 지적장애

증세를 앓는 아기와 일치했는데, 그는 다음 임신에서도 비슷한 영향을 받을 확률이 있는지를 알고 싶어 했다. 답장에서 그는 리드에게 감사를 표하면서도 그가 계산한 위험 수치에 대해 체념조로 말했다. "비록 7분의 1의 확률보다 다소 낮다는 게 10만분의 1의 확률만큼이나 기쁘지는 않지만, 선생님의 말씀 덕분에 다소간 위안을 받았습니다".[87]

    수백 명의 미국인들이 내원하거나 편지를 통해 유전적 위험 정보를 알아볼 때, 다른 이들은 유전상담사의 관심을 피하고자 했다. 특히 유전병이 대가족 내에서 크나큰 고통과 곤경을 야기했던 경우 일부 가족 성원들은 어떤 것도 말하기를 원치 않았다. 이는 사회적 낙인 이상의 것들을 견뎌야 했던 헌팅턴병 가족 성원들에게서 상당히 흔한 반응이었다.[88] 예를 들어 연구자들은 1944년 미시간 대학교의 유전클리닉이 처음으로 접촉한 잭과 로저 머피의 친척 가운데 한 명인 외종조부(maternal great-uncle)로부터 정보를 얻는 데 곤란을 겪었다. 클리닉의 비서는 친척에게 보낸 편지에서 다음과 같이 간청했다. "저희가 수차례 연락을 드렸지만 잘 되지 않았습니다. 당신의 자녀들을 검사할 기회를 무척이나 고대하고 있습니다. 본 기관이 비용을 지불할 검사는 자녀들이 모친의 결함을 유전할 확률과 관련해 필요한 정보를 제공할 것입니다".[89] 또 다른 헌팅턴병 친척의 경우 유전클리닉 직원이 그의 자매에게 편지를 썼다가 다음과 같은 답장을 받았다. "자매 N양이 연락드리지 않은 것에 대해 정말 죄송하게 생각합니다. 그는 처음에는 매우 회의적인 반응을 보였고 왜 가족에 관한 정보를 제공해야 하는지에 대해 납득하지 못했습니다. 당신이 의학적 목적으로 연구를 하고 있고 철저히 비밀을 지킬 것이라는 설명을 들은 후에야 조금 친절해지고 협조할 의사를 보이는 것 같았습니다".[90] 이와 같은 난관을 우회하기 위해 리드의 직원들은 종종 해당 유전 질환이 발병하지 않은 가족 성원들과 먼저 접촉했다. 이런 연유로 리드는 1960년대

다이트연구소에서 열린 강연에서 청중에게 다음과 같이 말했다. "유해한 형질을 연구하면서 해당 가족의 발병한 성원들에 대해 인척으로부터 꽤 좋은 정보를 얻지만 혈족으로부터는 그만큼 얻지 못한다는 것을 발견합니다. 왜 그럴까요? 이는 분명히 해당 형질을 보유하고 있을 만한 친척들은 그 상황을 개탄하며 말하지 않기 때문입니다".[91]

리드는 유전적 위험에 관한 정보를 알고 싶어 연구소를 찾는 많은 내담자들이 눈 색깔이나 유럽계 혈통(European ancestry)과 같은 듣기 좋은 주제들만 듣고 싶어 하고 실제 유전 질환의 위험성을 인정하는 데에는 소극적이라고 불평했다. 그는 이런 부조화를 다음과 같이 설명했다. "모든 사람들은 어떠한 종류의 눈 색을 갖고 있고, 대부분의 사람들은 자신들의 눈 색에 대해 꽤 만족합니다. 반면에 이들은, 예를 들자면 헌팅턴병 유전자를 물려받았을지 모른다는 사실을 인정하는 데에는 그다지 관심이 없습니다…. 다이트연구소의 내담자들은 자신의 문제가 유전적 요인 때문이라는 사실을 알고 싶어 하지 않습니다. 예를 들자면 선천성 색소 결핍증을 앓는 자기 아이가 단지 지나치게 스칸디나비아 사람 같아서 그런 것이라고 듣고 싶어합니다".[92] 내담자와 환자들은 유전상담사에게 정보를 공유하려는 정도가 다른 만큼 유전적 위험도 수치에 대해서도 현저히 다른 반응을 보였다. 이들이 받아 볼 유전적 위험도는 백분율(예: 50%), 비율(예: 0.5), 확률(예: 1/2), 혹은 승산비(예: 1:1)의 형태로 표기되었으며, 복잡하고 다양한 의학적, 가족, 사회적, 개인적 기준들에 따라 이 숫자에 가중치가 매겨졌다.[93] 이미 유전 질환을 앓는 자녀를 둔 부부는 자녀가 없는 부부와는 위험 수치를 다르게 평가했다. 리드는 만약 해당 부부가 아직 "정상적인" 자녀를 낳지 않았다면, 계속 임신을 시도할 것이라고 언급했다.

어느 정도까지 위험을 수용할 수 있는지도 내담자마다 달랐다. 어떤 이들에게는 1%와 25% 사이에 아무런 차이도

없었다. "그들은 종종 1/4의 확률과 1/100의 확률을 구별하지
않았다. 이들에게는 모두 같은 것이었다".[94] 리드는 일반적으로
3%에서 5%에 해당하는 값은 출산 계획을 바꾸기에는 무시해도
될 정도로 사소한 위험이라고 알렸다.[95] 가장 애매한 구간은
25% 혹은 1/4이라는 위험 수치였는데, 리드는 이를 경계값으로
간주했다. "심각한 유전적 결함이 반복될 위험이 25%라는 것은
대부분의 가족들에게 임계점에 가까운 수치일 것이다. 위험도가
25%보다 크다면, 출산을 하지 않는다는 선택을 할 가능성이 높고,
25% 미만이면 대체로 위험을 무시할 가능성이 높다".[96] 거의
모든 부부는 50%를 감정적, 재정적인 측면에서 지나치게 높은
것으로 해석했다. 그러나 일부 사례들에서는 낮은 위험도 역시
커플들이 아이를 갖지 않는 근거로 사용되기에 충분했다. 1967년에
(다이트연구소와 긴밀한 관계를 유지하던) 미네소타주 보건 위원회
인류유전학 유닛의 유전상담사였던 리 샤흐트(Lee Schacht)는
『월스트리트 저널(Wall Street Journal)』의 기자에게 다음과 같이
말했다. "얼마나 많은 부부가 아이를 더 낳지 않으려는 변명거리로
위험도를 사용하는지 알면 놀랄지도 모릅니다. 나는 2% 내지 3%의
위험도가 있다고 말하는데 이건 결코 높은 수치가 아니에요. 그럼
나보고 수치를 더 올려달라고 합니다".[97]

  1940년대와 1950년대 동안 유전 클리닉들은 가계도와
임상 관찰에 기초해서만 위험을 계산할 수 있었다. 1960년대에
이르러서는 페닐케톤뇨증이나 단풍시럽뇨병(maple syrup urine
disease, MSUD)과 같은 특정한 효소 및 대사 질환을 검사하는
정제된 생화학 기법과 세포 유전학 및 염색체 분석법의 발전이
유전 진단과 유전적 위험 분석에 큰 변화를 가져왔다.[98] 초기에는
종이 시트 위에 염색체 현미경 사진 이미지를 오려 붙이고
순서대로 배열하는 핵형 분석(karyotyping)이 강력한 시각적
진단법을 제공했고, 이제 내담자들은 다운 증후군이나 클라인펠터
증후군의 분자 발현을 확인할 수 있게 되었다. 1970년대에는

이러한 기술이 양수 천자술에 통합되자 산전 진단은 유전적 위험 평가와 생식 관련 의사 결정을 위한 새로운 환경을 조성했다. 리드는 이런 전환을 적절히 포착했다. "과거에는 인류유전학자나 의사가 선천성 결손증에 대해 오직 '확률적 위험도'만 제공할 수 있었다. 오늘날에는 자궁 내 검사를 통해 부모들은 자신들이 선천성 질환을 가진 아이를 낳을지, 아니면 정상아를 낳을지 알 수 있다. 위험은 더 이상 1/4나 1/3이 아니라, 100%가 아니면 0%이다".[99] 틀림없이 이런 획기적인 발전은 캐츠 로스먼의 주목을 끈 수용 가능한 위험의 임계값을 낮추는 데 중요한 역할을 맡았을 뿐만 아니라 리프먼, 프레이저, 그리고 웨일이 논의한 위험값의 이분법화와 단순화를 촉진하는 데 크게 기여했다.

내담자가 더 정확한 위험 계산값을 받았다고 해서 반드시 제시된 수치와 백분율을 예측 가능한 방식으로 해석할 것이라는 뜻은 아니었다. 시간이 지나면서 유전 건강 관련 실무자들은 사람들이 동일한 위험도 값이나 범주를 문화적, 종교적, 도덕적, 개인적 가치관에 따라 매우 다르게 평가한다는 것을 알게 되었다. 게다가 일란성 쌍둥이를 포함해 매우 유사한 배경을 가진 개인들도 유전적 위험 계산값에 대해 꽤나 다르게 반응했다. 유전적 위험에 관한 대화들은 당연하게도 감정적으로 매우 민감한 경우가 많은데, 이런 대화들은 살아 있거나 사별한 가족에 대한 이야기를 담고 있고, 이들에 대한 감정적 애착을 불러일으킬 뿐만 아니라, 당사자 개인의 삶과 미래에 관한 예측들과 뒤얽히기 때문이다. 이런 감정적 민감성을 악화시키는 것은 다수의 유전 질환들에 덧붙여진 부정적인 고정관념과 머피 형제나 다른 헌팅턴병 발병 위험에 처한 내담자들처럼 유전 질환 병력을 가진 수많은 가족들이 경험한 비밀과 침묵의 유산들이었다.

여러 연구들에 따르면 유전상담사들은 유전적 위험을 강조하고 그 중요성을 높이는 경향을 보였다.[100] 유전상담사들이 위험 계산의 미묘함을 잘 인식하고 있음을 감안할 때, 이는

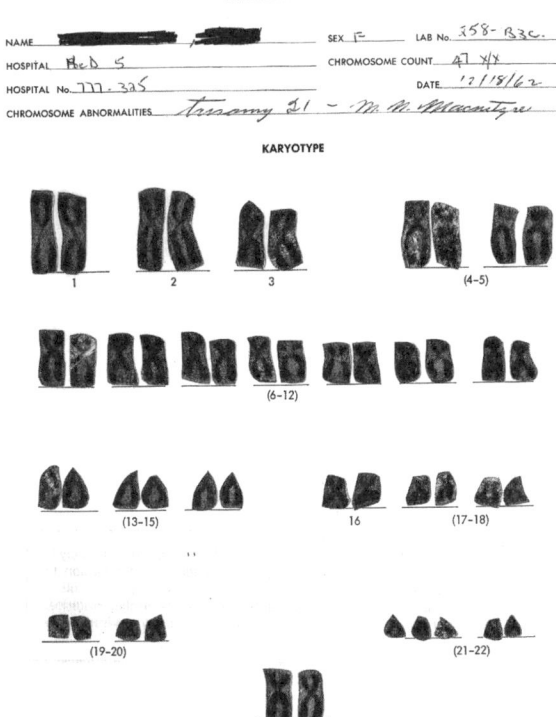

1962년 염색체 분석은 (케이스) 웨스턴 리저브 대학교의 세포유전학 연구실에서는 환자의 21번 삼염색체성(다운 증후군)을 진단하기 위해 잘라 내기 및 붙여 넣기 핵형 분석을 사용했다. 미시간 대학교의 유전클리닉은 염색체 분석을 초기부터 도입했으며, 임상 유전학에 핵형 분석을 추가하여 염색체 및 성 관련 유전 질환에 대한 새로운 도해 방식(iconography)을 만들었다. 출처: Box 32, Kindred 8436, Adult Medical Genetics Clinic Records, 4446 Bimu 2, Bentley Historical Library, University of Michigan. 미시간 대학교 기관 검토 위원회의 허가를 받아 사용(HUM00012519).

직업적 의무로 해석될 수 있다. 그러나 이런 경향이 환자들이 그 값이 어떻든 간에 위험 수치를 이분법적으로 평가하여 심지어 극소량의 위험조차 수용할 수 없어 하는 경향과 만나게 되면, 명백한 실수(miscue)나 잘못된 의사소통이 일어날 수 있다.[101] 많은 유전상담사들에게 이것은 상담 중에 때때로 상충하는 두 가지의 목표가 존재함을 의미한다. 이들은 한편으로 가능한 한 정확하게 위험 정보를 제시해야 하지만, 다른 한편으로는 위험 계산 값과 확률을 내담자가 자신의 독특한 가치 체계에 따라 평가할 수 있도록 돕는 역할을 해야 한다.

위험에 처한 가족

유전상담에서 위험은 거의 언제나 가족 문제이다. "유전적 위험과 체질에 관한 진단은 결코 개인의 문제가 아니다. 원칙적으로 그것은 언제나 검사를 받은 당사자 개인을 넘어 그와 이어진 더 넓은 범위의 사람들에게 영향을 끼친다".[102] 머피 형제의 경우가 확실히 그러했다. 1985년 8월에 머피 형제의 외사촌인 킴벌리 톰프슨(Kimberly Thompson)은 성인 의학유전학클리닉으로 이름이 바뀐 미시간 대학교 유전클리닉에 유전상담사와 통화하기 위해 전화를 걸었다.[103] 당시 갓 스물다섯 살이 된 킴벌리는 어머니, 세 명의 고모, 여러 명의 사촌 등 가족 성원들이 미시간 대학교에서 헌팅턴병으로 진단받았다는 사실을 잘 알고 있으며, "위험군에 속한 상태(at-risk status) 때문에 어려움"[104]을 겪고 있다고 말했다. 미시간 남동부에 거주하며 헌팅턴병 위험군 그룹을 위한 지역 지부를 조직하는 일을 이끌어 온 킴벌리는 그의 자매인 마샤 역시 헌팅턴병 의심 증세를 보임에도 진료를 거부한다는 데 좌절감을 느끼고 있었다. 상담 기록에 따르면 유전상담사는 킴벌리가 처한 상황과 오랜 헌팅턴병 가족력에 부합하는 지침을 제공했다.[105]

1985년에 킴벌리의 전화를 받은 상담사는 미시간 주와 다른 곳에서 유전상담 석사 학위를 받은 몇 안 되는 상담사 중 한 명으로, 위험에 처한 헌팅턴병 가족을 위한 지원 그룹에 대해 잘 알고 있었을 것이다. 헌팅턴병 퇴치 위원회(Committee to Combat Huntington's Disease)와 연방 헌팅턴병 통제 위원회의 활동에 의해 촉발된 긴급 지원 네트워크는 미국 뮤지컬계의 아이콘이었던 우디 거스리(Woody Guthrie)의 아내인 마조리 거스리(Marjorie Guthrie)의 지칠 줄 모르는 활동 덕에 큰 성과를 거두었다.[106] 마조리는 재능 있고 창의적인 남편이 헌팅턴병의 심리적, 신체적 황폐화와 씨름하는 것을 지켜봤으며, 1967년에 남편이 사망한 후로는 가족 지원 서비스(support services for families)를 만들고 과학자와 정신 건강 운동 주창자들이 이 질환에 대한 인식을 높이는 데 진력했다.[107] 지역 수준에서 지원 단체의 설립은 종종 도린 마켈(Dorene Markel)과 같이 자신이 선택한 분야에서 일자리를 찾고 유전 질환을 앓거나 유전적 위험에 노출되어 있는 환자들 및 환자 가족과 긴밀히 협력하는 것을 좋아하던, 작지만 역동적인 유전상담사 집단의 선구적 활동의 결과였다.

      마켈은 1983년 미시간 대학교의 석사 학위 유전상담과정을 졸업하고 세 번째 졸업자 그룹의 일원이 되었다. 미시간의 학위과정이 만들어진 것은 1979년 미시간 커뮤니티 보건부에 고용되어 주 전역의 유전 클리닉에서 상담을 제공한 세라로런스의 졸업생 다이앤 베이커(Diane Baker)의 노력 덕분이었다. 트래버스 시티(Traverse City), 마퀘트(Marquette)와 함께 베이커가 근무한 지역은 앤아버(Ann Arbor), 구체적으로 미시간 대학교 소아과였으며, 여기서 그의 상담 활동은 빠르게 인정받았다. 베이커가 자리 잡은 직후 소아 유전학자인 로버트 에릭슨(Robert Erickson)은 미시간 대학교에서 유전상담과정을 추진할 가능성을 물었다. 베이커는 긍정적으로 답했고 세라로런스와 버클리 캘리포니아 대학교의 학위과정을 모델로 삼았다. 베이커가 기초를 닦고 의과대학의 주요 의사들과 교수들이 힘을 합쳐, 1980년에 미시간 대학교는 첫 번째 유전상담 석사과정생을 받아들였다.[108] 베이커는 마침내 미시간 대학교 유전상담과정의 책임자가 되었으며, 그가 2001년에 워싱턴 D.C.로 이주하며 베벌리 야샤르(Beverly Yashar)에게 자리를 넘겨줄 때까지 과정의 성공적인 성장을 이끌었다.

마켈은 의과대학에 유전상담사라는 직함으로 고용된 최초의 인물로, 미시간 남동부에 헌팅턴병 지원 단체를 설립하는 데 중요한 역할을 맡았다. 의과대학에서 유전상담사 활동을 막 시작했을 때 그는 헌팅턴병의 심리 사회적 요소, 특히 위험군의 불확실한 상태와 관련된 자료가 현저히 부족하다는 사실에 충격을 받았다. 이에 대한 대응책으로, 그리고 환자들이 가족 이외의 다른 위험군에 속한 사람들과 대화하는 일이 도움이 될 것이라는 믿음에서 마켈은 헌팅턴병 환자를 위한 치료 그룹을 만들었다. 또한 전조 증상 환자를 위한 선별 검사 프로그램도 수립했다. 그의 노력 덕분에 가족들은 1930년대부터 1970년대까지 헌팅턴병 환자들이 흔히 겪었던 수치심과 고립감에서 벗어나, 보다 안전한 정서적 환경에서 유전적 위험을 살필 수 있었다.[109] 마켈은 1990년대에도 자신의 기술을 계속 활용하여 미시간 대학교 병원에서 미국 최초의 유전성 유방암, 혹은 BRCA1 검사 결과를 환자들에게 제공하는 데 참여했다. 검사 결과에 포함된 위험 정보의 민감성을 잘 알고 있던 마켈은 자신이 상담한 첫 번째 환자를 분명하게 기억하고 있었다. 가족력과 가계도에 기초한 계산에서 유방암 발병 가능성이 높은 것으로 나타난 여성이었다. 마켈과 그의 팀은 전국의 생명윤리학자 및 다른 전문가들과 상의한 후에 그 환자에게 BRCA1 검사 결과 유방암 발병 가능성이 매우 낮게 나타났다고 알렸다.[110] 이 결과는 수정된 위험도에 따라 예방적인 양측 유방 절제술을 취소한 환자에게는 안도감을 주었을지 모르지만, 그의 친척 여성들에 대한 유전적 위험이라는 더 광범한 문제를 해결하지는 못했다. 게다가 유전상담사들이 여러 연구에서 밝혀낸 것처럼, BRCA1 및 BRCA2 유전자 검사가 음성인 경우 유전적 돌연변이의 영향을 받지 않은 가족 성원들 사이에서 "왜 나는 걸리지 않고 동생이나 이모는 걸렸나요?"라고 묻는 생존자 증후군을 유발할 가능성이 있다.[III]

3장 인종: 긴장과 문제가 있는 관계들

1951년 2월 11일, 미네아폴리스의 성 마크 대성당 주일예배에서는 미국에서 저명한 인류유전학자 중 한 명인 셀던 리드의 연설이 있었다. 미네소타 대학교의 다이트연구소 소장이었던 리드는 자신이 가장 중요하다고 생각하는 주제인 생물학적 인종주의의 파괴적인 힘과 미국 사회에서의 인종적 조화의 필요성에 대해 역설했다. 600명 이상의 교구 주민이 참여한 인종 간 사업의 일환이자, 미네아폴리스 도시 연맹(Minneapolis Urban League)과 미네아폴리스 초교파 목회자 연맹(Minneapolis Interdenominational Ministerial Alliance)을 비롯한 지역의 여러 시민 단체와 종교 단체의 후원으로 개최된 범(汎)인종 예배에서 리드의 특별 강연은 미국 흑인에 대한 백인의 차별을 강력히 규탄했다.[1] "모든 인류는 피부색만 다를 뿐 형제이다(All Men Are Brothers under the Skin)"라는 강연에서 리드는 생물학을 이용해 인종적 우월성과 열등성을 정당화하는 과학자나 일반인은 잘못된 정보를 가진, 편견에 사로잡힌 사람이라고 주장했다. 인류유전학은 피부색에서의 차이가 지난 수천 년 동안 대륙 간 이주와 정착 패턴에 대한 생리학적 반응의 단순한 결과라는 점을 분명하게 보여주었다. 그는 "흑인과 백인의 피에 중요한 차이가 있을까요?"라고 수사적으로 묻고, "그렇지 않습니다!"라고 단호하게 반박했다. 리드는 "지금 이 나라의 모든 인종들의 완전한 통합은 반드시 일어나야 하고, 또 이루어질 것입니다. 통합 과정에서 인종적 편견과 갈등을 제거하기 위해 우리 모두 노력합시다. 우리 모두 미국이라는 계란을 평화롭게 잘 휘저어 익혀 봅시다!"[2]

그러나 이 열정적인 강연이 있기 불과 한 달 전, 리드는 입양 고려 중인 생후 2개월 혼혈 여아의 인종적 형질을 평가하면서 매우 상반된 메시지를 전달했다. 신생아의 인종적 분류에 대한 문의는 1940년대부터 1970년대까지 잠재적인 입양 부모와 친가족들,

그리고 복지 단체들이 연구소에 의뢰한 수백 건의 문의 사항 중 하나였다. 헤네팽 카운티 복지 기구(Hennepin County Welfare agency)의 한 사회복지사는 리드에게 전화를 걸어 "눈에 띄는 외모의 아일랜드 소녀"가 우연히 지역의 유명한 재즈 뮤지션인 "피부색이 밝은 뮬라토" 남성과 아이를 낳았다고 소개했다. 사생이라는 낙인을 기꺼이 감수한 생모는 "강한 애착을 갖고 있던" 아기를 "키우고" 싶어 했다. 결국 생모의 시누이가 아이를 리드에게 데려와 가족이 키우기에는 "그 아이가 너무 까맣지는" 않을지 판단해 달라고 요청했다. 두 차례의 상담에서 리드는 여아가 파란 눈과 "직모의 가는 머리카락"에 "색소 유전자가 없기"는 하지만, "약간 올리브색"인 피부와 "손가락의 마지막 지골 관절에 약간의 색깔" 때문에 아프리카계 혈통의 형질을 보인다고 말했다. 리드는 성 마크 대성당에서 인종적 동일성에 대해 선포했지만, 다이트연구소에서 유전상담을 수행할 때는 인종적 하위신분 계승제의 피 한 방울의 원칙을 고수했다. 결국 생모는 마지못해 일리노이 주에 있는 기관을 통해 여아를 입양 보냈고 리드는 신생아가 생모와 함께 있기에는 "너무 까맣다"고 판단하여 이를 지지했다.[3]

리드의 반인종주의적 설교와 인종주의적 입양 평가 사이의 긴장은 20세기 유전상담과 의학유전학의 핵심에 놓여 있었다. 대다수 동료와 마찬가지로 리드는 표현형 또는 발현된 형질의 대부분이 다인성 유전에 의한 것이며 흑인과 백인 간의 소득, 교육, 주거 측면에서의 격차는 차별적인 사회 정책으로부터 기인한다고 단언했다. 리드는 미니애폴리스-세인트폴 라디오 방송국 WDGY의 프로그램인 "과학자가 바라본 인간의 인종"에서 청취자들에게 미국의 "인종 문제는 잘못된 교육 때문이지, 중요하지 않은 인종 간 생물학적 차이 때문이 아니"라고 강조했다.[4] 리드는 심지어 자신의 아이 중 하나가 인종 간 결혼을 해서 혼혈아를 낳는다면 행복할 것이라고 주장하기도 했다. 1954년의 한 언설에서 리드는 "당신의 딸이 흑인과 결혼하길 원하십니까?"라고 질문을 던지고 대담하게 대답했다.

> 나에게는 너무나 소중한 딸이 있습니다! 제 대답은 딸이 자신이 선택한 사람과 결혼하길 원한다는 것입니다. 만약에 제 딸이 선택한 자가 흑인이라면, 저는 딸의 판단을 완전히 신뢰하기 때문에, 딸의 연인은 제 허락을 미리 얻은 것이나 다름없습니다. 짐작건대, 그가 선택한 이는 지적이고 인품이 좋으며 비슷한 교육을 받았을 것입니다. 피부색과 머리 모양이 같은지보다 중요한 것은 서로의 생각과 행동이 잘 맞는가입니다. 만약에 제 딸의 선택이 흑인이라면, 생물학적 재앙을 두려워할 어떤 근거도 없으며, 다른 사람들의 사회적 편견에 의해 고통받지 않기를 바랄 겁니다.[5]

인종주의와 인종적 순수성에 관한 교리에 반대하며 리드는 인류학자 애슐리 몬터규(Ashley Montagu)와 유전학자 테오도시우스 도브잔스키(Theodosius Dobzhansky) 등이 속한 저명한 과학자 집단에 합류했다.[6] 제2차 세계 대전 이후 전 세계의 과학자들은 인종적 범주, 더 나아가 인종적 위계 개념을 과감히 버렸다. 그러나 이런 인종적 위계에 대한 반대는 인류 분화(human differentiation)와 분류에 관한 공백을 남겼다. 연구를 계속하기 위해 사회과학자와 인간과학자, 특히 유전학자들은 인류를 시간, 공간, 생물학적 측면에서 정리할 분류 체계가 필요했다.[7] 그들은 대개 혈통, 지리, 이주에 관련된 중첩된 스펙트럼에서 인류 간 차이에 대한 지도를 그리게 해 줄 수 있는 집단(population) 개념에 의존했다. 그러나 과학학 연구자들이 밝혀 왔던 것처럼, 집단은 결코 중립적인 생물지리학적 용어가 아니었다.[8] 대신, 이 개념은 인류유전학에 일련의 인종적 계율을 내재하게 만들며 여전히 유전상담과 유전자 선별 검사, 그리고 약물 유전학의 가정과 윤곽을 이루고 있다.[9] 1940년대부터 1960년대 초까지 초창기의 유전상담사들은 집단 구성이라는 틀 안에서 인종과 집단 사이에서 때로는 인종 간 결혼과 같은 인종적, 인종 간 연관성을 옹호하고, 때로는 인종적, 종족적 차이를 강화하며 재기입하는 복잡한 춤사위에 참여하게 되었다.

집단 속의 인종

인류유전학은 인종과 정체성을 경직된 범주로 상정하는 것을 뛰어넘으려 노력했을 시기에도 인종 이론으로부터 벗어났던 적이 없었다.[10] 20세기 초 우생학자들은 극명한 인종적 위계질서를 고취하려 했다. 이 위계 질서에서 백인 유럽계 미국인의 일부 변종(variant)들은 사다리에서 가장 높은 층을 차지했다. 다른 아프리카계 미국인, 멕시코인, 아시아인, 동유럽계 유대인, 이탈리아인, 폴란드인 등 인종과 종족이 다른 집단은 하위 층에 자리했다.[11] 오늘날 복잡한 표현형적 형질과 행동적 형질이 하나의 단일 유전자에서 비롯되었다고 가정하는 20세기 초 우생학의 순환논리적이고 노골적인 인종주의는 비판하기 쉽다. 이런 종류의 인종주의는 남부와 동부 유럽, 아시아에서 온 "바람직하지 않은" 이민자의 유입을 제한했던 1924년 연방 이민법 조항의 구문을 뒷받침하던 근거나 1967년 미국 대법원의 러빙 대 버지니아 사건(Loving v. Virginia) 판결에 의해 위헌이라고 판단될 때까지 여러 주에서 통용되던 인종 간 결혼을 금지하는 인종적 순혈법에서 명확하게 드러난다.[12] 그러나 저명한 유전학자들이 생물학적 인종주의를 과거의 유산이라고 비판하면서도 의학유전학과 유전상담이 인종적 분리를 지지하고, 인종적 구별(racial differentiation)을 조장했던 교묘한 방식은 잘 드러나지 않는다.

우선 1920년대의 우생학적 인종주의로부터 1950년대 자유주의적 유전학으로의 전환이 완전하거나 순조롭게 이루어진 것은 아니었다. 심지어 인종을 단일하게 유전하는 "단위 형질"을 가진 개별 집단으로 분류하는 멘델주의 우생학이 사라졌음에도 불구하고 "인종"은 계속 바깥에 드러나 있는 표현이었다. 물론 20세기 내내 이어진 인종 개념의 지속성은 제2차 세계 대전 이후 "문화로서의 인종"이 "생물학으로서의 인종"을 대체했다는 주장의 무게에 밀려 종종 사라지곤 했다.[13] 그러나 이는 생물학적 범주로서의 "인종"의 재부상과 집단(population), 생물형(biotype), 그리고 인간 체질(constitution) 개념과 맞물린 새로운 분류 체계의 형성을 모두 설명하기에는 너무나 좁은 관점이다. 제니 리어든(Jenny Reardon)은 과학기술학(Science and Technology Studies, STS)의 관점에서 "인종" 혹은 "유형"에서 "집단"으로, "유형론적" 사고에서 "집단주의적" 사고로의 전환을 비판하면서 생물학에서 문화로의 전환에 대해 포괄적인 도전을 제기했다.[14] 초기 두 유네스코 인종 선언문(1950, 1951)의 차이와 몬터규와 도브잔스키의 지지를 받은 이론을 분석하면서, 리어든은 "과거의 생물학적 접근과 새로운 집단주의적 접근 사이의 구별은 인종과 과학의 역사를 평가하는 데 안정적인 기반을 제공해 주지 않는다"고 결론지었다.[15] 대신 그는 어떻게 "인종"이 연속 변이(cline), 종족 집단(ethnic groups), 그리고 지리적 분화(geographical diffusion)와 같은 집단주의적 관념들을 통해 재구성되는지를 보여 주었다. 두 유네스코 선언문 모두 "인종"이 "지리적 및/또는 문화적 고립으로 인해 시간의 흐름에 따라 나타나고 변동하며, 종종 사라지기도 하는 유전적 입자(유전자) 또는 신체적 형질이 빈도 및 분포에 있어 어느 정도 상대적으로 집약된 무리 혹은 집단을 지칭하는" 범주라는 일반적인 주장에 동의했다.[16] 다시 말해 "인종"은 생물학적 인종주의에서 분리되어 집단과 유전자 빈도에 관한 새로운 이론에 추가되면서 과학적인 가치를 계속 지니게 되었다.

두 번째 유네스코 인종 선언문 작성을 도왔던 도브잔스키와 동물학자 L. C. 던(L. C. Dunn)의 저작 『유전, 인종, 그리고 사회(Heredity, Race, and Society)』를 자세히 읽어 보면 리어든의 예리한 분석이 잘 드러난다.[17] 던과 도브잔스키는 이 글에서 인류의 생물학적 다양성을 칭찬하면서, 인종적 우열과 우월에 관한 교리를 맹렬하게 비판했다. 이들은 개체와 집단, 그리고 종의 발달에서 환경의 중요성을 강조하고 인종 간 결혼에 대한 금지를 거부했으며, "순혈 인종" 신화에 대한 독자들의 믿음을 깨뜨렸다. "인류는 항상 잡종이었으며, 지금도 그렇다"는 것이다.[18] 그러나 던과 도브잔스키는 "인종" 개념을 명백히 버리는 대신, "인종"이 더 이상 표현형이나, 골상학, 두개계측학과 같은 구식의 측정 과학을 통해 도출된 구분 짓기와 연결될 수 없다고 주장했다. 그들은 "인종"을 "특정 유전자의 빈도가 다른 집단"으로 정의하면서 "인종은 우리가 쉽게 정의할 수 있는지의 여부와 관계없이 존재한다"고 강조했다.[19]

과학철학자 리사 가넷(Lisa Gannett)이 주장한 것처럼, "집단주의적 사고"는 통계적 확률의 프리즘, 즉 집단 Z에 속한 사람이 집단 Z와 상관관계가 있거나 연관된 형질들을 가질 가능성이 매우 높다는 생각을 통해 인종적 고정관념을 영속화하게 만든다.[20] 가넷은 "집단은 인종을 대체하지 않았다. 인종은 집단으로 재개념화되었고 '유형론적' 인종 개념은 '집단주의적' 인종 개념으로 대체되었다"고 설명했다.[21] 집단주의적 개념은 1990년대 인간 유전체 프로젝트의 일환인 인간 유전체 다양성 프로젝트(Human Genome Diversity Project)의 계획을 뒷받침하는 "인종적 고립(racial isolates)"이라는 발상과 잘 맞아떨어졌다. 다양성 프로젝트는 전 세계의 특정 토착민과 소수 종족 공동체들을 "집단 고립(population isolates)"으로 규정하고 인류 진화의 관점에서 이들을 연구하고자 했다. 그러나 이 공동체들은 활동가 그룹인 제3세계 네트워크와 협력하여 이런 과학적 시도를 "뱀파이어 프로젝트"로 명명하고, 이것이 자신들의 신체와 공동체로부터 생체 조직 시료를 추출하려는 생명식민주의적(biocolonial) 시도라며 불같이 거부했다.[22] 보다 일반적으로, "인종"이 "집단"이라는 개념하에 불안하고 부분적으로 침잠하게 되는 일이 질병 인구 통계나 범죄 성향 분석, 혹은 선천적

지적 능력과 관련해 유전적 차이에 관한 인종적 사고를 막기보다는 오히려 촉진했다고 주장할 수 있다.[23]

리드나 미시간 대학교의 리 레이먼드 다이스와 같은 초창기 유전상담사들 대부분은 인간의 차이를 이해하고 유전자 풀의 변이를 설명하기 위해 인종적 기반을 가진 집단 개념에 의존했으며, 이들의 접근 방식은 인종과 집단이 부조화하게 얽혀 있음을 반영했다. 또한 20세기 중반의 유전상담 실무자들은 인구 조절과 가족 계획의 동반자적 틀을 채택했다. 1940년대에서 1960년대 사이에 리드, 다이스, 그리고 웨이크포레스트 대학교의 내시 헌든과 같은 의학유전학자들은 "제3세계"의 출산율 조절을 목표로 인구 폭발의 위험성에 대해 정기적으로 강의했다. 예를 들면, 1951년에 리드는 미네소타 대학교에서 열린 "인구압 대 식량 자원(Population Pressure versus Food Resources)"이라는 강연 시리즈의 일환으로 "인구 증가에 대한 제동"의 가능성을 논의했다.[24] 1960년에 그는 지역 낙관주의자 클럽에서 "저개발 국가들의 수많은 대중이 아이를 더 적게 낳게 할" 교육이 필요하다고 연설했다.[25] 리드는 1965년에 영국 『우생학 리뷰(Eugenics Review)』에 기고한 사회의 여러 부문별 지능 분포에 관한 논문에서 "인구 '폭발' 때문에 우생학적 관심이 그 어느 때보다도 필요해졌다"고 주장했다.[26] 리드와 다이스 모두 인구조사국과 장기간 서신을 주고받았으며 미국과 유럽에서 열리는 인구 조절 회의들에 참여했다. 그들과 동료들이 수행한 연구들은 인구 통제의 가능성에 대한 자만심과 다양하게 구획된 사회적, 인종적, 종족적 무리 사이의 유전자 빈도를 지도화할 필요성이라는 틀에 정확히 맞추어져 있었다. 리드와 다이스 같은 의학유전학자들은 삶과 연구의 모든 측면에서 인종적 자유주의의 가치를 고양하기 위해 노력했지만, 미국 사회에서 인종주의의 지속과 인종화된 인구 구조는 그러한 목표를 달성하는 일이 불가능하지는 않더라도 매우 어렵게 만들었다.

익명적 인종주의?

1910년 이래 롱아일랜드 지역 콜드스프링하버에서 문을 연 우생학 기록 보관소(ERO)는 미국의 우생학 중심 정보 센터이자 훈련 기관으로 기능했다.[27] 1939년 이 기관은 해체되었는데, 주된 이유는 소장이었던 해리 로플린(Harry H. Laughlin)의 편견으로 인해 그의 많은 동료들과 ERO의 주요 후원자인 카네기 재단이 떨어져 나갔기 때문이었다. 그러나 ERO가 문을 닫았을 때 파이오니어 재단(Pioneer Fund)이 이 기관에 새로운 생명을 불어넣었다. 1937년 로플린을 초대 회장으로 설립한 파이오니어 재단은 섬유업 재산을 물려받은 은둔형 백만장자 위클리프 드레이퍼(Wickliffe Draper)가 후원했다.[28] 드레이퍼는 아돌프 히틀러와 나치의 정책을 동경했으며, 아프리카계 미국인을 대서양 건너로 강제 이주시키는 역 디아스포라 운동인 "아프리카로 돌아가기(Back to Africa)" 운동의 열렬한 신봉자였다. 드레이퍼는 이런 운동에 막대한 금액을 후원했으며 흑인이 생물학적으로 열등하다는 이론에 동조하는 것으로 보이는 과학자들과 어울렸다.[29] 1940년대와 1950년대에 드레이퍼는 우생학의 자취를 좇으며 새로 설립된 의학유전학 클리닉들이 자신의 주장을 입증하는 데 동조할 것으로 기대하며 표적으로 삼기로 결정했다.

1941년 미국 최초로 세 개의 유전 클리닉이 개업했을 당시에 이 클리닉들은 기초 과학과 의학 모두에 다리를 걸치고 있었다. 신생 분야였던 의학유전학 클리닉의 중간적 지위는 이 클리닉들이 창의적인 학제 간 프로젝트를 추진할 수 있다는 것을 의미했지만, 동시에 제도적으로나 지적으로 주변화되었음을 뜻하기도 했다. 의학유전학의 불모지에서 어떻게 인류 유전과 유전 질환, 생식 패턴에 대한 실질적인 연구를 시작할 수 있었을까? 그때도 지금과 마찬가지로 후원이 핵심이었다. 돈을 추적하는 일은 당시의 주도적인 유전학자들이 우생학과 연루된 생물학적 인종주의를 신속히 비난하면서도, 그들의 지갑과 관련해서는 훨씬 더 관대했다는 사실을 드러낸다. 드레이퍼의 인종주의적 견해를 충분히 인식한 세 유전 클리닉 중 두 곳은 1950년대에 그의 재정적 지원을 받아들였다.

드레이퍼는 1940년대에 자신의 계획안을 들고 유전 클리닉들에 접촉했다. 처음에 인류유전학자들은 그의 사상과 의도를 깨닫고 경악했다. 미 육군에서 복무하고 원폭 상해조사 위원회(Atomic Bomb Casualty Commission)를 이끌다 미시간 대학교의 유전클리닉에 합류한 제임스 닐은 미네소타의 리드와 노스캐롤라이나의 헌든과 드레이퍼에 관해 많은 편지를 주고받았다. 닐의 입장은 드레이퍼가 의학유전학의 과학적, 윤리적 발전을 위협한다는 것이었다. 그는 헌든에게 "가장 먼저 떠오른 생각은 이 신사와 할 일은 아무것도 없다"고 말하며, "잘못된 방향만 아니라면 그의 거금이 이 지역의 인간 유전 연구에 쓰일 수 있다는 것에 매우 건전한 존중이 있습니다. 문제는 미래의 이익을 위해 현재의 원칙을 어느 정도까지 희생할 수 있느냐는 것입니다"라고 덧붙였다. 닐은 자신이 "의학유전학 분야에서 '인종주의자'라는 꼬리표가 붙기에는 너무 많은 것이 걸려 있다"고 말했다.[30] 닐은 자신의 경력 내내 미국 우생 협회의 접촉을 계속 거부했던 면에서도 동료들 사이에서도 돋보였다.[31] 예를 들어 1953년에 닐은 협회에 가입해 달라는 협회장 프레더릭 오즈번(Frederick Osborn)의 요청을 완곡하게 거절했다. "저는 통상적으로 사용하는 '우생학'이라는 단어에 제가 동의하지 않는 의미를 내포하고 있다고 느끼지 않을 수 없습니다. 따라서 현재는 미국 우생 협회의 틀 밖에서 인류 유전 지식을 발전시키는 데 제 노력을 쏟고자 합니다"라고 말했다.[32]

그러나 결국 닐과 그의 동료 다이스는 드레이퍼로부터 10만 달러의 후원을 받았다. 드레이퍼와 몇 차례 진솔한 대화를 나눈 후, 닐과 헌든은 이 자선가가 인종차별적인 흑백 이분법에서 벗어나 인간의 중요한 차이를 연구할 수 있도록 허락해 줄 것이라

확신하게 되었다. 그들은 드레이퍼의 기부금을 족내혼을 하는 백인 공동체의 혼인 패턴(mating pattern)을 분석하는 데 사용할 수 있다고 판단했다. 드레이퍼와 유전학자들의 이러한 타협은 인류 분화에 대한 가설이 어떻게 인종 간 분화에서 인종 내 분화로 방향을 전환할 수 있었는지를 보여 준다. 19세기 후반과 20세기 초에 우생학자들이 수행한 가족 연구는 주로 유럽계 미국인에 초점을 맞추었으며, 일반적으로 빈곤하거나 농촌 지역에 거주하는 백인 남부 가족의 퇴보한 혈통(degenerate lineages)을 보여 주었다.[33] 1920년대에는 동유럽과 남유럽, 아시아, 라틴 아메리카에서 온 이민자들이 생물학적으로 열등한 위협적인 존재가 되면서 우생학자들은 인종화된 퇴화 이론을 갖게 되었다. 그러나 드레이퍼의 노력에서 알 수 있듯이 이제 교미와 생식 역학에 대한 과학적 탐구를 필요로 하는 "인종적 고립"과 "연속 변이"의 집단주의적 개념이 덧붙여진 인류 분화의 논리는 가변적인 것이었다.

    미시간 대학교에서는 이를 "한 도시 공동체에서의 결혼 선택(mating)"에 관한 연구로 발전시켰다. 다이스는 "현대 인류 집단의 유전 경향"을 측정하기 위해 앤아버를 살아 있는 실험실로 선택하면서, 비슷한 특성을 가진 사람들, 즉 교육받은 백인 중산층 사이에서 서로 결혼하는 경향이 있다는 가정을 테스트하고자 했다.[34] 이 연구는 다이스가 소형 포유류에 대한 전문 지식을 갖춘 실험 혹은 현장 생물학자가 아닌 인류유전학자로서 자신의 위상을 높이는 데 도움이 될 것이었다. 1950년 봄, 다이스는 드레이퍼의 제안을 받아들였고, 5년 동안 10만 달러를 지원받았다.[35] 드레이퍼는 자신의 후원을 익명으로 처리하기를 원했고, 다이스는 이에 동의했다.[36] 1950년 가을 무렵 다이스는 종적 연구를 위한 현장 조사를 위해 제임스 스펄러(James N. Spuhler)를 연구 조수로 고용했으며, 그 결과 거의 20년 후『계간 우생학』에 논문이 게재되었다.[37] 닐은 자신의 이름이 드레이퍼나 파이오니어 재단과 연관되지 않는다는 사실에 안도해야 했을 것이다. 그러나 그는 1950년 3월 리드에게 유전클리닉이 "멀지 않은 장래에 드레이퍼 대령으로부터 후한 지원을 받을 것입니다. 우리는 인종 차별적인 문제의 영역에서 완전히 벗어날 수 있기를 진심으로 희망하는, 결혼 선택에 관한 꽤 큰 규모의 프로젝트를 준비하고 있습니다"라고 쓰면서 기금 지원에 만족해했다.[38] 닐이 드레이퍼에 대해 조심스러워하며 미시간의 연구 프로젝트에 어떤 명시적인 조건도 달지 말 것을 요구했지만, 웨이크포레스트 대학교의 헌든은 더 적극적으로 나섰다. 1953년 그는 10만 달러를 기부하여 보우먼 그레이 의과대학(Bowman Gray School of Medicine)에 의학유전학 교수자리를 만들었고, 헌든이 그 직위에 부임했다.[39] 헌든은 드레이퍼가 "앵글로-색슨 '인종'의 '우월성'에 대한 생각에 사로잡혀" 있다는 것을 잘 알고 있었으며, 동료 인류유전학자 로런스 스나이더에게 "그를 '인종주의자'로 취급해도 무방"하다고 말했다. 그럼에도 불구하고 헌든은 자신의 학과와 연구 프로젝트를 위한 지원을 탐내며 드레이퍼에게 "이 주에서 조사 가능한 다양한 인구 집단에서의 상당히 광범위한 유전자 빈도 연구를 포함하는 일련의 상호 연관된 프로젝트"를 제안했다. 드레이퍼는 "블루 릿지(Blue Ridge)와 스모키 산맥(Smoky Mountains)의 인구 집단"에 관한 연구에 즉각적인 관심을 표명하고 "결혼 선택과 고립의 크기 등에 영향을 미치는 요인을 포함해 이 집단의 교배 구조에 관한 연구"를 지원하기로 했다. 그 대가로 헌든은 드레이퍼가 제시한 두 가지 조건, 즉 "자신의 부서가 이인종 간 결혼(miscegenation)을 옹호하지 않을 것"과 "의학적으로 필요한 경우 강제 불임 시술을 치료 방법으로 받아들일 것"에 동의해야 했다.[40] 이 중 어느 것도 헌든이 드레이퍼의 후원을 포기하게 만들지 못했다.

　　웨이크 포레스트의 의학유전학과가 가장 흔쾌히 드레이퍼의 의제를 받아들였다는 사실은 놀랍지 않다. 노스캐롤라이나주 윈스턴살렘(Winston-Salem)에 위치한 이 학위과정은 유전병과 우생학적 예방에 큰 관심을 보이며 샬럿(Charlotte)에 있던 자신의 가족 기록 보관소를 카네기 재단의 5년 창업 지원금을 받고 이전시킨 군의관 윌리엄 앨런에 의해 설립되었다.[41] 앨런이 1943년 4월에 갑작스럽게 사망하자, 그의 육촌인 내시 헌든은 오랫동안 과정 책임자를 역임하며 앨런의 비전을 이어 갔다.[42] 학위과정의 청사진에 따르면, 웨이크 포레스트의 "지리적 위치"는 인구 집단이 "안정적이고 비교적 동질적이며 주로 농촌"이기 때문에 "매우 유리한" 곳이었다. 다시 말해, 그들은 스모키 산맥의 근친 교배한 가난한 백인들이 "흑인, 소작농, 또는 비정착 공장 노동자 집단"을 포함하지 않는 "혁명 이후의 개척자"의 일종인, 독특한 미국의 인종적 고립 집단으로서 "큰 유전적 이점"을 가지고 있다고 공식적이지 않은 글들에서 언급했다.[43] 앨런과 헌든은 그들의 주변 지역을 "유전 질환 예방을 위한 대규모 프로그램을 효과적으로 발전시키게 하는 유전자 빈도와 선택 결혼 고립 집단(mating isolates) 등에 관한 정보를 얻기" 위한 "실험실"로 활용해야 한다고 보았다. 이 지역은 "이런 프로그램들에 대한 반대"가 거의 없었기 때문에 "우생학적 프로그램을 적용하기"에 이상적인 장소였다.[44] 1년 후 앨런은 많은 진전이 있었다고 보고했다. "스모키 산맥에서 양과 염소가 분리될 수 있었으며, 이 가장 어려운 유전적 문제를 해결하기 위한 좋은 출발이 이루어졌다".[45]

1940년대 초 앨런과 헌든은 빈곤, 근친혼, 무지가 특징인 인구 집단의 질병 유전 패턴을 연구하기 위해 와토가 카운티 조사(Watauga County Survey)를 시작했다. 그들은 또한 장애를 초래하는 질병과 유전성 실명에 관한 조사에 착수했다. 앨런은 특히 백색증과 같은 열성 유전자의 보인자를 발견해서 이들이 출산하지 않도록 조언하는 우생학 프로그램에 관심을 가졌다.[46] 이와 함께 웨이크 포레스트의 의학유전학과는 노스캐롤라이나의 강제 불임 수술 사업을 더욱 발전시켰는데, 이는 주 우생학위원회를 유지한 전국에서 몇 안 되는 사업 중 하나였으며, 1940년대부터 1960년대까지 매우 활발히 운영되었다.[47] 특히 앨런과 헌든은 지역 보건 담당자들과 협력하여 "지역 인구에서 유전학적으로 부적합한 계통(genetically unfit strain)을 제거하기 위한 점진적이지만 체계적인 노력"의 일환으로 포사이스 카운티 우생학 프로그램(Forsyth County Eugenics Program)을 추진했다.[48]

마지막으로 리드의 경우 드레이퍼의 우생학적 조건을 단 후원을 유일하게 거절했다. 리드의 강력한 인종적 자유주의 성향을 고려하면, 그가 드레이퍼의 선물을 거부하는 데 가장 목소리를 높였을 것은 당연하다. 리드는 드레이퍼에 대한 자신의 의견을 표현하면서 친구에게 "드레이퍼 대령은 인류유전학의 주제가 무엇이어야 하는지에 대해 매우 명확한 생각을 가지고 있다"며 그중에서도 "흑인 거주자들을 아프리카로 돌려보내 미국인(American people)을 개선시키는 것"을 가장 중요하게 생각한다고 썼다.[49] 드레이퍼의 의제에 대한 질문을 받은 리드는 자신이 드레이퍼와 관련해 언급되길 원치 않는다고 밝혔다. 그는 드레이퍼가 "실험실에 허풍스러운 유행으로 접근했습니다. 그에게서 합리적인 방식으로 사용할 수 있는 돈을 받기란 매우 어렵다고 확신합니다. (…) 그는 유전학에 대해 아무것도 알지 못했고, 전형적인 인종차별주의자였습니다"라고 말하며 불편한 심기를 드러냈다.[50] 리드는 또한 드레이퍼의 호화로운 뉴욕 아파트에 걸려 있던, 아프리카 사파리에서 얻은 많은 트로피들을 결코 낭만화하지 않을 것이라고 설명하면서 그를 잘못된 성전(聖戰)을 벌이는 괴짜 독신남이라고 생각했다. 동료 유전학자 다이스, 닐, 그리고 헌든과 달리, 리드는 드레이퍼와 엄격하게 거리를 유지했다. 그럼에도 불구하고 리드는 북부 캘리포니아 우생학 협회의 창립자이자 노르만족과 앵글로족을 찬양하고 멕시코인들을 폄하했던 부끄러운 줄 모르는 백인 우월주의자 찰스 괴테(Charles M. Goethe)의 후원을 받았다.[51]

리드는 괴테가 학회 여행 경비부터 책 구입, 신임 교수진을
위한 추수감사절 칠면조 구입에 이르기까지 다양한 목적으로
소수의 우생학 성향의 인류유전학자들에게 정기적으로 보내주는
소액의 후원금을 사용하는 혜택을 누렸다. 리드는 이 달변의
새크라멘토(Sacramento) 거물과 좋은 관계를 유지했다. 말년에
괴테는 거의 50만 달러의 금액을 다이트연구소에 유증하기로
결정했고, 미네소타 대학교는 1966년 괴테가 사망한 후 이를 분할
수령하기 시작했다.[52]

입양과 인종적 매칭

유전상담사들은 버려진 신생아들을 입양 가정과 연결하는 아동
복지 기관의 전문가로 활동하며 20세기 중반 미국의 인종적
질서를 유지하기 위해서 노력했다.[53] 미국에서 국내 입양의
절정기였던 1940년대에서 1960년대까지 유전 클리닉에는 복지
및 아동 단체들로부터 영아의 피부색, 인종적 특징, 의학적 문제,
유전적 장애의 가능성 등을 평가해 달라는 요청이 쇄도했다.[54]
리드와 같은 유전상담사들은 입양을 통해 미국 가정을 형성하는
데 기여하면서 가족 동질성의 교리를 옹호하고 인종적 경계를
확고히 하는 데 도움을 주었다. 당시에는 부모와 자녀는 가능한
한 비슷하게 생겨야 한다는 것이 통념이었고, 표현형적 유사성이
"거의 신비주의적인 동일시(identification) 개념, 즉 닮은 사람들
사이의 애착은 자연스러운 현상"이라는 통념이 있었다.[55] 약간의
예외를 제외하고 대부분의 입양 및 복지 단체들은 "흑인 혈통"이
조금이라도 있는 아이는 비백인 가정에만 입양할 수 있다는, 피 한
방울의 원칙을 따랐다.

    1940년대에서 1950년대 유전상담을 받는 가장 흔한
이유는 입양할 신생아를 평가하기 위해서였다. 리드는 1955년
『의학유전학에서의 상담』에서 다이트연구소 내 상담의 상위
스무 가지 이유를 나열했다. 첫 번째는 피부색이었고, 뇌전증,

근친혼(주로 사촌 간 결혼), 지적장애와 몽고증, 조현병 등이 그 다음이었으며, 그 외 열네 가지 질환이 뒤를 이었다.[56] 1947년 리드가 다이트연구소를 다시 열었을 때는 입양 사례가 대부분이었다. 그중 한 사례는 "백인에 가까운" 아기의 입양 가능성과 "[남아] 자녀가 흑인의 두드러진 특징을 보일 수 있는지와 같은 늘상 있는 질문"에 관심을 가진 지역 아동 복지 부서와 관련이 있었다.[57] 주 사회 복지 부서는 연구소의 두 번째 입양 사례로, 입양을 앞둔 흑인 혈통의 4세 여아를 소개하며 입양될 자녀, 다시 말해 잠재적 입양 부모의 미래 손자녀의 인종적 외형에 대해 문의했다.[58]

  입양 자문의 가장 흔한 이유는 유전적 장애의 유무를 확인하기 위해서가 아니라 "흑인" 혈통의 흔적을 찾기 위해서였다. 1947년 9월부터 1957년 12월까지 다이트연구소에서 실시한 입양 평가에 관한 조사에서 리드는 총 165명의 아이 중 73명(44%)이 "인종적 잡종으로 알려지거나 잡종으로 의심"되며 이 중 54명(74%)이 "흑인"이었고 나머지는 아메리카 원주민, 이탈리아계 또는 지중해계, 일본인 혹은 동양계, 멕시코계 그리고 필리핀계라고 보고했다.[59] 목록 아래에 있는 이유들로는 친척의 신경학적 혹은 정신적 결함, 근친혼 혹은 근친상간으로 태어난 아이, 친척의 선천성 기형, 그리고 기타 문의에 대한 상담이 있었다.

  일반적으로 입양 및 복지 기관은 신생아가 미국 사회에서 확실히 백인으로 보일 수 있는지를 알고 싶어 했기 때문에, 리드는 몇 가지 진단 기준을 사용해 신생아가 "백인으로 판정"되어 "백인 사회의 보다 나은 사회경제적 조건을 누릴 수 있는지"를 결정했다.[60] 그는 "파란 눈을 가진 금발 아이에게는 결코 보이지 않는" 척추 기저부의 천골 반점, 관절 사이의 손가락 뒷면에 있는 손가락 얼룩, 피부색(이상적으로는 신생아가 최소 6개월 이상인 경우), 코 폭, 입술 두께, 머리카약 모양과 질감을 조사했고, 소위 몽골 인종(mongoloid)에게 흔히 나타나는 눈구석 주름을 살폈다.[61]

연설 등에서 피부색의 중요성을 묵살하는 발언들을 서슴지 않았음에도 불구하고 리드는 UC버클리 대학교의 유전학자 커트 스턴의 네다섯 쌍의 피부색 유전자 존재 가설을 자주 언급했다.[62]

  1950년 3월, 지역의 아동 가족 협회(Children's Home Society)의 한 사회복지사가 "흑인의 피"를 가졌는지를 확인하기 위해 아이를 데려왔는데, 리드는 이 신생아를 두꺼운 코, 석탄색 곱슬머리, 색이 있는 음낭, 두 개의 큰 몽고반점, 그리고 손가락 등쪽에 색감을 보이는 것으로 분류했다. 이런 기준을 사용하여 그는 "그 아이가 유색인종으로 판단된다고 조언했다".[63] 다른 사례에서 예비 입양 부모는 리차드로 불리는 남아가 "흑인의 형질"을 보일까 봐 걱정했다. 비록 아동의 생물학적 모친과 그의 조상 모두 겉보기에는 백인이었지만, 생물학적 부친은 "흑인 여성과 백인 남성의 자녀"였다. 입양 부모는 1940년대와 1950년대에 흔히 관찰되던 두려움, 즉 미래의 자손이 격세유전적 "귀선(歸先)"으로 일컬어지는 것 때문에 "흑인"으로 되돌아갈까 봐 걱정했다.[64] 리드는 그의 내담자들에게 이런 개념은 잘못된 것이라고 설득하려고 노력했고, 리차드의 경우에는 "리차드가 가지고 있는 것 이상으로 흑인 형질로 회귀하는 일은 없을 것"이라며 양부모를 안심시켰다.[65]

  리드는 인종적 매칭이 "양부모로부터 나올 가능성이 없는 형질을 가진 입양아로 인해 발생할 수 있는 당혹감"을 방지하기 때문에 좋은 개념이라고 믿었다.[66] 다시 말해, 인종적 매칭은 20세기 중반 미국 사회의 가족 및 부모-자녀 간 외모에 대한 규범적 패턴을 준수하는 것을 의미했다. 궁극적으로 리드는 백인 중산층 내담자들의 행복을 가장 중요하게 생각했고, "적법한 결혼에 반대하는 사회적 편견과 압력"으로 인해 결혼할 수 없는 많은 주의 혼혈 부모들의 감정에 대해서는 고려치 않았다. 리드는 "입양과 관련한 최고의 위험"으로 여겨지는 미혼 혼혈 부부의 자녀의 운명을 걱정하는 대신 "인종적 편견이 없고 외모가 아이와 어느 정도 일치하는" 더 많은 백인 양부모 집단을 물색했다.[67] 리드에 따르면, 이런 이상적인 조건이 충족되면 "입양은 매우 성공적일 것으로 예상"되었지만, "그러한 아이를 입양하려는 부모는 항상 '유색인종의 피'가 섞일 것에 대비해야 할 것"이었다.[68]

리드는 미국인 가정 내 인종적 동질성을 강화하는 방향으로 입양을 추천하면서도, 혼혈 아동들을 입양의 최우선적인 후보로 생각했다. 다이트연구소에서 이루어진 그의 업무에 기반해 리드는 잠재적으로 입양 가능한 아이들을 세 범주로 나눴다. 첫 번째는 이혼 가정의 합법적인 아이로 이들은 어려움에 처해 있었고, "정신적 신체적 결함 유전자"를 가진다는 "눈에 띄는 위험"을 갖고 있었다.[69] 리드에 따르면, 이들은 입양을 위한 가장 전망 나쁜 후보였다. 약간은 낫지만 여전히 이상적이지 않은 이들은 사생아들로, 아마도 좋은 유전 요소를 지녔지만 빈약한 사회적 조건을 가졌다. 따라서 이들은 수요가 많지만 공급이 적다. 마지막 집단은 혼혈 인종 혈통의 아이들로 리드는 이들이 "가장 활발하고 건강한 유전자를 가졌으며 입양 가능하다"고 믿었다.[70] 그러나 이런 아이들의 수요는 낮았다. 리드의 관점에 따르면, 불임 부부들은 "새로 태어날 가장 우수한 아이들"이 부족한 상황에서 가정을 꾸릴 다양한 선택지를 가졌다. 입양을 필요로 하는 나이가 좀 있는 아이들과 일부 아프리카 혹은 아시아 혈통을 포함한 아이들이 있다. 이런 차선의 선택들을 고려하면, "혼혈 생식의 산물이 입양에서 가장 중대한 위험이다".[71] 혼혈아에 대한 낙관적인 평가와 인종적 매칭의 고수 사이에서 리드가 보이는 모순은, 그가 때로는 강하게 비판했던 인종적 차이에 대한 과학적 이론과 당시 만연했던 표현형적 가족 유사성에 대한 기대 양쪽에서 그가 얼마나 벗어나기 어려워했는지를 설명한다.

입양 상담은 미시간 대학교의 유전클리닉에서 주간 서비스였다. 거기서는 "입양"이라고 이름 붙은 1942년부터 1971년까지 111건의 사례를 보관했다.[72] 111건의 입양 사례 중

45건(41%)은 "인종적 혈통" 혹은 "인종적 특성" 조사로 분류되었다. 나머지 66건(59%)은 유전 장애의 식별과 유전자 검사의 발전과 함께 시간에 따라 변화하는 광범위한 항목들을 포함했다. 의학 항목들 중 가장 흔한 것은 신경 섬유종증(neurofibromatosis), 헌팅턴병, 뇌성마비, 뇌전증, 근이영양증, 색소성망막염, 근친상간(부녀 그리고 형제자매 간), 지적장애, 저신장증, 그리고 조현병이었다. 입양 파일에 더해, 1942년부터 1977년까지 수집된 "인종적 특징"이라고 이름 붙은 129개의 별도 파일이 있었다. 이들 중 39개는 입양 파일과 교차 인용된 것이지만, 적어도 54개는 입양에 관한 추가적인 조사 내용이 있었다.[73] 종합적으로 유전클리닉은 대략 100개의 인종적 매칭/입양 사례를 1940년대부터 1970년대까지 다루었으며, 이들 중 다수는 1950년대 중반부터 1960년대 중반 사이의 기록이다. 이 사례들은 디트로이트에 위치한 미시간 아동 기구(Michigan Children's Institute), 미시간 주 전역의 가톨릭, 프로테스탄트, 유대교 단체들, 그리고 검인 법원과 아동 병원에서 나온 것이었다. 조사들 중 두 사례를 제외한 나머지는 미시간의 북부(트래버스 시티)부터 남부(칼라마 주), 동부(디트로이트와 새기노)에서 서부(그랜드 래피즈)에 이르는 지역을 포괄하는 시나 주에서 수집된 것이었다. 이들은 의학유전학자들이 20세기 중반 미시간 주의 입양에서 중요한 역할을 했음을 설명한다.[74]

　　미시간 대학교의 유전클리닉은 자주 인류학과 동료들이 평가 작업에 참여하기를 요구했다. 닐이 설명했듯이 유전클리닉에서 인종적 혈통 확인을 요청받은 사례들의 경우 그는 "인류학자 둘과 본인"으로 이루어진 합의체를 만들었다. 합의체는 "당신이 묘사한 것과 같은 사례에서 흑인 혈통이 있는지에 대해서는 대답하지는 않았지만, 아이의 외모가 흑인 가정에 배정되기 적합한지 백인 가정에 배정되기 적합한지에 관한 질문에는 대답했다. 잘 알고 있는 것처럼 특히 남부 유럽에는 흑인이 백인과 어느 정도로 섞여

왔다".[75]

많은 사례를 봐 왔던 닐은 아이가 적어도 생후 6개월이 되지 않으면 자신의 팀이 그의 인종적 혈통을 적절히 평가할 수 없다고 입양 기구들에게 자주 말했다. 피부색이 유아기 초기 몇 달 동안 변화하기 때문이었다. 1959년 그가 디트로이트 가톨릭 사회복지회(Detroit Catholic Social Services)의 사회복지사에게 생후 3개월된 여아에 관해 말한 것처럼,

> 우리는 아이가 생후 6개월이 되기 이전까지 어떤 의견을 표하도록 요구받는 것을 선호하지 않습니다. 더욱 확실한 의견은 신생아 기간 동안 색소를 비롯한 아이의 신체적 형질이 훨씬 급격하게 변화하기 때문에, 말하자면 생후 2개월 때보다 아이가 생후 6개월에 도달했을 때 제출되는 것이 합당합니다. 아이의 배정을 위한 계획 수립 때문에 당신의 기관이 신속한 결정을 열렬히 바라고 있음을 인지하고는 있지만, 저는 이와 같이 특수한 경우에는 일반적인 어린 연령보다 다소 늦게 아이를 배정하는 것이 현명하다고 믿습니다.[76]

그는 사회복지사에게 소녀가 5개월이 된 후에 재방문하라고 말했다.

닐과 동료들은 어떻게 신생아의 인종을 분류했을까? 유전클리닉의 방법은 훨씬 능률적이었고 미네소타 대학교의 리드보다 더 많은 기준을 적용했다. 닐은 신생아를 머리카락(색깔, 직모인지 곱슬인지, 섬섬한지 두꺼운지), 코(덜 자랐는지, 넓은지), 눈(색), 입(입술 경계선을 비롯한 두께) 등 관상적 형질(physiognomic traits)에 따라 평가했다. 가장 중요한 것은 닐과 동료들이 레지널드 러글스 게이츠(Reginald Ruggles Gates)가 개발한 색상표(color scale)를 사용해 피부 색소를 1부터 9까지의 색상표로 측정했다는 점이다. 이 색상표는 1이 가장 어둡고, 9가 가장 밝음을 나타냈다.

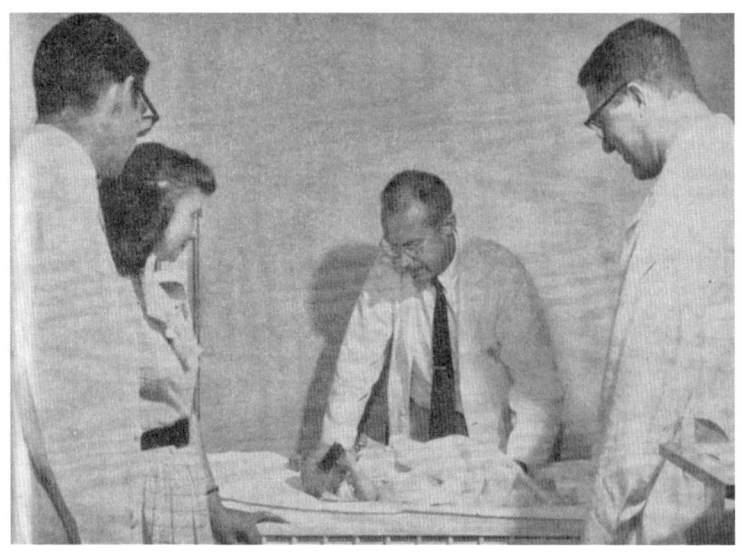

미시간 대학교의 유전클리닉에서 신생아의 인종적 분류를
평가하는 두 명의 인류학자와 한 명의 사회복지사, 그리고
한 명의 의학유전학자로 이루어진 팀. 1957년경. "검사가
이루어지는 책상 위 아이는 사생아로 그의 부모는 서로 다른
인종이다. 그 아이는 흑인 가정에서 자라야 하는가, 아니면
백인 아이처럼 자라야 하는가?" 출처: Charles F. Wilkinson Jr.,
"Heredity Counseling: Genetics Clinics and Their Preventive
Medical Implications," *Eugenics Quarterly* 4, no. 4 (1957):
205. 사용을 허가받음.

미시간 대학교 유전상담 팀은 1940년대에서 1960년대 러글스 게이츠가 만든 게이츠의 색상표를(여기서는 흑백으로 재현) 신생아들을 인종적으로 어울릴 수 있는 가정에 연결시키기 위해 사용했다. 출처: Front insert in R. Ruggles Gates, *Pedigrees of Negro Families* (Philadelphia: Blakiston, 1949).

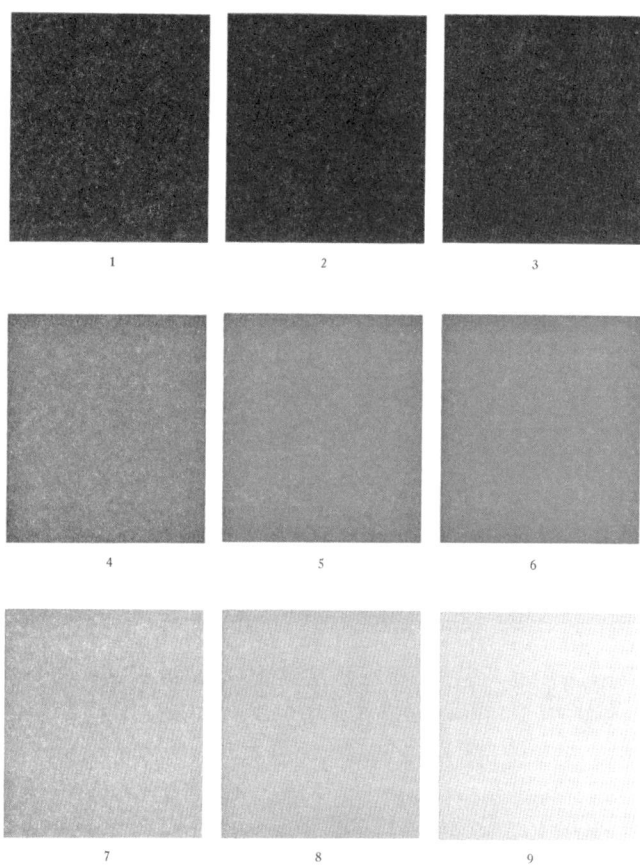

Each rectangle, numbered 1–8, represents the skin color of an individual colored person. No. 9 is the skin color of a white person (the author). For explanation see page 253.

게이츠는 1882년에 태어나 맥길 대학교에서 식물 유전학을 공부했고 1908년 시카고 대학교에서 박사 학위를 받았다. 게이츠는 당시 부상했던 세포학 분야, 특히 염색체와 돌연변이에 관한 공부에 집중했다. 1920년대 그는 자신의 유전학 지식을 인간에게 적용했고, 1923년 『유전과 유전학(Heredity and Genetics)』이라는 책을 출간했다. 그 후 그는 식물에 근거해 인류유전학에서의 인종적 차이에 관해 추론하기 시작하면서, 인종적 차이가 "단일한 유전자 쌍으로 설명될 수 없"다고 주장했다.[77] 게이츠는 적어도 둘에서 다섯 쌍의 유전자가 피부색, 귀 크기, 그리고 귓불이 붙어 있는지 떨어져 있는지를 비롯한 인종적 형질에 관여한다고 제시했다. 그의 근저를 이루는 것은 피임, 흑인과 백인 사이의 인종적 섞임에 반대하는 강력한 인종적 편견이었다. 1947년 게이츠는 워싱턴 D.C.에 있는 하워드 대학교에서 친목회를 열었는데, 여기서 18명의 교수가 그의 해고를 요구하는 진정서에 서명했다.[78] 게이츠는 1940년대 말에서 1950년대 초 유네스코와 협력한 과학자들이 인종에 대한 개혁주의 과학적 선언을 만들 당시 인종주의적 학술지 『계간 인류(Mankind Quarterly)』의 기고자로 활동하며 그들과 정반대에 있었다. 게이츠의 문제 있는 경력에도 불구하고, 닐과 동료들은 게이츠의 색상표에 상당히 의존했다.

　　1957년, "인종적 특징"이라고 이름 붙은 주목할 만한 사례가 유전클리닉에 보고되었다. 이보다 2년이 채 되기 전, 27세였던 거트루드(Gertrude)는 친구의 아파트에서 TV를 본 뒤 자기 집으로 오전 12시 45분에 걸어가고 있었다. 젊은 여성 노동자였던 거트루드는 디트로이트에서 맥주 공장에서 일하는 아버지와 전업주부 어머니 밑에서 태어나고 자랐다. 그는 9학년까지 학업을 마쳤고 종업원으로 일을 시작했다. 20대 초반에 그는 프린스 앤 컴퍼니(Prince & Company) 사에 분류자(sorter)로 취업해 자동차 뉴스 잡지를 인쇄했다. 그의 집에 거의 한 블록 못 가서, 두 남성이 거트루드를 납치했다. 한 남성은 그의 입을 감쌌고, 다른 남성은 그를 강간했다. 너무 어두웠기 때문에 그는 가해자들의 얼굴을 볼 수 없었다. 너무 무서워서 경찰에 신고할 수 없었고, 얼마 후 임신한 사실을 알게 되었다. 결국 그는 디트로이트에 있는 키퍼 병원(Kiefer Hospital)에 가서 산전 건강 관리를 받았고, 결국 그의 아이를 입양 보냈다. 그는 자기가 겪었던 일을 남매 중 한 사람에게만 털어놓았고 그 사건에 대해 매우 큰 수치심을 표했다.[79] 카운티의 청소년 담당자는 거트루드의 강간에 대해 보고서를 작성하면서 1956년 2월 그가 입양을 배정받을 준비가 된 건강한 남자 아이를 출산했다고 적었다. 그러나 칼라마주 아동 기관(Children's Institute in Kalamazoo)의 어머니는 "비록 아이가 밝은 갈색 머리, 흰 피부, 푸른 눈을 가졌"지만 "흑인 인종의 안면부 특징"이 "명확"하다고 확신했다. 카운티의 청소년 담당자는 직접 흑인 특징의 증거를 보지 못했으나 이 사건에 연루된 경찰이 "그 인종의 많은 남성들"이 "그 인근"에 있다고 보고했던 것을 우려했다.[80]

아마도 거트루드의 이탈리아계 혈통이 그를 백옥같이 흰 백인은 아니라고 평가하는데 기여했을 것이었다. 그러나저러나 친부의 인종적 배경에 대한 이런 의심들은 카운티의 청소년 담당자가 미시간 대학교의 유전클리닉에 접촉해 이제 1살이 된 이 아이가 "흑인 혈통"을 가졌는지 결정하도록 부추겼다. 클리닉 전문가의 평가에 따르면, 그는 섬섬한 직모에 푸른 눈, 그리고 "몽고반점이 없고 적어도 게이츠 색상표의 9번"에 해당하는 "매우 밝은" 피부 색조를 나타냈다. 닐은 합의체가 "그 가능성을 제기할 아이의 용모가 없다"고 판단했고, "백인 가정"에 배치되도록 추천했다고 설명했다.[81]

1960년도의 다른 사례에서, 웨인 카운티의 가톨릭 사회 봉사회(Catholic Social Services of Wayne County)는 유전클리닉에 4개월 된 남아의 입양적합성 평가를 위탁했다. 소년은 주의 법적 피보호자였고, 그의 엄마는 웨인 카운티 특수 학교의 환자로 보고된 IQ가 49인 지적장애로 분류되어 있었다.[82] 비록 남자 아이의 엄마가 "백인, 프랑스계, 올리브빛 피부색"이고, 그 아이도 "추측되는 배경에 이의를 제기하지 않는다면 쉽사리 백인으로 여길 수 있을 만큼 완전히 백인"이었음에도, 이 사례와 관련된 한 소아과 의사는 아이가 "엄마가 집을 떠나 흑인 남성과 며칠 살았던 시기"에 잉태되었을 가능성을 의심하면서, 그 아이의 잠재적인 입양 장소에 대해 우려했다.[83] 신생아의 상황을 고려해 입양 단체는 유전클리닉에 "그 아이가 백인 가정에 배치되는 게 바람직한지 유색인종 가정에 배치되는 게 바람직한지에 관한 조언"을 원했다.[84] 유전학자 마저리 쇼(Margery Shaw)가 이끌었던 유전클리닉 전문가 합의체 구성원 중 세 사람은 다음 달 남자 아이를 평가해 그가 "약간 누르스름한, 노랗지만 흰 피부색(게이츠 색상표 9번), 어두운 갈색과 곱슬기 있는 가는 머리, 갈색 홍채, 중간 두께의 입술과 입술 결계, 떨어진 귓불, 넓고, 평평하면서 덜 자란 코, 그리고 과도하지 않은 유두와 엉치뼈 색상"을 가졌다고 적었다. 쇼의 팀은 그 아이가 "'일반적인' 백인종의 범위에 잘 들어맞는다"고 결정하면서도, 유전클리닉은 그 아이가 거의 1세에 근접하기 전까지는 더 정확한 결정을 내릴 수 없음을 가톨릭 사회 봉사회에게 유의하라고 했다. 그들은 아이의 피부색에 대한 문제보다도 지적장애의 가족력이 입양에 "더 큰 억제력"으로 나타날 수 있음을 언급했다.[85] 거의 1년 이후에 그 아이는 후속 진단을 위해 유전클리닉으로 돌아왔다. 그의 지적 소질에 관한 우려는 그가 IQ 검사에서 115점을 받고 카텔 영아 지능 척도(Cattell Infant Intelligence Scale)와 게셀 발달 검사(Gesell Development Schedules)에서 "적당히 총명함(bright normal)"에 해당하는 등급을 기록하면서 이내 사그라들었다. 다시 게이츠 색상표에서 9번에 해당하자, 유전클리닉 합의체는 "입양 적합성에 어떤 유전적 반대 사항도 보이지 않는다"고 적으면서 "백인 부부로의 영구 입양"을 추천했다.[86]

    1970년대에 들어서 주 전역의 입양 단체에서 일했던 사회복지사들은 미시간 대학교 유전클리닉에 입양 평가를 요청했다. 예를 들면, 1970년 새기노 아동 가족 봉사회(the Child and Family Services of Saginaw)는 3세 여아에 대한 평가를 요청했는데, 그 아이의 양부모는 아이의 자녀가 가질 인종적 성격에 관한 예측을 원했다. 닐은 가늘고, 짚빛인 직모, 푸른 눈, 덜 자란 넓은 코, 그리고 매우 밝은 피부 색조를 고려하면 이 아장아장 걷는 아이가 "알아볼 수 있는 어떤 흑인 혈통"도 갖지 않은 것으로 보인다고 결론 내렸다. 아마도 양부모는 닐이 "격세유전에 대한 오래된 미신을 다시금 타파했"음을 되풀이하면서, 입양아의 생물학적 친부가 "흑인 혈통"의 특징을 가지고 있었음을 놓친 것은 아닌지 우려했던 것으로 보인다.[87]

1960년대에 이르러, 리드처럼 닐과 그의 동료들도 더 인종적, 종족적으로 다양한 공동체에 거주하는 개방적인 백인 부모들이 피부색이 흰 혼혈 아동을 입양하기를 바랐다. 일례로 1967년 6월 사회복지사 한 명, 의사 한 명, 의학유전학자 한 명으로 이루어진 유전클리닉의 합의체는 두 백인 부모가 입양한 어린아이를 검사하게 되었다. 아이의 형질은 약간 곱슬인 갈색 머리, 어두운 갈색 눈, 적당히 도톰한 입술, 나팔 모양의 납작한 코, 피부색은 게이츠 색상표의 6~7번 정도였다. 그들은 아이를 꽤 밝은 피부를 가진 아프리카계 미국인 아이로 분류했지만, 그가 "백인으로 여겨지지 않을 정도로 충분한 흑인의 신체 형질"을 가졌으며, "우리는 인종 혈통의 백분율을 평가하지는 않는다. 우리는 그의 미래 복지와 사회에서의 적응이 그의 비백인 형질보다 그의 양부모의 태도와 더 직접적으로 연관이 있다고 느낀다"고 기술했다.[88]

이런 자유주의적 입장은 미국 사회 내에서 통용되었다. 예컨대 발달 장애를 앓는 소녀와 입양 여아의 어머니였던 펄 벅(Pearl Buck)은 인종 간 입양을 강하게 지지했고, 백인 부모가 버려진 "갈색 아기들"에게 집을 주어야 한다고 호소했다.[89] 리드에 관해 말하자면, 은퇴 후 그는 베트남 전쟁이 끝나고 동남아시아에서 폭력으로부터 도망쳐 왔던 많은 몽족 가족들이 재정착하는 것을 돕는 자원봉사자로 일했다. 리드는 몽족어를 배웠고, 그의 아내는 망명한 가족들을 위해 요리를 대접했다. 지역 대학에 다녔던 1990년대 한 몽족 학생 엥 양(Yeng Yang)은 리드가 식물 유전학 원리에 따라 많은 애착을 가지고 교배한 아프리카 제비꽃으로 둘러싸인 집 지하에서 살았다. 지역 사회 참여에 대한 이야기를 쓰는 기자에게 양은 리드가 자신의 삶을 변화시켰고, 리드를 아버지로 생각한다고 말했다.[90]

다인종 사회에서의 인종적 유산

2000년대 초, 웨이크 포레스트는 자신들의 우생학 프로그램과 드레이퍼의 돈을 받았던 것에 대해 사과했다.[91] 이 사건은 장시간 노스캐롤라이나를 떠들썩하게 하는 뉴스거리가 되었다. 여기서 중요한 것은 드레이퍼와 파이오니어 재단 이야기에서 오는 극도의 불쾌함이 우리로 하여금 인종 구별이나, 혹은 더 일반적으로는, 유전상담의 넓은 영역의 작동 방식을 보지 못하게 만들어선 안 된다는 점이다. 리드, 다이스와 같은 대부분의 초기 유전상담 수행자들은 강력하게 인구 조절, 가족 계획, 그리고 인구 협회와 같은 조직의 목적을 지지했다. 때로는 충분히 작동하지 않는 공동체에서의 출산 조절을 확대하는 데 참여한 이 프로젝트들은 가정 당 2.1명의 자녀라는 이상적인 수치를 넘어서 제3세계와 미국 빈민 공동체의 다산 가정을 악마로 만드는 인종화된 노력이었다. 이런 인구 조절의 논리는 (특정 부류의 사람들이 출산을 줄이고 피임이 필요했던) 1950년대에서 1960년대의 냉전기에 만연해 있었으며, 공산주의에 대한 해독제인 양 남용되었다.[92] 인종주의와 인구 조절 정책과 관련된 의약품 남용은 여러 소송, 유색인종과 빈곤한 백인 여성에 대한 강제 불임 시술 혐의가 신문, 의회 청문회, 법정에서 드러났던 1970년대 현장에 터져나왔다. 이런 발전은 제2차 세계 대전 이후 인구 계획이라는 우산 아래 부분적으로

재구성되어 온 미국 우생학 운동이 최종적인 해체로 나아가는 데 결정적인 타격을 주었다.[93]

    1970년대의 가족 형성 방식은 낙태의 합법화와 (적어도) 일부 지역에서의 혼혈 가정에 대한 개방적인 양육 환경의 확대에 따라 점차 변해 갔다. 국제 입양의 비율 증가와 함께 이런 변화는 국내 입양의 감소와 유전 클리닉들에서 오랫동안 핵심적인 서비스였던 입양아 배정 자문의 감소를 야기했다. 1970년대의 석사 학위 소지 유전상담사들은 특정 개인의 인종적 분류에 직접 참여하기보다는 아슈케나지 유대인 공동체의 테이-삭스병, 아프리카계 미국인 공동체에서의 겸상 적혈구 빈혈증 등 특정 집단을 겨냥해 새롭게 검사 프로그램에 참여하는 방식으로 인종과 종족성을 마주하게 되었다.[94] 연구자들은 심지어 풀뿌리 공동체의 노력으로 초기 유전자 검사 프로그램이 시작된 경우에도 인종적, 종족적 우월성과 열등성의 교리라는 우생학적 망령이 스며들었음을 통찰력 있게 탐구해 왔다.[95] 이런 유전학적 공중 보건 노력은 잠재적으로 치료할 수 있는 상태에 대한 진단을 위해서가 아닌 오직 재생산 조절의 목적을 위한 열성 유전자 운반체를 식별하는 것에 대한 타당성과 윤리의 문제를 제기한다. 오늘날 유전상담사들은 스스로 보고한 민족 혹은 인종 분류, 혹은 이따금씩 유전체 전체 서열 분석 모두에 기반한 유전자 검사를 위해 개인이나 가족을 식별할 때, (다양한 집단 유전학의 양태에 의해 결정되는) 혈통을 자신들의 작업에 통합한다. 비록 이것이 표면적으로 불쾌하지 않아 보일지도 모르지만, 유전상담사들은 의학유전학과 인종주의 사이의 연관이 소멸하지 않은 21세기 사회에서 활동한다. 특히 아프리카계 미국인이나 멕시코계 미국인들과 같은 일부 미국인들의 마음 속에서 유전자 검사와 유전상담의 장래는, 의학적 학대의 두려움 혹은 1960년대와 1970년대 강압적 단종에 관한 두려운 기억을 상기시킨다.[96]

    유전상담의 인종화된 과거에 대한 상당한 기억 상실이

보이는 한편, 일부 유전상담사들은 그들의 역사적 유산에 정면으로
대응할 것을 역설해 왔다. 신시내티 대학교에서 낸시 스타인버그
워렌(Nancy Steinberg Warren)이 유전상담 학위과정을 이끌던
당시, 그는 자신의 전문성을 다양화하는 유일한 방법이 인종,
계급, 문화에 대한 논의를 "모든 과정 모든 분기의 모든 임상실습
로테이션(clinical rotation)"에 포함시키는 것이라고 확신했다.
그는 유전상담의 인구통계학적 동질성이라는 수수께끼를
다양한 관점에서 연구한 끝에 이러한 결론에 도달했으며, 그중
일부는 그와 동료들을 안전지대(comfort zone)로부터 벗어나게
했다. 워렌은 유전상담에서의 다양성(혹은 그것의 부족) 문제를
탐구하기 위해 조직한 이틀간의 야유회를 묘사하면서 이런 역학
관계를 통렬하게 포착했다. 오하이오주 데이턴에 대략 25명의
작지만 관련된 참여자 집단이 주제에 대해 씨름하기 위해 모였다.
야유회의 첫날은 유전상담에 관한 여러 강좌로 시작되었다. 오후
무렵에 여러 대표자들 중 한 명이 손을 들어 다음과 같이 말했다.
"우리는 두 시간 넘게 유전상담에 대해서 이야기했습니다. 그러나
나는 여러분이 무엇을 하는지, 왜 (시골 지역의 선주민들인) 제
공동체 중 누군가가 유전상담사가 되고 싶어 할지는 모르겠습니다.
유전상담에 대해 이야기하는 프레임을 다시 짤 필요가 있습니다".
이 참여자는 그의 공동체가 유전학에 대해 알고 있는 것은,
말하자면, 그것은 우생학과 단종으로 매우 좋은 것이 아니고,
선주민들이 유전학을 이렇게 생각하는 것을 단지 오해로 무시할
일이 아니라고 상세히 설명했다. 그는 또한 유전상담 채용
자료에는 거의 다루어지지 않은, 지역 공동체들에 대한 기여라는
주제를 명료화했다. 워렌은 이 모임에서 벌어진 매우 솔직하고
"마음을 흔드는" 대화 덕분에 다양화(diversitification)를 전문성의
생존과 다문화적 미국에 기여하는 데 최상의 가치로 여기는
유전상담사들이 직면한 심대한 도전을 깨닫게 되었다.[97] 이런
목표를 염두에 두고 워렌은 NSGC의 보조금을 받아 접근성이

뛰어난 다문화 교실, 임상 및 지역사회 지원을 제공하기 위해 유전상담 문화적 능력 도구(Genetic Counseling Cultural Competence Toolkit)를 만들었다.[98]

 이런 흐름을 따라, 다른 유전상담사들은 왜 유전상담이 인종, 종족성, 젠더의 측면에서 확장되기 어려웠는지를 이해하기 위한 연구 프로젝트에 참여했다. 이 연구들은 미래의 변화를 위한 방안으로 고등학교, 중학교 수준에서 미래의 잠재적 유전상담사들에 영향을 끼칠 수 있도록 노력하고, 기초 수준의 의학유전학이 고등학교와 대학에서 과학 교육의 일부가 되도록 보장하며, 소수 집단 출신의 유전상담사들의 존속과 채용을 유도하는 사업을 개발하고, 소수 집단과 빈곤 인구를 위한 공동체 보건 조직과의 신뢰를 형성하고 연대를 꾀하는 일을 제안했다.[99]

4장 장애: 차이의 동역학

볼티모어에 있는 NBC의 지사 방송국 WBAL은 1961년 12월 「어두운 구석(The Dark Corner)」이라는 프로그램을 방영했다.[1] 준비 기간만 2년 가까이 걸린 이 현지 제작 다큐멘터리는 메릴랜드주 지적장애인의 가려진 고난의 삶을 드러냈다. 존 F. 케네디 대통령이 지적장애에 관한 전문가 합의체 창립을 발표할 무렵 방영된 「어두운 구석」은 존스홉킨스 병원의 해리엇 레인 장애아의 집(Harriet Lane Home for Invalid Children) 대표이자 중증 묘성 증후군을 앓고 있던 두 딸의 아버지인 소아과 전문의 로버트 쿡(Robert Cooke)의 의학 전문 지식과 개인적인 경험에서 많은 것을 끌어냈다.[2] 케네디 대통령의 여동생 유니스 슈라이버처럼 쿡 또한 지적장애와 관련된 수치심과 오명을 갈아엎고 싶어 했다. 쿡은 장애인의 부모들, 의사들, 법률가들과 함께 지적장애 문제를 국가적 의제로 끌어올리기 위해 노력했다. 그는 글과 연설, 미디어 출연에서 인권과 자유주의 기독교의 "사랑하는 공동체(beloved community)"의 언어를 지적장애 문제에 적용했다.

「어두운 구석」에서 쿡은 말할 수도, 걸을 수도 없는 두 딸을 돌봐 온 삶을 반추했다.[3] 첫째 딸 로빈이 태어났을 때 뉴헤이븐(예일대학) 병원의 전공의였던 쿡과 그의 아내는 여러 조언들을 무시하고 딸들을 시설로 보내지 않았다. 이 결정은 쿡 부부가 자녀들을 정서적, 신체적 존재로서 더 깊이 이해할 수 있게 했다.[4] 권위와 감수성을 고루 갖춘 호소력 있는 달변가였던 쿡은 강제 불임 수술이나 시설 장기 수용을 지적장애에 대한 "해결책"으로 제시하고 진단과 임상적 발현 간의 중요한 차이들을 간과하는 우생학적 접근을 비판했다. 쿡은 다큐멘터리에서 "강제 불임 수술에 의존한 통제보다는 이런 개인들의 문화적 환경을 개선하는 일이 훨씬 더 합리적일 것 같습니다"라고 설명했다.[5]

쿡은 미국의 육체적, 정신적 장애에 대한 사회적, 인식적 변화의 최전선에 있었다. 1960~1970년대 지적장애인 수용 시설의 포화 상태와 극악의 조건에 대한 일련의 폭로들이 공공 관찰 "보호"라는 익살극에 대한 비난과 정상과 비정상, 장애와 비장애에 대한 융통성 없는 구별에 대한 비판의 불길을 일으켰던 것이다. 미국인들은 뉴욕 스태튼아일랜드에 있는 윌로우브룩 공립학교에 다니던 수백 명의 아이들에게 인위적으로 간염을 감염시킨 악명 높은 사례를 비롯해 육체적, 정신적으로 장애가 있는 사람들이 의학 실험의 피험자가 되었다는 사실을 알게 되었다.[6]

    지적장애인을 위협으로 여겨 보호 시설 수용이 필요하고 사회적으로 격리하는 게 당연하다고 여겼던 시대는 끝났다. 오늘날 일반적인 견해는 지적장애를 가진 시민이 사회적 포용 속에서 집에 거주하거나 제집처럼 편안한 공동체 환경에서 지냄으로써 성장할 수 있다는 것이다.[7] 이러한 관점 변화는 소아과 의사, 정신과 의사, 유전학자, 유전상담사, 법률가, 종교 및 시민 단체의 활동가들뿐만 아니라, 장애 성인과 아동, 그들의 부모가 중요한 사회적 행위자로서 이끌어 낸 것이었다. 쿡처럼, 이들은 정체성, 공동체, 인간 가치에 대한 문제와 깊게 얽혀 있는 질병과 차이에 대해 이름 짓고, 또 기존 이름들을 새롭게 고치는 복잡한 과정에 참여해 왔다.

    그간 장애학자들이 의학유전학은 질병 예방 모델이 장애에도 적용되어야 한다고 가정하며 장애인에 대한 부정적인 선입견을 퍼뜨리는 활동이었다고 비판해 왔지만, 장애사학자들은 의학유전학과 유전상담의 역사적 측면에 대해서 놀랍도록 다뤄 오지 않았다.[8] 유전상담에 대한 비판들은 대체로 산전 진단, 장애를 가진 사람들과 그 가족들에 대한 검사의 영향과 메시지에 주목해 왔다. 의학유전학을 다룬 연구와 유전상담을 다룬 소수의 연구들도 각기 다른 결론을 도출하면서 장애와 비정상에 관한 우생학적 가정이 지속되는 상황을 연구해 왔다. 일부는 의학유전학과 유전자 검사 전반의 역사를 넘나들면서 우생학적인 장애 예방 혹은 인지 가능한 장애에 관한 큰 줄기를 추적했다. 다른 연구들은 장애가 가볍거나 심한 정도에 따라 포괄적인 범주 아래 놓일 수 있는 이상(disorders)의 광범위한 범주가, 유전적 선택과 정당화할 수 있는 심대한 질병의 예방적 제거 사이의 경계를 흐리게 만든다고 지적했다. 일부 역사학자들과 생명윤리학자들은 종국에는 어머니와 부모의 재생산 선택의 자율적인 행사가 장애인이나 장애인 공동체와 관련된 어떤 광범위한 사회적 혹은 도덕적 책임과 우려들로부터 승리한다고 주장한다.[9]

비록 학술적으로 주목을 거의 받지 못했지만, 유전상담의 역사적 발전은 의학유전학, 생명윤리학, 장애 사이의 다양한 상호작용의 중심점이었다. 1940~1960년대 유전 건강 전문가들은 지적장애인 권리 운동을 홍보하고, 활력을 불어넣게 되는 정체성과 꼬리표들을 위한 기준을 세웠다. 역설적으로, 유전상담사들은 정상화와 주류화를 목표로 대항력을 갖춘 미래의 네트워크가 될 중요한 기반을 만들었다.[10] 1970~1980년대에 이르러 지적장애에 대한 태도가 극적으로 변화하면서 유전상담 분야의 중심 행위자는 더 이상 유전 클리닉 책상 뒤에 앉아 자신을 의학유전학자라고 소개하는 남성이 아니라, 석사 학위를 소지하고 유전상담 분야에 공인 자격을 갖춘 여성 전문가로 바뀌었다. 이들은 장애 행동주의 진영의 재생산 건강과 유전 건강에 대한 지지와 재정의, 생명 윤리 원칙의 수용과 적용, 낙태의 합법화, 재생산 관련 유전자 검사와 기술의 확대가 이루어지는 상황에서 재생산 건강과 유전 건강 분야에 새로이 진입했다. 지난 수십년 동안 유전체 의학의 발달과 함께 유전상담과 장애의 관계는 적잖이 복잡해졌고 많은 난관에 부딪쳐 왔다.[11]

다이트연구소에서의 장애

1947년 셸던 리드가 "유전상담"이라는 용어를 만들었을 당시, 그는 쥐와 초파리의 유전 양상에 대한 연구를 인류 유전의 초기 분야에 적용하려는 몇 안 되는 의학유전학자 중 한 사람이었다.[12]

리드의 친한 동료이자 미네소타 대학교 후임자였던 엘빙 앤더슨(V. Elving Anderson)에 따르면, 하버드 대학교 재직 당시 리드는 꿈에 그리던 다이트연구소 설립 제안을 받아들였을 무렵 초파리 "집단 병들(population bottles)"을 만드는 일에서 "급격히 방향을 틀었다".[13] 리드는 뉴잉글랜드에서 미국 중서부로의 이직을 경력 향상에 대한 열망과 "최소한 부분적으로라도 이타주의에 기인한" 동기로 설명했다.[14] 1970년 당시 존스홉킨스 대학교 의학사 연구소(Johns Hopkins University Institute of the History of Meicine)의 펠로우 자격으로 미국 우생학에 대한 초기 연구를 하고 있던 의사학자 케네스 러드머(Kenneth Ludmerer)에게 보낸 한 편지를 회상하면서, 리드는 "제가 하버드대학교에서 유전학 입문을 가르치고 있을 무렵 인류유전학이 당시 제가 연구하던 쥐나 초파리 유전학보다 더 중요하다는 것을 점점 더 명확하게 깨달았습니다"라고 설명했다.[15] 미시간 대학교 유전클리닉의 리 레이먼드 다이스처럼, 리드는 아직 의대 캠퍼스에 속하지는 않지만 생명 과학들에 기초한 의학 기반 임상이라는 매우 새로운 독립된 학계의 관리자가 되었다.

다이트연구소는 미시간 대학교 출신의 의사이자, 미네소타 우생학회(Minnesota Eugenics Society)의 설립자였던 찰스 프레몬트 다이트(Charles Fremont Dight)의 유산이었다. 그는 기이한 개혁가이기도 했는데 무엇보다도 사회당 공천 후보자로 선출된 시의원이었으며, 미니애폴리스에 멸균 우유를 도입하고 "진보는 인류의 해법"과 같은 표어들을 문 앞에 달아 놓은 나무 꼭대기에 지은 집에서 몇 년간 거주했다.[16] 다이트는 1910년대 미국 사회에서 유행하던 우생학에 매료되었다. 1920년대에는 열렬한 우생학 신봉자가 되어 1925년 미네소타에서 통과한 단종법을 열성적으로 지지했다.[17] 미혼으로 자녀가 없던 다이트는 단종법 지지 운동을 벌이면서 "우생학 연구와 교육"을 재정적으로 보증한다면 본인의 재산이 미래 인류의 향상을 위한 유산으로 사용될 수 있다고 생각했다. 그의 계획은 미네소타 대학교 총장과의 협상 끝에 1927년 확정되었다. 다이트연구소는 그가 죽은 뒤 1938년 설립되어 1941년 7월 1일 동물학 연구소 지하에서 운영되기 시작했다.[18]

연구소 초대 소장은 동물학자 클라렌스 올리버(Clarence P. Oliver)였다. 올리버에 따르면, 연구소는 "인간 형질에 대한 정보를 모아 수집한 데이터를 분석 및 해석하고 이해관계자들이 사용할 수 있는 정보를 만드는 유전적, 우생학적 프로그램을 수행"했다. 올리버는 연구소의 핵심 목적이 "결함이 있는 아이들의 수를 줄이기 위한 우생학 프로그램"을 실행하는 것이라고 말하는 데 부끄러움이 없었다.[19] 올리버가 자신의 우생학적 비전을 수행하기 위해 택한 주요 방식 중 하나는 오늘날에는 결단코 거부되는 종류의 유전상담 활동을 추구하는 것이었다. 발달적 혹은 신체적 측면에서 유전적 장애가 있거나, 이미 지적장애 아동을 출산한 가족력이 있는 한 커플을 면담하면서, 올리버는 "우리 사회에서 장애를 가지고 태어나 경쟁하는 것은 그 아이에게 불공평"하기 때문에, 유전상담사들이 부모들이 출산을 그만두도록 압박해야 한다고 말한 바 있다.[20]

그럼에도 제2차 세계 대전과 나치 독일의 최종 해결책(Final Solution)의 망령을 배경으로, 올리버는 우생학을 표출적으로 드러내는 여러 사업이 연구소가 추구하는 과학적 임무를 흐리게 만들 수 있음을 매우 잘 알고 있었다. 한 전망 선언문에서 올리버는 연구소가 "우생학 프로그램을 즉각적인 유전적 우생학적 문제를 가진 사람과의 상담으로 한정"해야 하고 "현재 가족 구성원 혹은 집단에 대한 불임술 관련 제도화를 이끌어 내기 위한 연구소의 적극적인 프로그램이나, 이런 종류의 선전에 관한 집약적 프로그램은 연구소가 공적 지지를 잃는 원인이 되고, 우리가 인류유전학과 우생학에서 어떤 연구 프로그램을 따라가는 것을 매우 어렵게 만들 것"이라고 말했다.[21] "우생학"이라는 용어를 사용하는 것과 관련된 문제를 개괄하기 위해서 올리버는 미네소타에서 자기가 바라는 연구 의제를 지향하기 위한 최고의 방법은 "우생학"이라는 꼬리표를 쓰지 않고 직접적으로 대학이나 다른 공공 연구소와 제휴하지 않는 유사한 조직을 만드는 것이라고 결정했다.[22] 따라서 1945년에 그는 미네소타 인류유전학 연합 주식회사(Minnesota Human Genetics League, Inc.)와 인구 연구와 인류 유전 향상 증진을 위한 학회(A Society for the Promotion of Population Research and the Improvement of Human Inheritance) 설립에 힘썼다.[23] 이후 10년간 이 연합은 1960년대 내내 우생학 정책과 프로그램들을 위해 꾸준히 헌신하면서 제도적, 재정적으로 인류유전학 연구들과 인구, 출산 계획, 우생학 정책들을 후원했다.[24]

온정주의적 연민의 역설

1947년 올리버는 텍사스 대학교 오스틴 캠퍼스로 자리를 옮겼고, 리드가 그의 공석을 채우고 1975년까지 활동했다.[25] 올리버의 발자취를 따라 리드는 다이트연구소와 같은 기관들이 반드시 미국 우생학의 성공을 위한 동력이어야 한다고 말했다. "제 생각엔 우생학적 향상을 이끌어 낼 수 있는 가장 효과적인 방식은 미시간 대학교에 있는 유전클리닉이나 다이트연구소와 유사한 인류유전학 연구를 각 주에 두는 것입니다".[26] 나아가 리드는 이미 미네소타에서 기관 관리자와 대학 동료들에 의해서 수행된 헌팅턴병, 당뇨병, 가장 큰 부분을 차지한 지적장애에 관한 연구를 확장하려고 했다.[27]

이는 리드가 이미 연구에 활용 가능한 많은 자료들에 어느 정도 자극받았기 때문이었다. 1940년대에 그는 연구 프로젝트 발전에 이용할 수 있으리라는 기대하에, 우생기록국의 대규모 아카이브 파일을 다이트연구소로 이동하는 계획을 총괄했다.[28] 가장 큰 은닉처 중 하나는 우생기록국 현장 연구자들이 (과거 지적장애인을 위한 미네소타 학교라고 불렸던) 패러보 주 보호소(Faribault State Home)에서 1911년부터 1918년까지 549명의 환자와 그 가족들을 대상으로 이루어진 연구에 관한 기록이었다. 이는 지적장애 환자들을 식별하고 우생학적으로 통제되지 않은 가족들의 경우 세대를 거치면서 부적합자가 부적합을 야기한다는 우생학적 예측을 도출하기 위해 실시되었다. 이 프로젝트는 주크와 칼리카크 가계에 대한 가족 연구에서 되풀이되었고, 1919년엔 『시드뎀 계곡의 거주자들(Dwellers in the Vale of Siddem)』이라는 책으로 출판되었다. 저자인 패러보 관리자 아서 로저스(Arthur C. Rogers)와 현장 연구자 모드 A. 메릴(Maud A. Merrill)은 이 책에서 미네소타의 지적장애인들을 "더럽고, 병에 걸렸고, 퇴보적 가족 전통"을 가진 "잘못 양육되고 품행이 불량한 시궁창 악동들"로 묘사했다.[29] 저자들은 확인하지 않은 재생산의 끝에는 여러 결함이 있으며, 또한 나쁜 출산(bad breeding)을 분리와 단종을 통해 줄이지 않는다면 국가에 해가 된다고 경고했다.[30]

리드는 아내 엘리자베스 박사와 스웨덴 유전학자 얀 뵈크와 협업하면서 후속 가족 연구에 착수했다.[31] 엘리자베스가 15년 동안 패러보 장기 환자들의 친족 관계를 추적하는 동안 미네소타 인류유전학 연합과 공공 제도 부서(Division of Public Institutions)가 연구를 후원했다.[32] 리드는 진단 기준 및 제도 기준을 만족시킨 모든 피험자들 중 IQ가 69 이하인 경우를 기록했으며, 289 가구가 이에 포함된다는 것을 식별해 이들의 건강 이력을 1960년까지 철저하게 수집했다. 이런 노력의 결과 『지적장애: 가족연구(Mental Retardation: A Family Study)』라는 두꺼운 책이 출판되었다.[33] 이전 우생기록국 연구자들과 반대로 리드 연구팀은 가장 큰 한 집단(123명 혹은 43%)의 지적장애 원인론은 명확하게 진단할 수 없으며, "유전적 혹은 환경적 요소 중 어떤 것이 더 중요한지 알지 못한다"고 결론 내렸다.[34] 하지만 이를 합치면 139명 혹은 48%는 주요 유전적 범주에 들어가거나(84명 혹은 29%) 준주요 유전적 범주(55명 혹은 19%)에 속했다. 중요한 것은 이런 주장을 뒷받침하는 불분명한 증거를 가지고 리드 연구팀은 지적장애에서 유전의 역할을 강조했다는 점이다. 이들이 쓴 것에 따르면, "이 연구의 가장 명백한 시사점은 지적장애 발현의 가장 큰 선행 요인은 한 명 이상의 친척에게 지적장애가 있다는 것"이었다.[35] 이들은 자신들의 연구 말미에 다운 증후군과 염색체 이상의 관계가 드러났듯이 지적장애의 생물학적 요인들이 계속 밝혀질 것이라는 데 낙관적이었다.

    리드는 지적장애에 대한 연구를 서둘러 진행하기 시작했다. 20세기 초 지적장애가 있다고 여겨진 사람들은 많은 경우 지적장애로 분류되거나, 오늘날 우리가 지적장애라고 일컫는 사람들, 관습적인 성별 규범에 어긋나거나 빈곤한 사람들을 모두 포괄했다. 수십년 동안 우생학자들은 이런 사회 집단을 위험하고 일탈적이고 사회와 "유전질(germplasm)"을 파괴한다고 선전해 왔으며, 이들의 분리와 강압적 불임 수술을 주장하는 캠페인을 벌여 왔다. 1940년대를 지나 제2차 세계 대전 이후에는 지적장애 아동의 부모들이 이런 선입견에 도전하기 시작했다.[36]

    이러한 변화에서 중요한 것은 1940년대 후반부터 1950년대 초 전미에 걸쳐 생겨난 많은 지역 단체들이었다. 여러 사례에서 지적장애 아동은 안 된다는 응답에 반발한 적극적인 부모들이 주 입법 기관을 상대로 로비를 벌였고, 교육 및 훈련 교실을 열거나 자기 자녀들이나 비슷한 처지의 사람들의 몸과 삶이 학대당하고 경시당하고 있음을 가시화했다.[37] 부모들은 소아과 의사, 정신의학자, 심리학자, 교육자, 그리고 점차 늘어나는 추세이던 의학유전학자들을 포함한 광범위한 전문가 네트워크 안에서 활동했다. 여기서 활동이란 일부 부모들에게는 한시적으로라도 아이들을 집에서 양육하는 것을 의미했으며, 경제력이 있는 일부 부모들에게는 국가에서 그나마 잘 운영되는 시설에 아이들을 맡기고 그 시설을 지원하는 것이었다.

지적장애에 대한 리드의 접근은 유전상담에 대한 그의 갈등의 집약이었다. 『지적장애(Mental Retardation)』의 출간 이후 리드 부부는 자신들의 데이터와 발견이 지적장애를 가진 사람들의 자발적인 불임을 독려하는 데 도움이 될 것이라고 여겼다. 나아가 일단 이런 실천이 "미국 문화의 일부로 자리 잡으면, 우리는 세대당 약 50% 정도의 지적장애인 수의 감소를 전망할 수 있다"고 보았다.[38] 앞날을 내다보면서 리드는 유전 기술과 생식의학이 "다운 증후군이나 갈락토오스 혈증, 페닐케톤뇨증 같은 주요 유전적 특성"들이 "인구에서 눈에 띄게 줄어들" 수 있기를 희망했다.[39] 그는 장래에 더 정교한 의학유전학이 유전자 풀의 향상이라는 더 큰 우생학적 목표를 이루게 해 줄 것이라고 믿었다. 이런 경향은 1960년대 말이 되면 더 뚜렷해졌다. 양수 천자 검사를 더 쉽게 이용할 수 있게 되었던 것과 낙태의 합법화에 대한 희망이 커지는 상황에서 리드는 자신의 교양 있는 내담자들이 유전적 영향을 받는 임신에 대해서 올바르고 합리적인 결정을 내릴 것이라고 믿었다. 그는 "다운 증후군을 가진 아이를 출산하고 싶지 않다고" 말하는 21번 염색체 전좌를 보유한 한 산모의 사례를 들며, 이 산모가 양수 천자 검사를 받는 것에 안도하기도 했다.[40] 그의 설명에 따르면, "양수 검사와 선택적 낙태의 도래"는 "오직 정상적인 아이"만을 태어나게 할 것이었다.[41] 장애를 가진 아이가 부모와 가족에게 미칠 영향에 대한 리드의 부정적인 생각으로, 그는 부모들에게 보호 시설에 아이들을 위탁하는 것의 이익이 지적장애 아동들을 가정에서 양육하는 부담보다 더 크다고 조언했다. 그가 선천적 소두증을 가진 여아의 어머니를 상담했을 때 그 아이가 보통 아이들에게 모욕의 대상이 되는 것보다 보육 시설에서 보육 시설 교육사들에게 훈련받는 것이 더 좋으며, 정상적인 친형제자매들의 양육에 집중할 귀중한 시간을 빼앗아서는 안된다고 조언했다.[42]

　　그러나 바로 이런 낙인찍기 활동으로 그는 장애인 인권과 권익을 위한 운동의 씨앗을 심었다. 리드는 부모들로 하여금

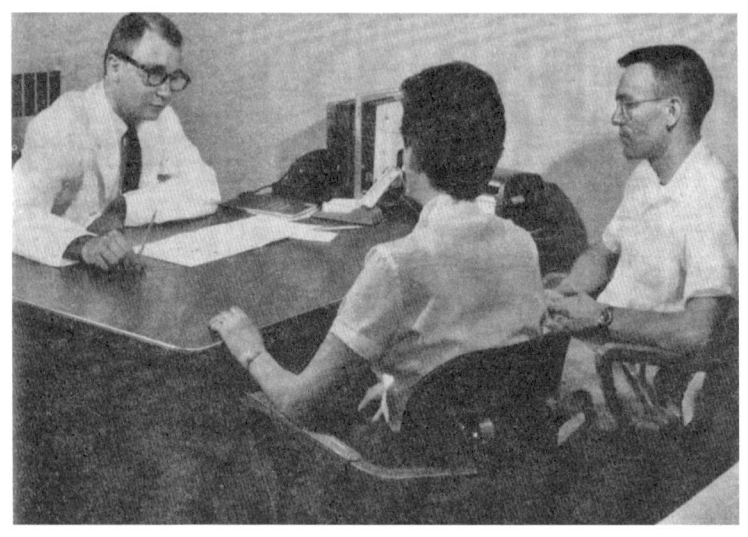

미시간 대학 유전 클리닉의 의학 유전학자와 두 번째 자녀가 다운 증후군을 가질 가능성에 대해 상담하는 부부. 이 사진이 찍힌 1957년 당시에는 고령 임신이 위험 요소로 인정되었지만, 21번 삼염색체증은 아직 발견되지 않은 시점이었다. 부부 소개: "양가 어느 쪽도 이전에 몽고증을 가진 조상에 대한 알지 못했을 뿐만 아니라, 그들 가족들의 학술적 성취를 자랑스러워하고 있었다. 그렇기에 몽고증 환자의 출산은 커다란 충격으로 다가왔다." 출처: Charles F. Wilkinson Jr., "Heredity Counseling: Genetics Clinics and Their Preventive Medical Implications," *Eugenics Quarterly* 4, no. 4 (1957): 205. 허가를 받아 게재.

장애아의 출산을 멈추라고 조언하면서도, 동시에 지적장애 아동을 키우는 부모들이 "결함 있는" 자녀를 양육하면서 직면할 당혹감과 절망감에 대처하는 일을 돕고 싶어 했다. 리드는 본인이 자녀의 상황을 파악하고 앞으로는 어떻게 해야 할지 결정하길 바라는 부모들과 처음으로 마주하는 의료 전문가라는 사실을 잘 알고 있었다. 1954년 오하이오 주의 소아과 의사 이스라엘 츠벨링(Israel Zwerling)의 설명처럼, 이러한 상호작용은 "의사의 적절한 대처로 잠재적으로 파괴적일 수 있는 경험을 해당 문제와 아이에 대한 적응의 토대로 바꿔 놓을 수 있"다는 점에서 중요한 것이었다.[43] 지적장애 아동을 위한 메릴랜드 협회(Maryland Society for Mentally Retarded Children)의 한 어머니에 의해 수행된 부모의 경험을 다룬 연구에서는 25% 정도의 부모만이 전문가와의 상호작용에 만족했음을 밝혀 냈다.[44]

리드의 상담은 받아들이기 힘든 여러 진실을 이야기하는 경우가 많았기 때문에 으레 부모들의 상당한 반발로 시작되었다.

> 제 경험상 유전이라는 생각에 반발하는 사람들은 지적장애 아동의 부모들이었습니다. 지적장애에 관한 사회적 오명은 매우 큽니다. 만약 부모들이 지적장애에 대한 유전적 배경이 있다면, 이로 인해 그들은 또 다른 주크와 칼리카크 가계가 될 수 있다고 느낍니다. 이것이 바로 그들이 개탄하는 상태입니다. 설령 그들이 많은 지적장애 사례를 가진 가족이라고 해도, 그들은 주크나 칼리카크 가족과 같은 부류가 되고 싶어 하지 않고, 이런 생각을 받아들이지도 않습니다.[45]

리드는 이런 반발들에 잘 대응할 수 있었으며, 때로는 내담자들을 대상으로 승리한 것처럼 보이기도 했다. 부분적으로 그는 유전적 변이와 돌연변이에 관한 진화의 기본 원칙을 들며, 부모들을 죄책감으로부터 해방시켜 주었다. 1952년 리드는 미네소타

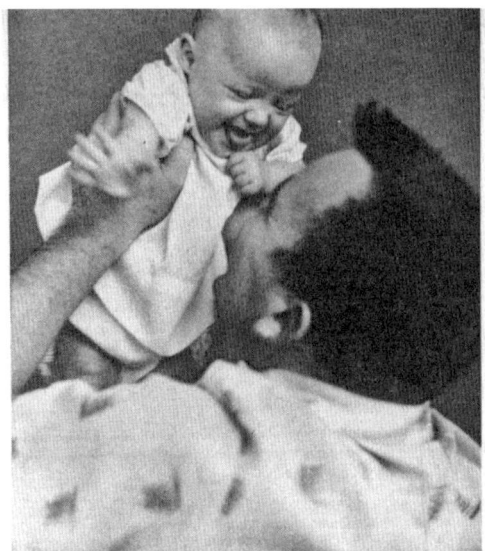

This is a happy baby—and a happy father, too. The period of soul-searching, of self-pity and helplessness is over. Lisa is accepted for what she is and what she has to offer.

그림 하단 내용: 행복한 아기와 행복한 아버지입니다. 자기 반성과 자기 연민, 무력감의 시대는 끝났습니다. 리사는 자신이 누구이고 무엇을 제공할 수 있는지에 관해 인정받습니다.

다운 증후군(당시 명칭은 몽고증)을 앓고 있는 딸과 아버지 사이의 사랑을 담은 사진. 이 사진은 한 부부가 장애아를 낳았다는 사실에 충격을 받고 슬퍼하지만, 곧 딸을 소중히 여기게 되고, 딸을 시설에 맡기는 대신 집에서 키우기로 결정하게 되는 이야기의 정점을 보여 준다. 이 사진과 관련된 이야기는 『오늘의 건강(Today's Health)』에 실렸고, 전국 지체부자유아 협회(National Association for Retarded Children)가 배포했다. 이는 1950년대 후반에 환자 부모 단체 덕분에 다운 증후군과 지적장애에 대한 태도가 어떻게 바뀌기 시작했는지를 보여 준다. 출처: "They Discovered a New Dimension of Love," *Today's Health* 37, no. 2 (1959): 23. 저작권: 1959 미국의사협회. 모든 권리 보유.

지적장애 협회(Minnesota Society for the Mentally Retared)에 "부모들은 그들의 선조로부터 받은 유전에 대해 책임이 없습니다. 일반적으로 그들은 이에 대해 완전히 알지 못하죠. 부모들의 책임은 미래 세대들에게 있지 과거 세대에 있는 게 아닙니다"고 말했다.[46] 리드의 접근 방식은 지적장애 아동을 출산하는 데서 오는 수치심을 덜어 주었고 많은 부모들을 진정시키는 심리학적 과정이었다.

1950년대 펄 벅(Pearl Buck)과 데일 에반스 로저스(Dale Evans Rogers)를 비롯한 부모들은 지적장애 아동을 양육하는 즐거움과 가치를 담은 베스트 셀러들을 저술했다.[47] 이런 추세는 1962년 유니스 슈라이버(Eunice Shriver)가 "지적장애를 위한 희망"이라는 글을 『더 새터데이 이브닝 포스트(The Saturday Evening Post)』에 기고하면서 정치권의 반응을 이끄는 데까지 나아갔다. 슈라이버는 자신의 여동생 로즈마리(Rosemary)에 대해 솔직하게 털어놓으며 다음과 같이 썼다. "지적장애는 당뇨병, 청각 장애, 폴리오, 혹은 다른 불행과 마찬가지로 어느 가정에서나 발생할 수 있습니다. 빈자와 부자, 주지사와 상원위원, 노벨상 수상자, 의사, 변호사, 작가, 천재적인 인물과 기업 회장, 심지어는 미국 대통령의 가족에서도 일어난 적이 있습니다".[48] 도로시 머레이(Dorothy Murray)는 자신의 회고록 『스티비의 이야기(This is Stevie's Story)』에서 아들의 경험을 기록했다. 1945년에 태어나서 자폐와 지적장애를 뒤늦게 진단받은 스티비는 머레이에게 가장 큰 기쁨이자 그가 지적장애 아동을 위한 버니지아 협회(Vrginia Association for Retarded Children)에서 주도적인 역할을 맡게 된 원동력이었다. 머레이는 관례를 깨부수고 자기 아들이 처한 조건에 대해 "솔직하고 열린 태도"를 가졌다. "첫날부터 우리는 작은 아이가 정신적으로 불구일지도 모른다고 생각했어요. 그렇지만 우리는 부끄럽거나 망신스럽게 생각하지 않았습니다".[49] 다른 부모 지지자(parent advocate)처럼 머레이는 아이의 어려움에 유니스 케네디 슈라이버는 장애인의 권리를 위해 일찍부터 투쟁한 인물로, 여동생 로즈마리의 복잡다단하고 지난한 진단과 치료 경험으로부터 투쟁의 동기를 얻었다. 슈라이버 여사는 그녀의 형제자매들, 특히 대통령이 된 존 케네디에게 장애인 연구 및 돌봄 기관을 지원하도록 촉구했다.

슈라이버 여사의 활동은 1961년 지적장애에 관한 대통령 자문위원회(Panel on Mental Retardation) 구성에 중요하게 작용했다. 출처: Eunice Kennedy Shriver, "Hope for Retarded Children," *Saturday Evening Post*, September 22, 1962, 71. SEPS는 인디애나주 인디애나폴리스에 위치한 'Curtis Licensing'의 라이센스를 받았다. 모든 권리 보유.

At a day camp on her Maryland estate, Eunice Shriver enjoys a spirited ride with gleeful retarded children.

How the Kennedy family's own misfortune spurred the fight against a widely misunderstood affliction.

Hope For Retarded Children

By EUNICE KENNEDY SHRIVER

책임을 지우는 "좋은 피" 혹은 "나쁜 피"에 관한 이론들을 단호하게 거부했다. 대신 그는 장애에 대한 피할 수 없는 사회적 차별과 그 가족들의 회피에 대해 반대하기를 주장했다. 머레이는 "지적장애 아동의 부모로서 우리가 사람들의생각에 지나치게 영향을 받아 이를 넘어서려는 의식적인 노력을 하지 않는다면, 탈출구가 없는 절망 속에서 허둥대고 있는 우리 자신을 발견할 것"이라 말했다.[50] 그의 아이를 위한 한 부모 지지자로서 머레이는 미국 장애인에 대한 접근과 생각을 뒤엎기 시작했던 부모들의 전형이었다. 그러나 머레이는 예방의 논리에 대해 문제를 제기하지는 않았고, 의학과 유전학 연구의 진보가 지적장애를 끝낼 수 있기를 희망했다.

다양한 분야에서 저술 활동을 하면서, 이들은 자신의 가족들을 부정적인 묘사와 낙인으로부터 해방시키기를 희망했다. 장애사학자 앨리슨 캐리(Allison Carey)에 따르면, 이와 같은 노력이 많은 부모들이 자신들의 아이들을 정상적인 가족 구조에 완전히 부합할 수 있는 "이상화된 영원한 아이"로 묘사하도록 이끌었다.[51] 리드는 지적장애를 가진 아이들을 결백하게 만드는 데 기여했고, 이는 점차 그가 자신의 메시지를 훨씬 더 연민을 가지고 전달하기 쉽게 만들었다. 리드는 부모들이 지적장애 진단을 받아들일 때 느낄 수 있는 불안과 괴로움을 이해했다. 아마도 Rh 혈액형 부적합을 가진 리드 부부가 의학적으로 위험한 셋째 아이 임신에 대해 외과적 불임술을 택했던 것을 고려하면, 부분적으로 리드의 행보는 개인적인 동기에 의한 것이었다. 불임 결정에 대해 설명하면서 리드는 "유전학자는 모든 사람들에게 높은 확률로 결함 있는 아이의 출산을 의도적으로 선택하게 해서는 안 됩니다. 유전적 문제가 있는 다른 가족들에게 좋은 일은 유전학자들에게도 좋은 일이어야 합니다"라고 단언했다.[52]

리드는 "자신의 마음에서 우러나오는 말"을 하는 과학자가 되기 위해 상담에서 명료하고 직접적언 언어를 사용했다.[53] 부모들은 그의 말에 담긴 내용을 좋아하지 않았을지는 몰라도,

그렇게 말하는 사람은 좋아했다. 지적장애 아동을 시설로 보낸 아버지가 리드와 주고받은 편지의 내용을 보면, "제가 우리의 경험을 되돌아 보건대, 만약 당신 앞의 누군가가 '그가 지나치게 자랄 것'이라거나 '아이들은 서로 다른 정도로 자라니 걱정하지 말라'는 등의 말이 아니라 우리가 기대하는 것에 대해 말한다면 기쁘겠습니다"라고 적혀 있다.[54] 게다가, 리드의 유전학적 해명의 요점은 지적장애 아동의 부모들을 달래는 것이었다. 그의 조언을 따라 많은 내담자들은 이상적인 가족 규모를 완성하기 위해 의식적으로 잊은 아이를 대신하는 것처럼 보이는, 겉보기에 건강하고 정상적인 신생아를 입양했다. 리드에 관한 자료들에는 조언에 깊은 감사를 표하는 부모들이 쓴 카드나 노트들이 많이 있다. 1954년 편지에서 한 부부는 리드의 상담과 정보 제공에 감사하면서 "상담이 저희가 말로 표현할 수 있는 것보다 더 많은 도움이 되었습니다. 이제는 저희가 직면한 난관을 정확하게 알고 있고 별생각 없이 계속 시도한다는 것 또한 깨달았지만, 저희가 정상적인 아이를 출산한다면 얼마나 행복하겠습니까. 만약 안 된다면 저희는 가족의 수를 맞추기 위해 입양을 선택할 겁니다. 당신의 도움이 없었다면 저희가 이처럼 사실에 입각한 태도를 갖는 것은 거의 불가능했을 겁니다"라고 적었다.[55]

    리드는 다른 유전 클리닉에 있던 그의 동료들보다 지적장애에 관한 지역, 주 단체들과 훨씬 긴밀하게 연결되어 있었다. 부모 지지자들에 따르면, 다이트연구소에서 사업을 시작하자마자 리드는 "즉시 그 부모들이 지적장애의 '이유'와 이미 하나 혹은 두 명의 지적장애인이 있는 가족 내에서 추가적으로 지적장애 아동이 태어날 수 있는 가능성에 대해서 알 수 있게 도왔다"고 한다.[56] 그는 세인트폴 미네소타 지적장애 아동 연합에 들어갔고 주기적으로 지역 단위와 주 단위 미팅에서 연설했다. 리드는 유전 과학에 대한 좋은 커뮤니케이터로 많은 칭송을 받았을 뿐 아니라 "가장 우리를 감동시킨 동정심 많은 사람입니다. 당신의 변함없는 친절함과 인내에 감사합니다"라는 칭찬도 들었다.[57] 1963년 성 파울 지적장애 연합은 자신들의 가을 회의에서 "다운 증후군에 대해 매우 유용한 정보와 흥미로운 사실들을 발표해 준" 리드에게 감사를 표했다.[58]

    그러나 리드의 연민은 의료 부권주의(medical paternalism)의 한계를 벗어나지 못했다. 리드가 지적장애 아동 대부분이 보호 시설에 수용되었을 때 갖는 이점과 장애 아동들의 출산을 예방할 필요성에 관한 자신의 관점을 수정했다고 볼 수 있는 증거는 거의 없다. 케네디 정부의 지적장애 전문가 합의체 패널로 일했던 엘리자베스 보그스(Elizabeth Boggs)와 주고받은 편지에서 리드는 "저는 부모들이 지적장애 아동을 사랑하는 것을 아주 잘 알고 있고 정상아의 경우보다 더 많은 주의와 관심을 기울인다는 사실도 알고 있지만, 누구든 지적장애 아동을 갖길 선호하지는 않는다고 믿습니다"라고 직설적으로 적었다.[59] 1971년 그는 "저는 3,000명이 넘는 사람들에게 지난 23년간 유전상담을 해 왔지만, 다운 증후군이나 다른 종류의 지적장애 같은 결함을 가진 아이들을 자진해서 낳겠다고 한 부부는 만나 본 적이 없습니다"라고 회상했다.[60] 경력 내내 그는 "지적장애 아동 출산"의 제한을 지지했다. 한 연구에서 리드와 동료 연구자는 "만약 지적장애인이 출산을 하지 않으면, 다음 세대에서 지적장애 아동의 수가 17% 정도 감소한다는 계산이 나온다. 비록 지적장애인 수의 순수 감소율은 다소 차이가 없지만(2%에서 1.7%), 이는 명백한 '향상(improvement)'이라고 볼 수 있다"고 주장했다.[61]

    1950년대 했던 준비 작업들을 토대로, 리드는 후대에 미국에서 지적장애 운동의 출현뿐만 아니라, 지적장애인들을 지지하는 부모 지지 운동이 꽃을 피우는 데 기여했다. 리드는 1940년대에서 1970년대까지 꾸준히 내담자들을 만났고, 최소 수백에서 수천에 이르는 잠재적 유전 조건에 대한 편지에 답해 주었으며, 수시로 연설 활동과 강좌를 수십 년간 열었을 뿐만 아니라, 수많은 책과 논문을 출간했다. 또 그는 다이트연구소와 미네소타 인류유전학 연합과 함께 지적장애 부모들과 연대했으며 미네소타 내에 주 단위 유전학 부서의 설립을 요구했다. 1960년에 설립된 이 공중 보건 조직은 미국 최초로 신생아에 대한 페닐케톤뇨증 검사를 실시했고 많은 지적장애 아동 부모들과 협력해 관련 사회적 네트워크를 강화했다.[62] 이런 모든 노력들을 통해서 리드는 지적장애를 분류하고 치료하기 위한 틀을 마련했다. 그의 활동과 미시간 대학교와 웨이크포레스트 대학교에서 동료들에 의해 수행된 유전상담은 지적장애나 다운 증후군 등이 고정된 꼬리표를 부여하는 것과 지적장애 아동의 부모들이 유전 지식을 배우는 데 도움을 주었다. 아이들의 상태에 대해 설명하는 것에 무감각한 소통 없는 일부 의사들과 달리, 리드는 진심을 다했고, 사람들을 위로했다.

논쟁적 꼬리표들: 몽고증에서 다운 증후군으로

인류학자 폴 라비노(Paul Rabinow)는 "생명사회성"(biosociality)에 대해 유전체 의학과 연결된 새로운 형태의 정체성, 특히 희귀한 유전 조건을 가졌거나 위험한 상태에 있는 개인들이 인터넷을 통해 서로를 찾아 진단과 의료화된 자아가 중심이 되는 새로운 공동체를 만드는 것이라고 적었다.[63] 그러나 특히 자기 권력의 증진과 정체성 강화를 추구하는 생명사회적 공동체의 등장은 유전체 지도의 시대 이전으로 거슬러 올라간다. 살펴본 것처럼, 장애인 집단을 위한 조직의 대두와 장애 아동의 부모들에 의해 형성된 여러 조직들의 대두는 유전 클리닉과 유전상담의 등장과 얽혀 있다. 많은 부모들은 자신들의 가정의나 리드와 같은 의학유전학자들을 통해 서로를 알게 되었다. 지역 단체들이 급격히 늘어나면서 전미 지적장애 아동 연합이 1950년 설립되었다. 비록 리드와 당대 사람들은 지적장애 아동의 보호 시설 수용을 지지하는 경향이 있었지만, 부모들은 곧 전통적인 관행 대신 가정 내 돌봄과 초기

개입을 지지했다.[64]

    세포 유전학과 생화학적 유전학 분야뿐만 아니라 임상 영역에서 일하던 인류유전학자들도 질환에 대한 꼬리표 달기와 다시 꼬리표 달기(labeling and relabeling) 작업을 통해 새로운 생명사회적 정체성(biosocial identity)이 뿌리내리는 것을 도왔다. 오늘날 다운 증후군은 지적장애와 관련된 가장 흔한 유전 장애로 경도에서 중도까지 다양한 정도가 있고, 1만 명당 9.2명 정도 발생하는 것으로 알려져 있다.[65] 그러나 초기에 다운 증후군은 1800년대 중반 안면, 두개골적, 다른 심리적 특징과 이를 구분해 낸 영국의 의사 존 랭던 다운(John Langdon Down)이 만든 용어인 몽고증으로 불렸다. 빅토리아 시대 진화 과학의 진보적인 편에서 다운은 "거대한 몽고증 가족"의 존재라는 그의 생각을 동원해 "몽골 인종"이 인류 진화의 긴 행진 속에서 격세 유전을 나타낸다고 믿으면서 일원 발생설(monogenesis)을 주장했다. 다운은 1860년대 "몽고", "몽골 인종"이라는 용어를 낮은 지적 상태를 진화 발전의 억제된 상태와 연결시키는 명백히 인종화된 단어로 창안했다.[66] 20세기 초까지 의사들은 이 용어를 오늘날 다운 증후군, 묘성 증후군, 페닐케톤뇨증, X염색체 관련 지적장애와 환경적 조건 등으로 광범위하게 진단할 수 있는 것들을 포괄하는 용어로 사용했다.[67]

    다운 증후군 환자와 그 부모들은 부정적인 꼬리표와 분류법에 대해 특히 예민했다. 1950년대 한 어머니는 "'몽고증(Mongoloid)'이라는 단어를 들어 본 적이 있는데, 저는 진짜 그게 괴물이라고 생각했어요. 몽고증이 무엇인지 몰랐습니다. 그리고 저는 '아이를 보게 해 주실래요?'라고 말했고 그들은 제게 아이를 보여 줬습니다…. 그리고 아기는 제가 보기엔 멀쩡했어요"라고 적었다.[68] 지적장애 아동의 정상화 운동을 확산시킨 울프 울펜스베르거(Wolf Wolfensberger)가 1974년 공저한 글에 따르면 지적장애 아동의 부모들은 비정상, 몽고인,

괴물, 난쟁이 등 그들의 자녀에게 붙은 부정적인 꼬리표들에 대해
분노했다. 울펜스베르거의 중요한 발견 중 하나는 비록 부모들이
한두 가지의 부정적인 꼬리표들을 특히 싫어하지만, 다양한 모습의
아이들을 하나의 진단 범주로 축소시키는 담론적 효과를 가진
꼬리표 달기 과정을 혐오했다는 점이다.[69] 1970년대 지적장애를
가진 사람들과 그들의 동료들이 행동주의적 방향으로 나아갔을
때, 이들이 가장 크게 거부했던 것은 하나의 꼬리표로 환원되는
것이었다. 루미스(Nebraskan Paul Loomis)에 의해 만들어진 자기
변호 집단 프로젝트 2(Project Two)의 1978년 결의안이 선언한
것에 따르면, "우리는 우리가 첫 번째고 우리의 장애는 두 번째라고
믿는다. 우리는 사람들이 이를 인지해 우리에게 '장애', '지체'와
같은 꼬리표를 붙이지 않길 바란다".[70] 사실 장애를 전체론적으로
이해하는 대신 개인의 복잡한 성격과 심리, 정체성의 한 면으로
보려는 장애의 사회적 모델의 핵심에는 이러한 환원주의에 대한
거부가 존재한다.[71]

"몽고증"이 21번 삼염색체성에 의해 발병한다는 1959년 제롬
르죈의 발견은 진단의 정확성을 높여 주었고, 수정된 명명법이
나오는 계기가 되었다. 르죈의 발견 이후 채 1년이 안 되어
캘리포니아 대학교 버클리 캠퍼스의 유전학 교수였던 커트 스턴은
"몽고증"이라는 용어를 유전적 용어로부터 퇴출시키고 이 증상에
대해 더 과학적이고 중립적인 용어를 찾는 비공식적 캠페인을
시작했다. 그는 당시 유전학계의 주요 인물이었던 라이오널
펜로즈(Lionel Penrose), 고든 앨런(Gordon Allen), 파울 폴라니(Paul
Polani), 레이먼드 터핀(Raymond Turpin) 등에게 편지를 보내
『랜싯(Lancet)』에 성명을 내도록 유도했다. 그는 "몽고증", "몽고
백치"가 "부적절한 함의"를 담고 있고 "아시아인으로부터 유래한
유전자 구분과도 관계가 없다"고 설명했다. 스턴은 "인종적
조건들을 함축하는 명칭은 폐기되어야 한다"고 주장했다.[72]
교토 대학 해부학 교수였던 니시무라 히데오(西村英雄)는 많은

일본인들이 이 용어가 몽골에 사는 사람들과 아마도 연관 있을 것이라고 생각하며, 이 개념이 몽골 지역에 사는 사람들에게 매우 "무례하다"고 쓰면서 문화적 어감에 대해 비판했다.[73] 나아가 스턴은 "당혹스럽고 불쾌한" 이 용어의 계속된 사용은 존경받는 중국과 일본의 동료 연구자들을 욕보이는 것이라고 주장했다.[74]

    스턴과 동료들은 랭던-다운 이상, 선천적 말단 왜소증, 21번 염색체 증후군, 혹은 21번 삼염색체 이상과 같은 다양한 대체 용어들을 제안했다. 많은 절차의 반복을 통해 스턴은 초기에 서명하길 거부했던 유전학자 르죈을 포함해 저명한 유전학자 20명의 서명을 받아 냈다. 위니펙 아동 병원의 아이린 우치다(Irene Uchida)는 전폭적으로 동의하며 스턴이 『랜싯』에 보낸 "편지의 복사본"이 "불행한 아이들을 위한 대중의 태도를 교육하기 위해 큰 역할을 하는 미국과 캐나다의 여러 지적장애인 관련 단체들이 볼 수 있도록" 추천했다.[75]

    그럼에도 "몽고증"은 1970년대까지 의학 출판물에 지속적으로 등장했고, 대중적 어휘로서 명맥을 이어 갔다. 하지만 스턴의 노력은 다운 증후군이 질병 분류학에서 독자적 분류로 공고하게 되는 근본적인 초석이 되었다. 1979년, 새로운 부모 세대들은 미국 다운 증후군 협회를 설립했다.[76]

변화하는 접근법과 변화하는 태도

다운 증후군과 지적장애에 대한 부정적인 선입견은 명명법의 변화에도 사라지지 않았고 사실상 1980년대까지 유전상담사들 사이에서도 바뀌지 않았다. 대중들을 대상으로 쓰인 초기 유전상담에 관한 책에서 세라로런스 칼리지의 유전상담 석사 학위과정의 오랜 책임자였던 조앤 마크스(Joan Marks)와 의학 저널리스트 데이비드 헨딘(David Hendin)은 장애를 정확하게 질병 예방의 관점 내에 틀 지었고, 암이나 감염병에 대해 사용했던 "전쟁"이라는 선정적인 용어를 유전 장애를 논하는 데 사용했다.

"MONGOLISM"

Sir,—It has long been recognised that the terms "mongolian idiocy", "mongolism", "mongoloid", &c., as applied to a specific type of mental deficiency, have misleading connotations. The occurrence of this anomaly among Europeans and their descendants is not related to the segregation of genes derived from Asians; its appearance among members of Asian populations suggests such ambiguous designations as "mongol Mongoloid"; and the increasing participation of Chinese and Japanese investigators in the study of the condition imposes on them the use of an embarrassing term. We urge, therefore, that the expressions which imply a racial aspect of the condition be no longer used.

Some of the undersigned are inclined to replace the term "mongolism" by such designations as "Langdon-Down anomaly", or "Down's syndrome or anomaly" or "congenital acromicria". Several others believe that this is an appropriate time to introduce the term "trisomy 21 anomaly" which would include cases of simple trisomy as well as translocations. It is hoped that agreement on a specific phrase will soon crystallise if once the term "mongolism" has been abandoned.

GORDON ALLEN
Bethesda, Maryland.
C. E. BENDA
Waverly, Massachusetts.
J. A. BÖÖK
Uppsala, Sweden.
C. O. CARTER
London, England.
C. E. FORD
Harwell, England.
E. H. Y. CHU
Oak Ridge, Tennessee.
E. HANHART
Ancona, Switzerland.
GEORGE JERVIS
Letchworth Village, New York.
W. LANGDON-DOWN
Normansfield, England.
J. LEJEUNE
Paris, France.

HIDEO NISHIMURA
Kyoto, Japan.
J. OSTER
Randers, Denmark.
L. S. PENROSE
London, England.
P. E. POLANI
London, England.
EDITH L. POTTER
Chicago, Illinois.
CURT STERN
Berkeley, California.
R. TURPIN
Paris, France.
J. WARKANY
Cincinnati, Ohio.
HERMAN YANNET
Southberry, Connecticut.

1961년 『랜싯』에 게재된 레터는 "몽고증"이라는 진단 용어를 덜 모욕적이고 과학적인 용어로 대체할 것을 권고했다. 이와 같은 문제제기는 캘리포니아 대학교 버클리 캠퍼스의 커트 스턴이 주도했고, "다운 증후군"이라는 용어의 최종적인 명료화와 수용을 위한 기반을 마련했다. 출처: 엘제비어(Elsevier)의 허가를 받아 다음에서 재인쇄. *The Lancet* 277, Gordon Allen et al., "Mongolism", 775, 1961.

부모들은 "유전병으로부터 스스로를 보호"해야 했고, 가족들은 그러한 조건에 의해 "희생되었"으며, 자녀들은 아무것도 모른 채 그저 고통스러워할 뿐이었다. 산모가 양수 천자 검사를 통해 21번 삼염색체성을 가진 태아를 임신했다는 사실을 알게 된 사례에서, 산모와 남편은 유전상담사와의 숙고 끝에 궁극적으로 자신들이 다운 증후군 아이를 키울 감정적, 물질적, 재정적 고갈을 참을 수 없다고 결론 내렸다. 마크스와 헨딘에 따르면, 이 부부가 겪은 "예방적 유전상담의 형태"는 "이상적"이었다.[77]

    1978년 책이 출간된 이후, 한 지적장애 아동의 어머니는 마크스에게 다운 증후군에 관한 부분에 대해 항의하는 글을 썼다. "최대한 완곡하게 표현해서 비판하자면, 저는 당신 책의 어떤 부분에서도 지적장애 아동을 가정에서 키우는 것에 대한 긍정적인 언급을 찾을 수 없습니다…. 다운 증후군과 테이-삭스병을 이 맥락에서 연결시키는 건 매우 안타깝네요. 테이-삭스병은 대부분 사망에 이르기 때문에 훨씬 더 침울한 감정을 주니까요. 다운 증후군을 가진 아이는 가족에게 기쁨을 줍니다." 이 여성은 마크스에게 "유전상담사, 사회복지사, 소아과 의사 및 기타 전문가들 사이에서 가정 양육을 장려하거나 조기 개입 및 영아 자극 프로그램의 유망한 결과에 대해 논의하는 사람은 거의 없다"는 점을 알게 되었다면서, 책을 개정할 때 "다른 측면의 이야기"를 해 달라고 요청했다.[78] 마크스는 주의 깊게 준비한 답장에서 다운 증후군과 테이-삭스병을 비슷한 것으로 다룬 것에 대한 그 어머니의 비판이 타당하다고 적었고, 자신이 이 부분에 대한 수정을 고민해 보겠다고 했다. 그러면서도 마크스는 "부모들에게 합당한 결정을 하는 데 도움을 줄 수 있는 정보를 제공"하기 위해 분투하려는 유전상담사들의 심리 사회적 책임에 대해 반복해 말했다.[79]

    1980년대 무렵에 유전상담사들은 21번 삼염색체를 보유한 사람들이 사회에 잘 적응하고 있다고 목소리를 내는 등, 자신들의 이야기를 말하기 위해 노력하는 성인과 아동 다운 증후군 환자들을 비롯한 지적장애인들의 행동주의에 부응하기 위해 자신들의 관점을 바꾸고 있었다.80 『유전상담 연구(Journal of Genetic Counseling)』에 실린 한 개설적인 논문에서 노스캐롤라이나 샬럿의 유전상담사 캠벨 브레이징턴(Campbell Brasington)은 상담에 대한 자신의 관점이 급격하게 바뀐 일에 대해 언급했다. 1980년대 그가 유전상담 경력을 시작했을 무렵, 다운 증후군과 지적장애를 가진 아이들에 대한 표상은 매우 부정적이었다. 다운 증후군 아이에 대한 사진들은 예쁘지 않은 "비정상"적인 아이를 나타냈을뿐더러 유전상담사들은 이런 아이들이 감정적, 재정적, 심리적으로 더 부담을 주어 가족 내 다른 아이들과 부모들을 힘들게 할 것이라는 메시지를 전달하려는 의도가 다분했다. 브레이징턴도 자신의 초기 의도를 다음과 같이 묘사했다. "저는 장애에 대한 의학적 모델을 가져왔습니다. '시스템'에 의한 적절한 서비스와 충분한 치료를 통해 우리는 아이들을 '치료'할 수 있고 이들을 더 '정상적'으로 만드는 데 도움을 줄 수 있다고 보았습니다". 게다가 그는 "다운 증후군 발현이 절망적이고 가장 비극적인 사건"이라고 생각했다.81 그러나 브레이징턴은 다운 증후군 아동의 가족들과 소통하는 과정에서 자신이 선입견을 갖고 있다는 것을 깨달았고 결국 자신의 방법론을 재고하게 되었다. 그는 장애에 대해 긍정적인 문헌들을 탐독한 끝에 다운 증후군을 가진 아이를 임신한 진단 결과에 대해 소통하는 방식을 근본적으로 바꾸었다. 그는 이를 "나쁜 소식"을 전달하는 것에서 현실적이면서도 긍정적인 태도로 "예기치 못한 소식"을 전달하는 방식으로 전환했다. 오늘날 브레이징턴은 "다운 증후군 아이를 가진 가족들을 다른 가족들과 동일하게" 상담한다. "다운 증후군이 있는 아이들은 종종 학교의 통합 학급에 다니고 일반적인 발달 과정을 거치는 다른 또래들과 같은 공동체에서 다양한 활동들에 참여한다. 이들은 다른 아이들과 차이점보다는 공통점이 더 많다".82

1990년대에 이르면 올리버의 격언같이 지적장애에 대해 부정적으로 묘사하는 유전상담사는 더 이상 찾아볼 수 없게 되었다. 1장에서 다뤘듯이 1992년 주디스 치피스는 브렌다이스 대학교에 장애에 대한 생의학적 모델에 대한 비판을 명시적으로 반영한 유전상담과정을 설립했다.[83] 윌리엄 제임스 칼리지(구 메사추세츠 전문심리학 학교)를 졸업한 심리학자 아네트 케네디(Annette Kennedy)는 브렌다이스 대학교의 심리사회에 관한 교육과정 설계에 중추적인 역할을 맡았다. 1993년부터 2000년까지 그가 지도했던 '상담 이론과 기술' 과정은 장애인에 대한, 장애인을 위한 저술 활동을 강조했다. 케네디는 학생들이 성인 장애인과 의미 있는 방식으로 상호 작용할 수 있게 해 주었고, 특히 임신 중절보다는 임신을 지속하는 것에 관해서 "다르게 생각하고 가능한 한 그들의 감각을 넓힐 수 있는" 경험을 강조했다.[84] 치피스도 초청 강연이나 강독 활동을 비롯해 장애학 비평을 교육과정에 포함시키기 위해서 다양한 방법을 마련했다. 학교와 클리닉에서 현장 실습을 하면서 장애를 가진 성인과 아동들을 돕는 활동은 브렌다이스 학생들이 "직접 맞닿는" 경험이 되었으며, 이로 인해 학생들은 여러 지원 활동과 프로그램들에 친숙해졌다. 마침내 치피스와 바버라 레너는 가족 친구 프로그램(Family Pal Program) 개념을 만들고 시행했다. 이 사업은 학생들을 장애를 가진 성원이 있는 가족과 짝을 지어 학습시켜 장차 이들이 세심히, 균형감 있게 두루 식견을 갖추어 가족 상담을 진행할 수 있도록 도왔다.[85]

유전상담은 지역에 자리 잡은 석사 학위 소지 상담사들 스스로의 경험과 지향 덕분에 장애에 친화적인 활동이 되었다. 일례로, 웬디 울만(Wendy Uhlmann)은 거의 50여 년간 다발성 경화증을 앓으며 휠체어 생활을 했던 선친과의 경험 때문에 이 분야에 관심을 가졌다. 그는 "제 아버지는 장애로 당신께서 살아 온 삶을 정의하기보다는, 장애를 가지고 최선을 다해 사는 삶에 대해 중요한 교훈을 주셨습니다"라고 설명한다.[86] 그는 부친 스스로가 적극적으로 최적의 치료 선택지를 찾고, 자신을 치료하지 않던 의사를 감동시켜 자신의 동반자로 만드는 등 스스로의 건강권을 찾으려는 노력의 과정을 지켜봤다. 1970년대에서 1980년대 초 동안 그의 부친은 장애인 주차 공간 확보, 휠체어 접근성 향상, 장애인 통행을 위한 연석 깎기 등을 지지하는 글을 『워싱턴 포스트(Washington Post)』에 기고하고 편지를 썼다.

울만은 그의 부친과 가족이 부친의 다발성 경화증 때문에 직면할 사회적 고립과 여러 난관들이나 병의 진단들을 두고 유사한 어려움을 겪는 다른 가족들과 소통할 수 있는 열린 논의의 장이 부족하다는 점을 누구보다 잘 알고 있었다. 그는 오벌린 칼리지에 들어가 대학 공부를 시작할 시기가 되어서야 다발성 경화증을 가진 부모를 둔 다른 학생들을 처음 만나게 되었다. 울만은 가능한 미래 진로로 유전상담에 대해 알게 된 이래로 이 분야에 매력을 느끼게 되었다. 유전상담을 통해 환자들이 능동적인 참가자로 힘을 얻을 수 있게 해 주고 정보를 제공해 이들이 자신의 건강 관리에 대해 잘 결정할 수 있게 도울 수 있었기 때문이었다. 더불어 그는 유전상담사들이 어떻게 환자들을 조력 집단이나 다른 중요한 자원들과 연결시켜 주는지도 목도했다. 현재 울만은 미시간 대학교 의학유전학 클리닉의 코디네이터이자 유전상담사로서 이러한 서비스를 제공하기 위해 노력하고 있다.[87]

워싱턴 대학교의 의학유전학 클리닉의 로빈 베넷(Robin Bennett)은 가족의 친한 친구네 아들을 보면서 느낀 강렬한 인상을 계기로 유전상담에 관심을 가졌다. 워싱턴 주 머서 아일랜드에서 자란 베넷은 심한 지적장애를 가지고 있던 이 아이와 알고 지냈다. 당시 그는 외할머니에게 집안 내력에 대해 들으면서 1800년대에 다운 증후군 증세를 보여 상당한 정도의 의료 돌봄과 감시를 받았던 한 선조에 대해 알게 되었다. 이 두 가지 경험으로 인해 베넷은 "어려서부터 선천적 장애를 가진 사람들을 돕고 싶었다".[88]

워싱턴 대학교에서 학사를 마친 뒤, 베넷은 1984년 세라로렌스 칼리지에서 유전상담으로 석사 학위를 받았다. 베넷은 1950년대 아르노 모툴스키가 세운 워싱턴 대학교 유전 클리닉에서 온 취업 제안에 기뻐했다. 그는 이 기관에서 최초로 석사급 유전상담사를 채용했던 사례였다.

대다수의 유전상담사들은 매우 짧은 기간이더라도 산전 진단 분야에서 일하는 게 일반적이었지만, 베넷은 경력 전체를 통틀어서 성인과 청소년의 유전 문제에 관한 분야에만 종사했다. 이런 경력을 바탕으로 베넷은 결국 자신이 어릴 적부터 알고 지내던 소년의 모친에게 위안을 줄 수 있었다. 시애틀로 돌아온 베넷은 동료 유전학자를 데려가 (이제는 성인이 되어 남매의 도움을 받던) 소년이 안젤만 증후군으로 진단받을 수 있게 했다. 이런 정확한 규명을 통해 그는 소년의 모친에게 그의 상황이 임신 중 잘못된 행동 때문이 아님을 이해시키고자 했다.[89] 베넷은 가족이나 친구들과의 이와 같은 역동적 상호 작용이 "사람들의 마음속에 무엇이 있는지 듣고, 무엇을 그들이 들을 필요가 있는지 되돌아보게" 할 수 있다고 믿는다.[90]

위스콘신 대학교 매디슨 캠퍼스의 유전상담과정을 설립한 조앤 번스(Joan Burns)는 셋째 자녀가 심한 발달장애를 가지고 있었기 때문에 본인이 가진 생명과학 분야의 역량을 활용해 유전상담 분야를 더 크게 확장시키고 싶어 했다.[91] 동물학과 유전학으로 석사 학위를 받은 뒤, 과학적, 개인적인 관점에서 장애에 관심을 가졌던 번스는 1970년대 사회복지 관련 석사 학위를 하나 더 받았다. 그는 자신이 "지적장애"에 대해 더 공부하길 원했고, "가족들이 어떻게 반복되는 위협을 알아차리는지 궁금해하기 시작했어요. 저는 (당시 명칭으로) 지적장애 연합에 속해 있었고, 장애 아동과 함께 살아가기 위해 필요한 많은 면에서 가족들에게 도움을 주는 전문 사회복지사들과 만났습니다"라고 설명했다.[92] 이렇게 관심을 보이는 번스의 주도로 매디슨의 학위과정은 1976년에 첫 번째 학생을 받을 수 있었다.

    미시간 대학교 연구 프로젝트에 참여하는 유전상담사 케이티 다운스(Katy Downs)는 유전상담을 공부한 계기를 장애인 공동체에서 찾는다. 1970년대에 다운스는 샌프란시스코 대도시권의 청각 장애 공동체에서 매우 활발히 활동했던 수어 통역사였다. 청각 장애에 대한 세심한 유전상담의 필요성을 느끼고 다운스는 캘리포니아 대학교 버클리 캠퍼스 유전상담과정에 입학했다. 시모어 케슬러(Seymour Kessler)가 이끌었던 이 과정은 공동체 내의 새로운 계획의 일부이자 통합 의료의 일환이었다. 다운스는 이런 목표에 부합함과 더불어 장애인들과 그들의 자립 생활 운동에서 이스트 베이(East Bay)의 중심성을 고려하면서 입학한 첫해에 의학 클리닉에서 근무하는 동시에 지적장애 시민 연합에서 인턴 활동을 했다. 이후 그는 재학 중에 자립 생활 센터(Center for Independent Living)에서 일했고, 캘리포니아를 떠난 뒤에는 갤러뎃 대학교에서 교육을 겸하는 유전상담사로 일했다. 장애인 공동체에서 출발해 유전상담 분야에 이르는 동안 다운스는 "의학-병리학적 모델"을 거부했고 청각 이상을 장애로 보지 않았다.[93] 다운스는 "청각 장애 공동체와 유전학 사이의 문화 갈등"을 잘 인지하고 있어 유전상담이 문화적인 고려사항들을 포섭해서 인종, 종족, 계급, 성적 지향, 언어, 그리고 장애와 관련된 다양성에 더 민감해지도록 만들기 위해 일해 왔다.[94]

    지난 수십 년 동안 1960년대 쿡이 구상한 대로 장애인들에 대한 더 넓은 사회적인 수용이 이루어져 왔다. 1970년대부터 시작된 의료나 교육을 비롯한 다른 서비스들에 대한 권한을 부여하고, 장애인의 대중교통 접근을 보장하는 여러 차별금지법의 통과는 1990년 미국의 장애인법 제정으로 절정에 이르렀다. 이러한 법적인 행보는 풀뿌리 수준에서 장애인 권리와 학계의 장애학 연구가 점차 가시화되면서 이루어진 것이다.

합의를 찾아서

1940년대에 처음 등장했을 당시 유전상담은 예방이라는 준칙 주위에 자리 잡았다. 예를 들어 리드는 경력 내내 자신들의 향후 재생산에 대해 합리적인 결정을 내리는 내담자들이 지적장애 아동을 출산하지 않기 위해 위험을 합리적으로 평가할 것으로 믿었다. 1970년대 산전 진단의 등장과 함께 다운 증후군 양성 판정을 받거나 다른 유전적, 염색체 이상을 가진 태아가 치료로서 낙태의 대상이 되었다. 장애인 권리 운동이 지지를 얻게 되는 한편 새로운 생식 검사나 유전자 검사 기술도 확산되며 더 많은 산모와 부모들이 가정과 사회의 감정적, 심리적, 경제적인 이유로 지적장애를 예방하기 위해 임신 중절하는 일이 가능해졌다.[95]

지난 수십 년 동안 예방이라는 논리는 일부 유전상담사들이 장애에 대한 사회적 모델을 더디게 수용하는 것을 개탄하는 장애학자와 활동가들로부터 가장 강력한 비판을 받았다. 에릭 파렌스(Erik Parens)와 애드리엔 애쉬(Adrienne Asch)는 유전자 검사가 다층적인 인간 존재를 하나의 질병이나 유전자 마커로 환원시킨다고 주장한다.[96] 오늘날 산전 검사나 여러 테스트 프로그램에서 우생학적 이유가 명시적인 이유로 제시되지는 않더라도, 비용-편익과 예방적 차원이라는 주장은 계속해서 공통된 논거로 사용된다.[97] 톰 셰익스피어(Tom Shakespeare)와 같은 몇몇 장애학자들은 일부 사람들이 충분히 합리적이라 생각할 정도로 치명적인 유전적 문제가 있는 태아에 대한 낙태마저도 부인할 수 있는 장애의 사회 모델과 생리적 혹은 생물학적 측면의 의학 모델 사이에 적절한 균형을 찾고자 한다. 셰익스피어는 개인의 신체적, 정신적 능력을 제한하는 손상(impairment)과 더 넓은 사회적, 경제적, 법적 구조와 경험 속에서 이해해야 하는 장애(disability)를 구별할 것을 제안한다. 셰익스피어는 이렇게 하는 것이 장애가 있는 사람과 없는 사람 모두가 유전적 이상이나 염색체 이상을 발견한 뒤 임신 지속 여부라는 어려운 문제에 대해 더 섬세하게 결정할 수 있게 돕는다고 주장한다.[98] 셰익스피어는 유전상담사들에게 "초음파 검사나 융모막 융모 샘플링, 양수 검사 등을 통해 파악할 수 있는 다운 증후군, 척추뼈 갈림증을 비롯한 여러 질환에 대한 정확하고 균형 잡힌 정보"를 생산해야 한다고 상기시킨다.[99]

    콜로라도 대학교 덴버 캠퍼스의 린다 맥케이브(Linda McCabe)와 에드워드 맥케이브(Edward McCabe)를 비롯한 일부 유전학자들은 여성들이 산전 진단을 받도록, 21번 삼염색체성을 진단받은 경우에 다운 증후군에 관한 강압과 차별적인 양상을 인식해 임신 중절을 택하도록 내모는 미묘하고도 명백한 압력에 대해 비판해 왔다. 린다와 에드워드는 "의학유전학자로서 우리는 사회적 인식의 영향 가운데 다운 증후군 보유자의 생명을 평가절하한 적은 없는지 스스로에게 물어봐야 합니다. 만약 우리가 가족들의 선택을 지지하고 그들의 자녀들을 위한 최적의 돌봄을 제공하길 원하면, 우리는 차별과 강압이라는 위험을 반드시 인지해야 합니다"라고 적었다.[100] 특히 중요한 두 개의 연구는 다운 증후군을 보유했거나, 다운 증후군을 태아 단계에서 진단받았지만 그 아이를 계속 키우려고 하는 부모, 그중에서도 특히 산모는 산전과 산후에 이들이 받은 여러 정보, 돌봄, 지원에 만족하지 않았음을 보여 준다.[101] 사전 동의의 한계를 연구해 온 법학자들은 여성들이 산전 진단을 받도록 압박을 느낄 뿐만 아니라 의사 결정자인 이들에게 해가 되는 불충분하거나 편향된 정보를 전달받는다고 우려한다.[102]

    지난 40년간 유전 이상이나 염색체 이상을 가진 태아의 낙태율을 계산한 대규모 장기 연구는 양수 검사를 실시해 양성 진단을 받은 여성의 절대 다수가 임신 중절을 선택했다고 설명한다.[103] 임신 초중기 양수 천자나 융모막 샘플링을 통해 염색체 다운 증후군 보유 태아에 대한 낙태율은 평균 81%에서 96% 정도로 가장 높았다. 터너 증후군이나 클라인펠터 증후군 같이 부모가 사회적, 경제적으로 더 감당할 수 있는 것으로 보이는 성 염색체 이상을 가진 태아에 대한 낙태율은 40%에서 60%로 상당히 낮았다. 또한 여러 연구에서 아프리카계 미국인과 라틴계 산모가 삼염색체를 보유한 태아를 임신한 경우 백인 여성보다 더 낮은 낙태율을 보였다. 이는 계급과 교육 수준이 의사 결정 과정에서 중요한 역할을 한다는 점을 시사한다.[104] 예를 들어, 캘리포니아 대학교 샌프란시스코 캠퍼스에서 1983년부터 2003년까지의 사례로 실시한 이수성(염색체가 하나 이상 더 있거나 없는 경우) 태아를 임신한 환자 833명에 대한 분석에서 아프리카계 미국인은 76%가, 라틴계는 69%가 중절을 택했던 반면, 백인 여성들은 84%가 중절을 선택했다.[105] 애틀랜타 대도시권과 남동부 거대 표본 집단을 대상으로 이루어진 다른 연구에서는 아프리카계 미국인 여성의 낙태율이 상당히 낮았다.[106]

이런 수치들을 고려하면, 장애인과 이들의 부모가 산전 유전자 검사와 심지어는 장애에 우호적인 태도를 가진 유전상담사에게도 경계심을 보이는 게 이상한 일이 아니다. 2007년 미국 산부인과 대학 협회(American College of Obstetricians and Gynecologists, ACOG)는 (35세 이상의 여성만이 아닌) **모든** 여성에게 이상적으로는 서너 차례 산전 유전자 검사(모계 혈청 알파 태아 단백질 검사, 인간 융모성 고나도트로핀 검사, 비결합 에스트로겐 검사)와 목덜미 반투명 검사를 권장한다는 가이드라인을 수정했다.[107] 전미 다운 증후군 협회(National Down Syndrome Society)와 전미 다운 증후군 회의(National Down Syndrome Congress)로 대표되는 다운 증후군 공동체는 이런 수정된 권고안을 매우 우려했는데, 이를 본인들의 존재 자체에 대한 공격이자 연령이나 기타 기준에 관계없이 모든 임산부의 다운 증후군 임신 중절을 장려하는 시도로 인식했다.

다운 증후군 아동의 부모들도 이 수정 권고안에 분개했다. 2007년 『워싱턴 포스트』 사설란에서 한 어머니는 "이런 권고안들이 다운 증후군을 가진 태아의 선별을 가속화시키는 효과를 낳을 것"이라고 우려하면서 "보편적인 산전 진단에 대한 요구가 장래 부모들에게 단순히 검사에 대해서만이 아니라 장애를 가지고 가능한 한 풍요롭고 보람 있는 삶에 대한 포괄적인 정보를 제공하라는 요구와 함께 이루어지기를 간절히 바란다"고 밝혔다.[108] 또 다른 반대의 목소리로『뉴스위크(Newsweek)』의 저명한 보수 성향의 칼럼리스트 조지 윌(George Will)은 ACOG가 이런 새로운 권고안으로 미국에서 수도 워싱턴 D.C.에서 가장 좋아하는 하키 팀인 워싱턴 캐피털스에서 아르바이트를 해 가며 독립적으로 생활 중인 자신의 "마음씨 고운" 30대 아들 존을 비롯해 거의 모든 부류의 시민들을 없애려 한다고 비난했다.[109]

이런 비판에 대해 ACOG는 임신 초기에 시행할 수 있는 고감도의 비침습적인 산전 진단 기술을 보편적으로 이용 가능하도록 보장하고자 하는 것일 뿐이라고 밝혔다. 가령 목덜미 반투명 검사와 같은 진단은 이상적으로 건강이 위험한 산모들이 양수 천자나 CVS 같은 더 침습적인 검사를 할지 말지 결정하는 데 도움을 줄 수 있었다. 앞선 오해들을 해소하고 산전 진단 결과를 균형 있게 피검자에 공감하는 방식으로 전달하는 데 유전상담사의 중요한 역할을 입증하기 위한 노력의 일환으로, 사우스캐롤라이나 대학교 유전상담과정 책임자인 제니스 에드워즈(Janice Edwards)는 주요 관계자들과 협력하여 이 문제에 대해 이틀간의 대화를 조직했다. 궁극적으로 이 화해는 산부인과 의사와 전문의, 그리고 유전상담사들이 "다운 증후군 인구를 줄이는"데 이해관계가 없다는 입장을 명확히 하는 합의 성명서 초안을 작성하면서 절정에 달했다.[110] 이 대화를 조직하고 의사와 유전상담사, 다운 증후군 공동체 사이에서 산전 진단에 대한 공통의 이해를 이끌어 낸 에드워즈의 리더십은 유전상담과 장애인 인권 사이의 공통된 기반을 구축하는 데 중요한 한 걸음이 되었다.

더 최근인 2011년에 NSGC는 "유전상담 전문직의 목적은 내담자들의 고유한 신체적, 정신적, 문화적, 교육적, 심리 사회적 수요에 맞게 모든 가족과 개인들을 지지하는 것에 있으며, 그 누구도 장애가 있다는 이유로 차별받아서는 안 된다"고 주장하는 장애에 관한 새로운 입장을 냈다.[111] 점점 더 많은 유전상담사들이 "장애를 가진 사람들의 권리와 기회를 대변하거나 옹호하는 동시에, 다른 한편으로 부모들에게 장애아를 낳지 않기 위한 재생산 기회를 제공해야 하는" 모순을 해결하는 방법을 찾는 데 참여하고 있다.[112]

둘 사이의 적절한 균형 찾기는 유전상담사들이 산전 진단에 대해 스스로 가지고 있는 잠재적인 편향을 고찰하고 "부정적인 측면"에 초점을 맞춘 "다운 증후군에 대한 편협한 서술"을 제시하려는 지속적인 경향을 재고하기를 요구할 것이다.[113] 유전상담 분야에서 다운 증후군에 관한 접근 방식을 포괄적으로 변화시키려는 유전상담사들은 분야 내부에 대한 지속적인 평가와 근본 가치에 대한 면밀한 고찰과 함께 유전상담 실무, 학생 교육, 전문가 조직 수준 전반에서 상담사와 장애인 공동체 사이의 더 활발한 상호작용이 뿌리내려야 한다고 본다.[114]

5장 여성: 유전상담을 탈바꿈하다

1970년, 뉴욕 타임스는 멜리사 리히터(Melissa Richter)를 만나 그가 작년에 뉴욕 브롱스빌에 있는 세라로렌스 칼리지에서 시작한 혁신적인 학위과정에 대해 인터뷰했다. 리히터는 과학 문해력을 향상시키고 복학생을 위한 직업적 기회를 넓히는 데 헌신적이었던 실험심리학자로서, 세계 최초의 유전상담 학위과정을 설립한 선각자였다. 리히터는 유전학과 생식의학의 발전이 가속화되고 있음을 예리하게 인식하고, 실용적인 응용 분야에 관한 고급 학위를 취득하려는 똑똑하고 매력적인 여성들에게 어필할 수 있는 새로운 보건 전문 직종의 가능성을 예견했다. 처음에 리히터는 쥐의 생물학과 행동학을 연구했다. 하지만 그는 인류유전학에서의 발전이 질병에 대한 지식과 임상 서비스의 제공, 특히 생식 건강의 영역에서 변화를 일으키고 있음을 깨달았다. 그는 뉴욕 타임스와의 인터뷰에서 다음과 같이 말했다. "유전에 관한 문제가 일어나면 그것은 바로 사람들의 가장 심원한 것, 즉 "내가 누구이고 세상에 무엇을 남길 것인가"라는 질문과 맞닿게 됩니다. 그런 문제를 다루기 위해서는 수많은 정보가 필요합니다".[1]

리히터가 세라로렌스 칼리지에서 전례 없는 교육적 실험을 시작한 지 40년이 지난 지금, 유전상담은 3,000명 이상의 공인 전문가를 갖춘 역동적인 분야로 자리 잡았다. 유전상담에 관해서는 미국 유전상담 위원회(ABGC)라는 공인 자격 발급 기관과 전문가 협회인 전미 유전상담사 협회(NSGC)가 있어 유전상담사는 전문적인 직업군으로서의 구색을 갖췄다.[2] 유전상담사는 의료 시스템 전반에 걸쳐 고용되어 있으며, 많은 의료 서비스 제공자들은 개별 환자와 가족들에게 민감한 유전 정보를 전달할 때 유전상담사의 지침에 의존한다. 오늘날의 관점에서 볼 때, 이는 일련의 기술과 책무를 지닌 새로운 의료 전문가 단체의 전형적인 발전 서사처럼 보인다.

그러나 현대 유전상담사의 탄생은 예측할 수도 없었고 순탄하지도 않았다. 대신에 이는 교육계에서의 실험, 대담한 기대와 미국 의료계와 사회에서 일어난 극적인 변화와 함께 펼쳐진 우연한 타이밍의 결과로 만들어진 이야기이다. 현대 유전상담사는 제2물결 페미니즘, 낙태의 비범죄화, 의학유전학에서의 발견들, 산전 진단과 유전자 검사의 성장, 그리고 의사와 환자 간의 관계에 대한 태도의 변화를 포함하는, 특별한 융합의 시기에 탄생했다. 이 이야기의 주요 등장인물은 주로 백인 중산층 여성들로, 이들은 유전상담과정과 협회의 설립에 중요한 역할을 하였으며 이들은 유전상담사라는 직군을 빠르게 장악했다. 분명 남성들도 유전상담에서 석사 학위과정의 개발에 참여했으며, 아마도 그중 가장 눈에 띄는 것은 이들이 훈련된 상담사를 필요로 하는 소아와 태아, 성인 유전학 클리닉을 확장했다는 것이다. 그러나 남성들은 유전상담과정을 이수하는 학생들 중 5~10%라는, 아주 적은 비율만을 차지해 왔다. 일부 남성 유전상담사들은 내담자와의 일상적인 업무나 NSGC의 지도부에서 역할을 수행하며 이 직업군에 상당한 영향을 미쳤다. 실제로 남성들은 이 직업군에서 소수였기 때문에, 남성 유전상담사들은 그들 자신의 권리를 지키는 데 있어서 선구자적인 역할을 했다. 그럼에도 불구하고, 페미니스트 역사학자 로빈 모건(Robin Morgan)이 1970년에 쓴 고전적 선집인 『자매는 힘이 있다(Sisterhood is Powerful)』에서 만든 대체 단어를 이 대목에서 사용하자면, 유전상담사 역사(history)의 주요 주인공들은 여성이었고 지금까지도 여성의 역사(herstory)라고 할 수 있다.[3]

"세라로런스의 특별한 아이": 1960년대의 산물

1960년대 후반은 미국은 물론 전 세계적으로 격동의 시기였다고 할 수 있다.[4] 1968년에는 마틴 루터 킹 주니어(Martin Luther King

Jr.)와 로버트 F. 케네디(Robert F. Kennedy)가 암살당했으며*
시카고에서 열린 민주당 전당 대회에서 반전 시위자들과 경찰들
사이에 대치 상황이 있었고, 베트남 전쟁에 대한 반전 분위기가
고조되기도 했다. 1969년에는 반문화적인 우드스톡 페스티벌,
아메리카 원주민의 알카트라즈 교도소 점거가 있었고, 뉴욕
주에서는 동성애 해방을 위한 스톤월 항쟁(Stonewall rebellion)
등이 있었다. 뉴욕 주 브롱스빌(웨스트체스터 카운티)의 교외에
격리되어 있었음에도 불구하고, 세라로런스 칼리지는 1960년대에
미국을, 특히 대학 캠퍼스를 흔들어 놓은 격동에 영향을 받았다.
1969년 3월, 세라로런스 칼리지 학생들은 등록금 인상에 항의하고
남성 입학자 수의 증가(겨우 1년 전에 남녀공학으로 전환되었기
때문에), 학생 단체와 교수진에서 인종적·사회경제적 다양성을
확보할 것, 지역 봉사 프로그램에 더 많이 참여할 것을 요구하기
위해 10일 연속으로 본관을 점거했다.[5]

    멜리사 리히터가 세라로런스 칼리지에서 유전상담과정의
토대를 마련한 때가 바로 이 파란만장한 시기였다. 한 해 전
리히터는 그가 "세라로런스의 특별한 아이"라고 부른, 기본 보건
교육과 심리학 훈련 및 상담을 포함한 더 큰 시도를 구상하기
시작했다.[6] 비록 리히터는 셀던 리드를 직접 만난 적은 없었지만,
리드에게 보내는 편지에서 자신이 리드의 『의학유전학에서의
상담』을 읽은 이후에 진화와 유전학 교육과정을 사회의학 안에서의
유전학에 관한 것으로 점점 바꾸어 나갔으며, 궁극적으로는
유전상담사를 양성하기 위한 석사 학위과정에 대한 구상을
발전시키기 시작했다고 썼다.[7] 당시 리히터는 대학원 학장이었고
세라로런스의 교육지속센터(Center for Continuing Education)를
총괄할 준비를 하고 있었다. 1962년에 설립된 이 센터는 결혼이나
양육, 일로 인해 대학 교육을 포기한 여성들이 그들의 학사 학위를

---

* 존 F. 케네디 전 대통령의 동생으로 당시 민주당의 유력 대선 후보였다.

이수하거나 전문 학위를 취득하기 위해 복귀하도록 장려하는 것을 목표로 했다.[8] 센터의 설립자이자 1965년부터 1969년까지 세라로런스 칼리지의 총장이었던 에스더 라우센부시(Esther Raushenbush)는 이를 "여성 교육에 있어서 혁명적인 발걸음"이라고 묘사했고, 여성과 소수 인종에게 "기회에서의 평등"을 가져올 수 있는 노력이 모인 결과 중 하나로 보았다.[9]

리히터는 이 센터가 유전상담과정을 실현할 수 있는 이상적인 공간이라고 보았고, 그 학위과정이 이 센터의 핵심 지지층인, 둘 내지는 네 명의 아이를 둔 30대 기혼모의 관심을 끌 것이라고 믿었다. '여성과 남성은 실질적으로 다르며 그러한 차이는 가치 있기 때문에 여성은 평등과 시민권을 누릴 자격이 있다'고 보는 차이 페미니즘(difference feminism)의 지지자였던 리히터는 유전상담이 여성에게 특히 적합하다고 생각했는데, 이는 "일반적으로 여성들이 건강과 생명을 지키는 데 더 관심이 있기 때문"이었다.[10] 본인도 아이 없이 이혼한 경험이 있던 리히터는, 직업적으로나 개인적으로 전환기에 놓인 원숙한 여성들을 위한 새로운 진로를 개발할 준비가 잘 되어 있었다.

리히터는 브롱스빌의 외딴 곳에서 페미니즘과 시민권 운동이 열어 준 공간을 활용하여 더 많은 여성 노동력을 끌어들일 수 있었는데, 이는 특히 "중산층의, 적어도 일부는 대학 교육을 받은 새로운 집단"의 여성들로 이루어졌다.[11] 리히터가 주도권을 잡을 시기가 분명히 무르익었던 것이다. 유전상담사라는 직업이 건강, 심리, 사회 사업에 관심이 있는 여성들의 흥미를 끌었을 뿐만 아니라, 신진대사나 산전 진단 기술을 위한 유전자 검사 항목이 확대되면서 산부인과, 소아과 및 하위 전문 분야에서의 진료를 바꿔 놓고 있었다. 리히터는 유전상담이 환자들에게 미칠 영향은 물론 이런 기술적 발전 또한 잘 인식하고 있었기 때문에 유전자 상담 학위과정을 설계하게 된 것이다. 게다가 이제 유전 정보는 임신을 합법적으로 중단할지를 결정하는 데 활용될 수 있었다.

미국 대법원의 로 대 웨이드(Roe v. Wade) 판결이 내려지기 3년 전인 1970년, 뉴욕 주는 낙태를 비범죄화하여 임신한 지 24주 이내라면 여성들이 정보에 입각한 동의에 따라 낙태를 할 수 있도록 허용했다.[12] 따라서 세라로런스 칼리지 유전상담과정의 첫 학생들은 환자들에게 낙태가 실현 가능해진 시기, 그리고 페미니스트의 건강과 재생산 권리 운동이 많은 여성들에게 산아 제한에 대한 수용성과 접근성을 고조시킨 시기에 임상 훈련을 시작하게 되었다.[13]

학위과정이 공식적으로 발표되기도 전에, 몇몇 열성적인 여성들은 세라로런스 칼리지에 연락해 지원 문의를 남겼다. 마치 오브 다임스(March of Dimes, 미국의 소아마비 연구 모금 운동)가 후원하는 유전상담 관련 회의와 영아 사망률에 관한 뉴욕 주 특별 위원회의 의학회에서 홍보를 하면서 뉴욕 시와 웨스트체스터 주 주변에서 입소문이 나 뉴욕 타임스 선데이 매거진에서 언급되면서, 1969년 봄 동안에 리히터의 계획에 대해 긍정적인 여론이 형성되었다.[14] 그해 가을까지 12명의 여성이 우편과 전화로 리히터에게 연락하여 입학에 대해 문의했을 정도였다.[15] 학위과정에 대한 관심이 대단했기 때문에 리히터는 원래 계획보다 1년이나 앞서서 학위과정을 시작하였고, 1969년 가을에는 열 명의 학생을, 그다음 학기에는 두 명을 더 받아들였다.[16]

멜리사 리히터의 통찰력과 의지

리히터는 1920년 뉴욕 주의 마운트버넌에서 태어나 주로 화이트 플레인즈에서 자랐고, 1959년에는 코네티컷 대학교에서 심리학 박사 학위를 받은 세라로런스 칼리지의 졸업생이었다.[17] 그는 학위를 받은 후 몇 년간 바사르 칼리지에서 생리학과 해부학을 가르쳤다.[18] 그가 세라로런스 칼리지의 교수진에 합류한 것은 1963년으로, 그는 대학원 학장을 포함해 주요 행정직을 역임했다. 1960년부터 1968년까지는 미국 공공 보건국에서 일련의 연구

148

1970년경 세라로런스 칼리지의 사무실에서 활기찬 모습의 멜리사 리히터. 자클린 맷펠드 제공, 사용을 허가받음.

기금을 위한 수석 조사위원으로 일했으며, 실험용 쥐에서 갈증과 칼슘 결핍 유도에 대한 논문을 발표했다.[19] 리히터의 동료이자 친한 친구이면서 당시 대학 학장이었던 자클린 맷펠드(Jacquelyn Mattfeld)에 따르면, 리히터는 행동심리학과 진화생물학의 관점에서 인간과 동물의 변화에 깊은 관심을 가지고 있었다.[20] 그는 커리어를 다시 시작하는 여학생들의 직업 선택권을 확대하려는 여성 교육의 열렬한 지지자로서 특히 보건학 분야를 주목했다.

     유전상담에 대한 리히터의 접근법은 선견지명이 있었고 독창적이었다. 그는 인류유전학의 실험적, 통계학적, 심리학적 측면에서 훈련된 전문가들을 위한 새로운 틈새가 생길 것을 예견했다. 1971년에 세라로런스 칼리지의 동문회지에서 그는 "연구자들은 유전학에서 항상 새로운 발견을 하고, 새로운 진단 테스트와 도움이 될 새로운 도구들을 찾아낸다"면서도 "이 서비스를 환자들에게 돌려줄 사람이 아무도 없다"는 점을 한탄했다. "이 지점에서 지식과 실제 서비스 사이에 너무나도 큰 격차가 있습니다".[21] 리히터의 목표는 환자들과 효과적으로 의사소통할 수 있는 똑똑하고 자상한 여성들을 교육해 이 격차를 줄이는 것이었는데, 그런 여성 중 대다수는 유전학 클리닉에서 장차 어머니가 될 예정이거나, 또는 염려하는 어머니 중 한 사람으로서 상담을 진행할 것이었다.

     리히터는 통찰력이 있었을 뿐만 아니라 대담하고 끈질겼다. 그는 의학유전학자들과는 거의 알고 지내지 못했지만, 뉴욕 주에 위치한 대학의 유전학과, 병원, 뉴욕 주 보건부에 편지를 보내 유전상담 분야에서의 석사과정 학위과정이 필요한지 의견을 물었다. 그는 몇몇에게는 칭찬을 받았지만, 그보다 더 많은 비판을 받았다. 한 의사는 그에게 "당신이 말한 학위과정의 결과가 재앙이 될까 봐 두렵다"고 말했으며, 다른 의사는 "이 분야에서 나가라"고 경고했다. 그리고 또 다른 의사는 그의 계획이 "터무니없고 매우 비현실적인 접근법"이라고 말하기도 했다.[22]

"If we were informed, if we projected the consequences of unrestricted reproduction and we can do this, then we could . . . decide whether we want to control our population and if so how this control can take place."

"만약 우리가 잘 알고 있다면, 만약 우리가 제한되지 않은 재생산의 결과를 예측하고 유전상담을 할 수 있다면, 그럼 우리는 … 인구를 통제할지를 결정할 수 있으며, 그렇게 한다면 이러한 통제가 어떻게 일어날 수 있는지를 결정할 수 있게 될 것이다". 멜리사 리히터가 1968년 세라로런스 칼리지 동문회지에서 유전상담과정을 설립한 동기에 대해 이야기하고 있다. 학위과정이 시행되자 그의 초기 목표인 재생산 조절과 인구 통제는 후퇴했고, 결국 개별 환자와 그들의 의료적, 사회적, 개인적 상황에 초점을 맞추는 방식으로 변화했다. 출처: 멜리사 리히터, "과잉 인구가 행동에 미치는 영향: 생물학자의 관점", 세라로런스 칼리지 동문회지, 1968년 봄호, 12쪽. 세라로런스 칼리지 아카이브.

그에게 응답한 사람들은 계속해서 이학 박사나 의학 박사만이 합법적으로 유전상담을 제공할 수 있다고 강조했는데, 이는 가부장주의와 전문가주의의 일종으로 이해될 수 있다. 리히터가 접촉한 거의 모든 전문가들, 주로 의학유전학자들과 의사들이었던 이들은 유전상담사를 시간이 없거나 해당 문제에 관심이 없는 바쁜 의사들을 위해 낮은 우선순위의 업무를 끝내 주는 부속물(조교, 조무사, 조수, 기껏해야 어소시에이트) 정도로 생각했다. 리히터와 리드 사이의 유일한 서신 교환으로 보이는 편지에서, 리드는 "유전상담(genetic counseling)"이라는 단어를 제안하면서, 리히터에게 유전상담사는 "유능한 유전학자여야만 한다"며, 적어도 "유전학 석사" 그리고 이상적으로는 유전학 박사 학위를 가지고 있어야 한다고 말했다.[23] 이러한 주장이 고무적이라고는 할지라도, 거의 모든 편지에서는 학부 중심 대학인 세라로런스 칼리지가 그러한 학위과정을 적절히 제도화할 수 있을 거라는 믿음은 보이지 않았다. 그러한 저항에 부딪힌다면 대부분의 사람들은 포기했겠지만, 리히터는 부정적이든 긍정적이든 그가 받은 반응에 낙담하기보다는 힘을 얻었다. 리히터는 종종 신랄한 편지들에 대해 기분 좋은 감사 인사와 함께, 학위과정이 어떻게 진행되고 있는지에 관한 최신 정보를 담아 답장을 보냈다.[24]

리히터의 연구 관심사가 스트레스를 견디는 동물 개체군의 사회적 행동에 관한 것이었다는 점을 고려하면, 그가 인구 관리와 생물군의 최적화 관점에서 유전상담의 필요성을 제시했다는 것이 놀라운 일은 아니다. 특히 리히터는 이 학위과정을 만든 주된 이유가 "유전병에 의해 야기되는 질병이 증가하고, 인구 중 상당 비율이 정신적, 또는 정서적 장애로 고통받고 있는 상황, 인구 과잉으로 인한 문제들"을 해결하기 위해서였다고 밝혔다.[25] 파울 에를리히(Paul Ehrlich)가 베스트셀러가 된 종말론적 책 『인구 폭탄(The Population Bomb)』을 출판한 바로 그해에 리히터 역시 자신의 제안서 초안을 작성했는데, 그는 강직하고 순진무구하게

"우리 인구에 발생하는 유전병의 양"을 제한할 수 있다고 언급했다.[26] 리히터는 항생제와 백신의 경이로움, 대사 장애를 치료하는 데에서 거둔 몇몇의 명백한 승리에서 추론된, 현대 의학의 치료 가능성에 대하여 믿음을 표했다. 그는 유전상담이 유전병을 줄이고, 개인들이 그들 자신의 출산은 물론 인구 전체의 이득을 위해 합리적인 결정을 내릴 수 있도록 설득하는 수단이라고 보았다.

  리히터는 인구 통제라는 신멜서스주의의 언어로 실험적인 제안서를 작성했다. 그는 유전적인 통제의 전망에 관한 낙관론은 물론이고 적절하고 적절하지 않은 번식이 무엇인지, 정상성과 장애란 무엇인지에 대해 명확한 입장을 표했다. 이러한 의미에서, 셸던 리드, 내시 헌든, 리 레이먼드 다이스와 같은 앞선 세대의 의학유전학자들이 우생학 진영에 한 발을 두고서 1940년대부터 1960년대까지 이제 막 시작한 유전상담의 영역을 장악한 가운데, 리히터가 그들의 뒤를 따랐다.[27] 그러나 궁극적으로 리히터는 이들과 연속선상에 놓여 있다기보다는 그들의 변형된 버전이라고 할 수 있다. 그가 세라로런스 칼리지의 학위과정을 시작한 때는 20세기 초로, 우생학이 점차 쇠퇴하는 시기였다. 비록 그가 처음에는 우생학의 논리를 받아들였고 예방 개념도 결코 포기하지 않았지만, 궁극적으로 리히터는 개인의 의사 결정과 재생산에서의 선택, 싹트는 생명 윤리의 개념을 강조하는 유형의 유전상담을 지지했다. 이는 환자 돌봄에 관한 리히터의 관심을 반영하는 것인데, 그는 환자 돌봄에 관해서는 거의 경험이 없었음에도 이에 대한 통찰력이 있었다. 예를 들어 1970년 5월, 보스턴 대학의 뉴잉글랜드 간호사 협회 강연에서 리히터는 의학유전학의 한 가지 목표는 예방이며, "모두가 선천적인 결함 없이 태어날 수 있다"고 말했다. 그럼에도 불구하고 유전상담사의 최우선적인 목표는 "진화적인 영향과는 관계 없는, 환자 돌봄 그 자체"를 개선하고 그에 헌신하는 것이라면서, 그는 이것이 "이 분야에 기여하고 있거나 기여하려고 하는 우리 모두를 위한 가장 우선적인 원동력"이라고 선전했다.[28] 리히터의 학위과정이 종이 위의 계획으로만 남지 않고 실제 임상 현장에서 실현됨에 따라 그의 초점은 재생산과 인구 조절에 관한 철학적 선언이 아닌, 현장 실습의 세부적인 계획을 짜고 복잡한 유전 정보를 환자와 내담자들에게 전달하는 문제로 옮겨 갔다. 리히터가 몇 년의 짧은 시간 동안 경험한, 인구 집단에서 환자로의 강조점 이동은 현대의 유전상담이 내담자를 중심에 두는 돌봄의 형태로 만들어지는 데 기초가 되었다.

위치, 위치, 위치: 브롱스빌에서 맨해튼, 15마일

리히터는 독불장군이었지만 그가 혼자만의 힘으로 버텨 낸 것은 아니었다. 세라로런스 칼리지 집행부의 지원이 없었다면 그는 확실히 유전상담과정을 시작할 수 없었을 것이다. 1926년에 진보적인 여성 대학으로 설립된 세라로런스 칼리지는 부유한 학생들, 개별화된 교육, 유연한 교육과정, 봉사 학습에 대한 깊은 헌신의 혼합체였다.[29] 1930년대부터 지역사회 현장 견학은 세라로런스 칼리지 학생들의 대학 경험에서 중심을 차지했다. 유전상담과정은 실험적 기풍이라는 그 창의적인 전통에 반향을 일으켰다. 게다가 교수진은 교육 설계에서 상당한 자유를 부여하는, 상당히 유연한 환경에서 학위과정을 운영했다.[30] 리히터의 상사들은 리히터를 통제하기보다는 그의 생각을 키워 주고 옹호했다. 리히터의 가장 중요한 협력자이자 절친한 친구인 자클린 맷펠드와 함께, 리히터는 과학과 의학 분야에서 여성의 교육을 위한 새로운 방향을 궁리했다.[31] 이후에 브라운 대학교의 교무처장이 된 훌륭한 교육 행정가인 맷펠드는 동료들과 잠재적인 지지자들에게 리히터가 학문적으로나 개인적으로나 뛰어난 인물임을 반복 강조했다.[32] 예를 들어 연방 재단 기금에 지원금을 요청하면서, 맷펠드는 리히터를 "독창성과 교육에 대한 흔치 않은 재능, 진정한 관리 능력을 겸비한 드문 사람들 중 한 명"이라고 적었다.33 리히터는 라우센부시와의 친분에서도 상당한 이익을 얻었는데, 그는 학위과정의 발전과 경제적 안정성에 중추적인 역할을 했다. 맷펠드와 라우센부시가 큰 역할을 한 덕분에 이 학위과정은 밥콕 재단(Babcock Foundation)으로부터 2만 달러의 지원금을 받으며 시작되었다. 리히터는 이 초기 투자를 바탕으로 하여 자금 조달 패턴을 확립했는데, 이러한 패턴은 정신장애를 다루는 사회복지사, 세라로런스 칼리지 졸업생이자 이 학위과정의 후속 책임자였던 조앤 마크스에게로 이어져 엄청난 성공을 거두었다. 예를 들어 이 학위과정은 1970년에는 국립보건원 인력개발부로부터 다년간의 지원금을 받았고, 1974년에는 마치 오브 다임스로부터 3년간의 학생 연수 지원금을 받았다.34

저명한 의과대학 부속병원이 위치해 있으며, 가장 중요하게는 최근에 설립된 유전학 클리닉이 위치하고 있는, 의학의 중심지인 뉴욕 시와 세라로런스 칼리지가 근접해 있다는 점은 학위과정의 성과에 필수적인 요소였다. 유전상담과정 학생들에게 광범위하고 다양한 인턴십 경험을 이 학위과정만큼 선사할 수 있었던 곳은 거의 없을 것이다. 리히터는 재빠르게 세라로런스 칼리지의 위치적 이점을 전략적으로 이용했고, 그가 이 학위과정을 지휘한 3년간 뉴욕 시 전역에서 임상 유전학자 및 관련 의사들과 좋은 관계를 구축했다. 일단 리히터의 계획이 실행 가능하다는 것이 확실해지자 이 의사들과의 네트워크는 학위과정을 강화하고 의학유전학 공동체 전반에 대한 가시성을 향상시키는 데 중요한 역할을 맡았다.

리히터의 가장 가까운 뉴욕 시 파트너 중 한 명은 제시카 데이비스(Jessica Davis)로, 데이비스는 컬럼비아 대학교에서 의학 훈련을 받는 중 유전학에 관심을 두게 되었고, 그 후에는 알버트 아인슈타인 의과 대학 병원의 소아과 의사로 일했다.35 데이비스 역시 웰즐리 대학이라는 엘리트 여대의 졸업생으로서 지치지

않고 여성 과학자들에게 응원을 보내왔기에, 자연스럽게 리히터의
동맹군이 되었다. 데이비스는 전일제로 임상 및 연구 업무를 수행
중이었지만, 1972년부터 1973년까지 리히터가 성별 분화에 관한
연구에 전념하고 (많이 알려져 있지는 않으나) 유방암 재발과
싸우기 위해 안식년을 가지는 동안 마크스와 함께 학위과정을
공동으로 이끄는 데 합의했다.[36]

     1969년 봄, 리히터는 세라로런스 칼리지에서 어떻게
학위과정을 시작할지 조언을 얻기 위해 데이비스에게 연락했다.
얼마 지나지 않아 리히터는 알버트 아인슈타인 대학에서
데이비스와 그의 동료들을 만났다. 데이비스는 "리히터의
발표에 꽤 열정적이었을 뿐만 아니라" 리히터의 모습과
비전에 매료되었다.[37] 리히터처럼 데이비스 역시 석사 수준의
유전상담사들이 좋은 기회를 잡을 수 있을 거라고 믿었다.
소아 유전학에서의 임상 경험을 바탕으로, 데이비드는 리드가
1950년에 심도 있게 논의했던 아이디어인 의학 사회사업가 모델을
리히터에게 제안했다.[38] 그러나 리드가 의학 박사를 비롯한 박사급
인력만이 자신이 "유전적 사회사업의 일종"이라고 불렀던 것을
수행할 수 있다고 굳게 믿었던 것과는 달리, 데이비스와 리히터는
석사급의 유전상담사도 사회사업의 장점과 철저한 생명과학적
훈련을 결합해 독립적인 의료인으로서 자리 잡을 수 있다고
확신했다. 마운트 시나이(Mt. Sinai) 병원의 소아과 의사이자
유전학 연구자인 커트 허쉬혼 역시 리히터가 학위과정을 시작할
수 있도록 열과 성을 다해 도왔을 뿐만 아니라, 자신의 임상 경험과
환자 돌봄을 개선해 준 사회복지사 린 갓밀로우(Lynn Godmilow)를
모범 사례로 추천했다.[39]

     데이비스는 리히터가 학위과정을 만드는 기간 동안
리히터에게 큰 도움이 되었다. 데이비스는 리히터가 "유전학
공동체로 가는 다리"를 건설하는 일을 도왔는데, 이는 "규모가
작을뿐더러 내부를 향한 것"이었고 교육적 혁신을 반드시 필요로

하지도 않았다.⁴⁰ 맷펠드의 제안을 되풀이하면서, 데이비스는 리히터에게 피드백을 제공하고 학위과정이 더 넓은 의학 유전학 클리닉과 서비스의 네트워크에 포함될 수 있도록 도울 수 있는 조언자를 찾아보라고 촉구했다. 세라로런스의 첫 조언자 세 명(커트 허쉬혼, 콜로라도 대학 보건학 센터의 아서 로빈슨(Arthur Robinson), 보스턴의 매사추세츠 종합 병원의 존 리틀필드(John Littlefield))은 현명한 조언을 통해 이 학위과정에 과학적이고 임상적인 중심을 만들어 주었다.⁴¹

  1969년부터 1972년까지 학생들이 어디로 현장 실습을 나갔는지 검토해 보면 뉴욕 시와의 근접성이 이 학위과정의 발전을 이끌었다는 점이 잘 드러난다. 실습 장소 중 절반은 맨해튼에 위치한 클리닉이었는데, 이곳에서는 양수 검사를 포함해 새로운 절차들이 시행되었고 테이-삭스병과 같은 질병들의 효소 분석을 할 수 있는 최첨단 실험실이 운영되었다. 그중에는 마운트 시나이 병원, 코넬 대학 병원, 알버트 아인슈타인 의과대학 병원, 베스 이스라엘 병원 및 뉴욕 주립 정신의학 연구소가 포함되었다. 리히터는 뉴욕 밖에서는 두 개의 주립 병원(크리드무어 주립 병원과 레치워스 빌리지)과 웨스트체스터 카운티 지역사회 정신 건강 위원회에 인턴십을 설립했다. 리히터는 크리드무어 주립 병원에서 정신의학 연구 책임자인 존 휘티어(John Whittier)로부터 환대를 받았으며, 그는 세라로런스의 학생들이 상담에 참여하고 헌팅턴병을 앓고 있는 사람의 임상치료를 관찰할 수 있게 해 주었다.⁴² 심지어 리히터는 뉴욕 주 밖에도 두 곳을 확보했는데, 각각 리틀필드와 헨리 네이들러(Henry Nadler)의 열정 덕분에 학생들은 매사추세츠 종합 병원과 시카고 어린이 기념 병원에서 여름 현장 실습을 할 수 있었다.⁴³

  맨해튼은 세라로런스의 학생들이 임상유전학 교육을 받은 곳이기도 했다. 1969년 가을에 학위과정에 처음으로 합류한 10명의 학생은 멘델유전학과 분자유전학, 사회심리학을 포함한 대부분의 수업을 세라로렌스 칼리지에서 들었지만, 의학유전학은 마운트 시나이 병원과 알버트 아인슈타인 의과 대학 병원에서 해럴드 니토우스키(Harold Nitowsky)와 제시카 데이비스와 함께 공부했다.44 게다가 허쉬혼과의 협정 덕분에 학생들은 마운트 시나이 병원에서 열리는 의학 콘퍼런스에도 참석할 수 있게 되었다.45 그 학위과정 초기 졸업반의 대다수는 그들의 멘토에게 깊은 인상을 남겼고, 이후 그들은 인턴을 했거나 뉴욕 지역의 유전학 클리닉에서 제안받은 자리에서 일하게 되었다.46

리히터는 유방암으로 쓰러지기 전의 단 3년 동안만 세라로렌스 칼리지의 학위과정을 지휘했지만 동료와 학생 모두에게 깊은 인상을 남겼다. 데이비스는 리히터가 부드러운 말투와 온화한 태도로 자신의 계획을 적극적으로 추진해 많은 사람들을 설득했다고 회상한다. 예를 들어 리히터는 설득력 있는 태도와 확고한 신념을 통해 처음에는 자신의 계획에 상당히 비판적이었던 의학유전학자 아르노 모툴스키를 자신의 편으로 끌어들였다.47 맷펠드는 리히터를 "학생들에게 사랑받고, 교단에서 매우 창의적인, 훌륭한 선생"으로 기억하고, 리히터가 세라로렌스 칼리지에서 동료들에게도 폭넓게 호감을 사는, 드문 위치를 누렸다고 본다.48 오드리 헤임러(Audrey Heimler)는 세라로렌스의 첫 번째 입학생 중 한 명으로, 리히터가 임상 유전학 분야의 흥미진진한 미래에 대해 학생들에게 영감을 불어넣으며 "우리의 마음속에 불을 지폈다"고 말했다.49

1974년 11월에 리히터가 사망한 후, 학위과정은 1998년까지 책임자로 활약한 마크스의 지도 아래 번창했다. 마크스는 25년간 학위과정을 이끌면서 학위과정의 심리 사회적인 요소를 증폭시켰으며 노스 쇼어 대학 병원과 몬테피오레 병원과 같은 새로운 임상 현장과의 관계를 발전시켜 나갔다. 마크스는 의학유전학 공동체에서 저명인사로 떠오르면서 유전상담의 국가적인 명성을 높이는 데에도 중추적인 역할을 했다.50

1970년경 알버트 아인슈타인 의과대학 병원에서 세라로런스 칼리지 유전상담과정의 학생들을 가르치고 있는 해럴드 니토우스키. 이런 임상 실습은 신생 유전상담사들을 위한 중요한 교육 훈련 경험으로, 학생들의 졸업 후 취업에 중요한 발판이 되기도 했다. 출처: 1970년경 인류유전학 대학원 브로슈어, 세라로런스 칼리지 아카이브.

미국 인류유전학회는 2003년 마크스에게 인류유전학 교육 우수상을 수여함으로써 그의 공헌을 인정했다.[51] 마크스는 학위과정의 책임자로 재직하는 동안 복잡한 의료 환경에서 일할 전문가들을 훈련시키기 위해 세라로런스에 건강 옹호 대학원 학위과정(Graduate Program in Health Advocacy) 또한 설립했다.[52]

새로운 전문가, 새로운 학위과정

세라로런스 칼리지의 학위과정이 성공할 수 있었던 이유 중 하나는 높은 수준의 학생들이 새로운 틈새시장에 매우 적합했으며, 그러한 틈새시장을 만드는 데 도움을 주었기 때문이다. 리히터의 말에 따르면, 학생들은 "매우 독특한 사람들"이었고, "모두 아주 의욕적이고, 봉사에 큰 관심이 있고, 수준이 높았다".[53] 유전 분야에 관한 서비스가 의료 분야에서 일상적인 것이 되면서 그들은 수요가 많아진 기술을 재빨리 습득했다. 이런 이유 외에, 리히터가 교육지속센터에 다니며 학교로 복귀하려는 학생들에게 관심이 있었기 때문에, 1969년부터 1972년까지 이 학위과정에 들어온 학생들은 그들이 가족 때문에 집 밖에서 제한된 시간 동안만 일할 수 있어서 이 학위과정에 끌리게 된 것도 있다. 리히터가 1970년에 쓴 것처럼, "여성들은 가정을 돌봐야 하기 때문에 대부분 시간제로 공부를 하고 있다. 이는 추후에 이들이 학업을 마치고 의학유전학 센터에서 근무할 때도 마찬가지여서 이런 센터들은 보통 일주일에 하루만 문을 연다".[54] 예를 들어, 학위과정에 맨 처음으로 입학한 학생들(1970년 1월에 두 명이 추가로 합류함에 따라 최종적으로는 12명이 됨) 중 대부분이 자녀를 둔 어머니였다. 하이머는 대학을 졸업한 지 15년이 되었고, 취학 연령의 자녀가 네 명 있었다. 오전 10시가 넘어서야 수업들이 시작되는 이 학위과정은 "어린 자녀를 둔 어머니"인 하이머에게 꼭 맞았다.[55] 첫 번째 입학생 중 단 한 명만이 26세가 되지 않은 미혼의 여성이었다. 학위과정의 초기에, 이러한 사항들은 세라로런스 유전상담과정의 학생들과 졸업생들이 클리닉에서 큰 환영을 받고, 전문가들과 커다란 경쟁 없이 자리를 잡는 데 기여했다. 의사들은 그들이 종종 "여자애들"이라고 비하하던, 새로운 '간호사 같은' 인물들을 받아들이는 것이 꽤 수월하다는 것을 발견했다. 이러한 패턴들은 유전상담 분야가 여성화(feminization)하는 데 기여했는데, 이로 인해 이 분야는 급여와 지위 면에서 저평가되었다. 1970년대와 1980년대에 유전상담 분야를 뜨겁게 달군 두 가지 논쟁은 유전상담의 여성화라는 양날의 검과 관련된 것으로, 먼저 리히터와 마크스가 더 선호했던, "유전학 어소시에이트"라는, 보조적인 역할을 강조하는 호칭과, "유전상담사"라는, 더 권한을 부여하는 호칭 사이의 치열한 경쟁이 그중 하나이다. 그리고 어떤 전문 기관이 유전상담사 공인 자격을 감독할 수 있고 감독해야 하는지에 관한 논쟁도 치열했다.[56]

    이러한 초기 패턴들이 직업 전체에 걸쳐 뚜렷한 흔적을 남기고 있음에도 불구하고, 세라로런스의 학생 조직 구성은 변화했다. 1973년에 리틀필드, 로빈슨, 모툴스키를 비롯한 자문단이 학위과정에 방문했는데, 그들은 이 학위과정이 미국에서 "최초이자 최고"라고 칭송하는 한편, 이 학위과정이 "지금까지는 나이 든 기혼 여성들과 성공을 거두었지만, 젊고 활동적인 남성이나 여성들을 모집할 필요가 있다"는 점을 강조했다.[57] 마크스는 그러한 조언대로 빠르게 움직였고, 그의 지도 아래 학생 구성은 나이와 출신 지역 면에서 좀 더 다양해졌다.[58] 1970년대 중반까지 입학생의 62%가 26세 미만이었고, 소수이긴 하지만 일정한 수의 남성들이 포함되었으며 전국에서 학생들이 찾아왔다.[59] 세라로런스 강좌의 첫 수강생들은 철저히 지역 학생들로, 거의 대부분이 웨스트체스터주 출신이었던 반면, 1975년에는 거의 절반이 뉴욕 대도시권 밖에서 왔고, 그다음 해에는 뉴욕 밖에서 온 비율이 73%에 달했다. 1976년과 1977년 입학생들은 캘리포니아주, 메인주, 버지니아주, 오하이오주, 매사추세츠주에서 온 학생들로 집계됐다.[60] 예를 들어 1978년 가을 세라로런스 칼리지에서 학위과정을 시작할 때 입학한 25명의 학생 중 한 명이었던 캐롤라인 리버(Caroline Lieber)는 캘리포니아에서 이학 박사를 취득한 후 서부 해안에서 동부로 이주했다.[61] 그의 그러한 경험은 세라로런스뿐만 아니라 전국적으로도 표준적이다.

　　좀 더 넓게 보면, 석사 수준의 유전상담 학위를 위한 경로는 그 후 5년간 다음 학교들에서 학위과정이 추가로 설립됨에 따라 증가했다. 럿거스 대학교(1971), 피츠버그 대학교(1971), 캘리포니아 대학교 버클리 캠퍼스(1973), 캘리포니아 대학교 어바인 캠퍼스(1973), 덴버의 콜로라도 대학의 보건학 센터에 설립된 것이 바로 그 후속 학위과정들이다. 이러한 자매 학위과정들은 지역, 교육과정, 임상 훈련 측면에서 유전상담 분야를 확장했다. 세라로런스의 학위과정이 그랬던 것처럼, 이런 학위과정들은 종종 그들의 기관에서 학제 간 석사 학위과정의 필요성을 느낀 한두 명의 진취적인 교수진이 노력한 결과였다. 이런 학위과정들은 설립에서의 특정한 역학 관계와 각 대학의 운영 구조에 따라 각기 다른 학문적 뿌리를 두고 있었다. 이 초기 학위과정들의 대표자들은 캘리포니아의 퍼시픽 그로브에 있는 아실로마 콘퍼런스 센터에 모여 유전상담의 목적, 실행 및 이슈들을 검토했다. 확장된 두 번째 회의에서 그들은 "각 학위과정은 졸업생들의 궁극적인 역할에 대해 다른 견해를 갖고 있으며, 실제로 우리는 매우 다양한 그룹의 사람들을 교육시키고 있다"는 점을 발견했다. 이에 이들은 다음과 같이 낙관적으로 덧붙였다. "다양한 환경에서 요구되는 유전적 서비스 범위 내에서, 각각의 역할이 수용될 수 있을 것이다".[62]

　　미국에서 설립된 두 번째 학위과정은 1971년 더글러스 여자 대학 안에 위치한 럿거스 대학교에 설립되었다. 이는 세포생물학 박사이자 생명과학부 학장이었던 샬롯 에이버스(Charlotte Avers)의 아이디어였다.[63] 1970년대 초에 에이버스는 의학과 유전학의 내용을 엄격하게 훈련하는 유전상담과정을 설립하는 데 관심이 생겼는데, 그의 구상은 "보다 넓은 스펙트럼을 가진" 세라로런스의 학위과정과는 차이가 있었다.[64] 에이버스는 학위과정의 책임자를 찾기 위해 몇몇 동료들과 상의했는데, 그들은 마리안 리바스 박사를 강력하게 추천했다. 인디애나 대학교의 의학유전학과를 막 졸업한 리바스는 티록신 결합 글로불린 결핍증에 대한 유전자 연관 분석에 대하여 학위 논문을 썼다.[65] 리바스의 연구를 인상적으로 읽은 빅터 매쿠식은 리바스에게 존스홉킨스 대학교의 박사후과정 자리를 제안했고, 그곳에서 리바스는 근긴장성 이영양증(myotonic dystrophy)과 트리코-덴토-오시우스 증후군(tricho-dento-osseous syndrome, TDO syndrome)과 같은 임상적 장애의 유전자 연관 연구에 초점을 맞췄다.

리바스는 에이버스의 아이디어에 흥미를 느꼈지만 처음에는 망설였는데, 이는 주로 그가 복잡한 의학유전학 지식을 2년의 석사과정 학위과정에서 가르칠 수 있을 것이라고 확신하지 못했기 때문이다. 리바스는 많은 동료들(주로 의학 박사나 의학유전학 박사들)에게 교육과정에 대해 상의해 본 후에 까다로운 교육과정을 짠다면 교육이 가능할 것이라고 보고, 결국 럿거스 대학교의 학위과정을 설계하고 이끄는 도전을 받아들였다. 리바스와 에이버스는 현장에서의 과학 훈련과 실험실 훈련을 통해 그들의 학위과정을 차별화하려는 노력의 일환으로 세포유전학자 레너드 시오라(Leonard Sciorra)와 발생학자 프랜신 에시엔(Francine Essien)을 포함해 팀을 꾸렸다.[66] 학위과정의 수업 활동은 상담 기법과 심리사회학 분야의 선택 과목은 물론이고 의학유전학, 생화학적 유전학, 임상유전학, 수리유전학의 원리를 다루었다. 리바스는 "졸업생들이 전임 상담직 자리를 찾을 것이라는 보장이 없기 때문에" 학생들의 졸업 후 전망을 걱정했고, 따라서 자신의 학생들이 "상담 활동을 보충하기 위해 실험실, 임상 또는 연구 환경에서" 일자리를 준비할 수 있게 했다. 리바스는 추가적으로 뉴저지, 뉴욕시, 필라델피아, 볼티모어, 인디애나폴리스에 위치한 병원에서도 인턴십을 주선했다. 1971년 가을 입학을 위해 개설된 럿거스 대학교의 학위과정은 다음 해 여름까지 10명의 학생을 받아들였다.[67]

리히터가 유전상담사가 시간제 직업이 될 수 있다고 생각했던 것과 달리 리바스는 자신과 함께 훈련한 학생들이 상담 서비스를 실습하고 홍보할 수 있는 임상 유전학의 일부 분야에서 정규직으로 고용되어야 한다고 보았다. 게다가 럿거스의 초기 학생들은 상대적으로 다양했는데, 다양한 연령대의 남녀로 이뤄져 있었다. 리바스는 인터뷰 당시 각각의 지원자들의 이전 수업 활동과 생물학, 생명과학, 수학의 일반적인 지식을 평가하면서 지원자들과 진행했던 인터뷰를 기억한다. 그는 지원자가 심리학 과정을 이수한 것을 긍정적으로 보고, "지원자가 이 분야에 들어오려는 이유를 측정하고, 일어날지도 모르는 다양한 임상적 상황과 환자가 경험할 수 있는 감정 및 정신적 고통의 범위를 그 지원자가 상상하고 인식할 수 있는지를 관찰하는 방식"으로 인터뷰를 진행했다.[68]

리바스와 그의 학생들은 럿거스의 유전상담과정을 유명하게 만드는 과정에서 깊은 유대감을 갖게 되었다. 그 학위과정의 두 번째 입학생이자 현재 유타 대학 유전상담과정의 책임자를 맡고 있는 보니 바티(Bonnie Baty)는 그들에게 "함께하는 감각"이 있었다고 떠올렸다.[69] 리바스는 그와 학생들이 나눴던 의미 있는 대화들과 가족 같은 저녁 식사 자리에 관해 아주 좋은 기억을 갖고 있다. "럿거스 시절은 내 인생에서 가장 행복하고 보람찬 나날이었어요."[70] 리바스의 학생들은 그를 매우 존경해서 그를 "비범한 마리안 리바스"라는 애칭으로 불렀다. 리바스의 혁신적인 학위과정 구축에 대해 전 미국의 동료들이 찬사를 보냈고, 럿거스 대학교 학위과정의 졸업생들은 자신들의 경력에서 뛰어난 성과를 올렸기 때문에 유전상담의 가시성을 높이는 데 도움을 주었다. 럿거스 대학교의 학위과정이 현대 유전상담에 남긴 큰 영향에도

불구하고 이 학위과정은 1980년에 막을 내렸는데, 이는 리바스가
1번 염색체의 매핑에 관한 다학제적 연구에 참여하기 위해 오레곤
대학으로 옮겨간 지 몇 년 후에 학위과정에 대한 대학 본부의
지원이 부족해졌기 때문이다.[71]

미국의 반대편에서는 캘리포니아 대학교 버클리 캠퍼스에서
창의적인 학위과정이 진행되고 있었다. 이 새로운 기관은 보건 및
의학 학위과정에 자리를 잡았는데, 총장 자문 위원회의 추천으로
1972년에 독립적인 학제 간 단위로 만들어졌다. 지적으로
유연하도록 조직된 이 학위과정은 "의학뿐만 아니라 건강의
더 넓은 문제"를 해결하고, 보건 전문가들의 학제 간 훈련을
촉진하고자 했다.[72] 설립자들은 버클리의 학위과정을 여러 의료
서비스 제공자와 의료인들이 참여하는 전통적인 의대의 대안으로
보았고, 그들 사이의 생산적인 협력을 촉구했다. "우리의 책임은
건강에 관심이 있는 다양한 그룹의 사람들에게 교육받을 기회를
모든 관점에서 제공하는 데 깊이 관여하는 것입니다".[73] 버클리의
유전상담 과정(Genetic Counseling Option)은 캘리포니아 대학교
샌프란시스코 캠퍼스와 연계한 의료 프로그램과 샌프란시스코의
마운트 자이온 병원과 협력하는 정신 건강 프로그램을 포함한,
세 개의 보건학 및 의학 통합 대학원 과정 중 하나였다. 처음부터
버클리의 학위과정은 유전상담사들의 업무를 "유전병이나
유전병의 위험에서 야기된 고민거리가 있는 사람들이나
가족들"이나 "동료 건강 전문가 및 일반 대중"과의 "사회심리학적인
의사소통"이라고 보았다.[74]

현재 몬트리올의 맥길 대학교에서 근무하는 유전학자인
로베르타 팔무어(Roberta Palmour)는 버클리 학위과정의 초기
부책임자로 일했다. 그는 처음부터 교육과정의 중심이 심리학
이론과 문제들에 집중되었던 것을 기억한다. 이 학위과정의
학생들은 정신분석학이나 프로이트보다는 로저리안 방식(Rogerian
technique)으로 교육을 받았고, 하버드 대학에서 은퇴하고

밀 밸리(Mill Valley)의 만 건너편에 살던 저명한 심리학자인 에릭 에릭슨(Erik Erikson)에게 배우는 행운을 누렸다.[75] 여러 자원봉사자와 여성 건강 단체에서의 유급직을 거친 후 1974년에 버클리의 학위과정에 입학한 루실 포스칸저(Lucille Poskanzer)는 그의 교수들이 심리사회학적 건강 및 공동체 건강과 관련된 내용을 강조했으며, "분야를 넘나드는 공동체에 뿌리를 둔, 의료에 대한 다른 접근법"을 학생들에게 가르쳤다고 기억했다.[76]

　　세라로런스 학위과정에서는 학생들이 뉴욕 안팎의 서로 다른 수십 개 시설을 오가며 임상 경험을 쌓았던 것과 달리 버클리 학위과정 학생들은 캘리포니아 대학교 샌프란시스코 캠퍼스의 클리닉에서 임상 경험을 집중적으로 쌓았다. 이는 주로 소아 유전학자인 찰스 엡스타인의 노력으로 가능했다.[77] 버클리의 학생들은 수업 초기에 소아 증후군과 기형에 대한 전문 지식을 가진 기형학자인 브라이언 홀(Bryan Hall)과 함께 훈련을 받기도 했다. 홀은 의료계 훈련에서의 권위적인 분위기 대신 개방적인 태도로 유전상담과정의 학생들을 임상 실습 및 환자 상담에 참여할 수 있게 해 주었다. 그리고 학생들을 레지던트나 의대생들과 함께 "동료처럼" 대우했으며, 그들에게 자율성을 부여하고 신뢰감을 주었다.[78] 그 결과 홀에게 감사해 하는 학생들은 그에게 가족 역학의 중요성을 일깨워 주고, 고통받는 가족들과 함께 일하는 효과적인 전략을 그의 클리닉에 도입하는 데 기여했다. 팔무어는 홀이 유전상담사들을 받아들여 상담사들이 "통합 의료팀의 일원으로 일할 수 있다는 사실"을 깨달았을 때를 회상한다.[79] 포스칸저에게 이러한 사실은 그와 그의 동료들이 "의사를 진정한 동료이자 파트너로서 보았기 때문에, 우리가 전문적인 경력을 시작했을 때 의료 기관에 퍼져 있던 전통적인 위계 관계에 도전할 수 있었음"을 의미했다.[80]

　　록키 마운틴 웨스트에서는 소아과 의사이자 콜로라도 대학교 덴버 캠퍼스 보건학 센터에서 생화학 및 유전학부의 과정

1977년 유전상담사 루실 포스칸저가 오클랜드의 어린이 병원에서 어린이 건강 및 유전학 전문가 팀과 일하며 환자의 핵형을 연구하고 있다. 그는 캘리포니아 대학교 버클리 캠퍼스의 신생 유전상담과정의 졸업생이었다. 베이 지역과 전 미국에 위치한 이 같은 클리닉에서 새로 교육받은 유전상담사들은 심리학과 과학이라는 그들만의 독특한 기술이 의사들과 환자들 모두에게 높이 평가받고 있다는 것을 깨달았다. 출처: 의료유전학부(오클랜드, 캘리포니아: 북부 캘리포니아 어린이 병원 의료센터[1977]), 10쪽. 오클랜드의 어린이 병원 & 연구 센터의 허가를 받아 사용.

주임을 맡고 있는 아서 로빈슨은 1970년대 초에 임상유전학을 확장하고자 했다. 리히터의 노력을 초기부터 지지했을 뿐만 아니라 세라로렌스의 학위과정에서도 신뢰받는 조언자였던 로빈슨은 콜로라도 대학의 간호대학에 접근했다. 로빈슨은 간호유전학자라는 직함으로 고용된 석사 학위 소지 간호사 앤 매튜스(Anne Matthews)와 세포 유전학에 관심이 많았던 소아과 의사 빈센트 M. 리카디(Vincent M. Riccardi)를 포함해 임상적인 측면에서 팀을 구성했다.[81] 콜로라도의 첫 번째 유전상담사로서 일하면서 매튜와 리카디는 인구가 밀집된 외딴 지역으로 유전 서비스를 제공하기 위해 콜로라도, 와이오밍, 네브래스카, 유타를 여행했다.[82] 유전상담과정에 대한 간호대학의 미미한 관심에도 불구하고, 로빈슨은 록키 마운틴 웨스트의 첫 유전상담과정의 산파 역할을 할 동료들을 대학원에서 찾았다. 의료 사회복지사들과 함께 일하던 매튜스는 유전상담 교육과정의 심리 사회적인 요소를 설계하는 데 중요한 역할을 했다. 1973년에 3명의 첫 학생들이 콜로라도의 학위과정에 입학했다.[83]

피츠버그 대학교의 공중보건 대학원은 1971년 유전상담과정의 설립을 위한 시설을 제공했다. 이 학위과정은 특징적으로 설립 이래로 공중 보건과 유전학의 교차점에 초점을 맞추고 있으며, 유전상담에서의 석사 학위와 공중 보건 유전학에서의 석사 학위(MPH)를 이중으로 제공하는 최초의 학위과정이었다.[84] 1971년, 캘리포니아 대학교 어바인 캠퍼스에서도 유전상담과정에 대한 승인이 행정적으로 이뤄졌으며, 승인 2년 이후부터 첫 입학생을 받아들였다. 사회생태학 프로그램에 기반을 둔 이 학위과정은 의학, 과학, 사회과학 교수진 간 학제적 노력의 결과였으며 처음에는 사회생태학과 실험적 설계에 관한 교과 과정 이수를 요구했다. 결국 그 학위과정은 학제적으로 좀 더 적절한 의과대학 내부로 옮겨가게 되었다.[85]

조력 전문직을 개척하다

교수진 및 유전상담 석사과정의 초기 학생들과의 구술사 인터뷰에서 나타나는 주된 주제 중 하나는 미래의 지위나 급여 측면에서 거의 보장된 것이 없는 미지의 분야에 참여할 때의 위험을 감수하겠다는 의지였다. 하임러의 말에 따르면, 그와 그의 동료들은 "기니피그이자 개척자"였는데, 이는 전 미국의 동시대 유전상담사들에게 공유되는 정서였다.[86] 마이클 베글라이터(Michael Begleiter)는 1972년에 럿거스 학위과정에 입학한 선구자 중 한 명으로, 그는 그의 동기들이 리바스의 초기 학위과정에 참여했다는 점이 지금까지 그들 사이에 지속되는 강한 동지애의 원천이라고 본다.[87] 1970년대 초중반에 유전상담과정에 입학한 유전상담사들은 대부분 이 분야와 자신의 관계가 자신의 다양한 관심사와 재능(유전학, 의료, 인간 심리학 및 재생산 문제 등)을 결합할 수 있게 해 준 "소명"이라고 표현한다. 현재 세라로런스의 유전상담과정 책임자인 캐롤라인 리버는 샌디에이고에 있는 캘리포니아 대학의 학부생 시절에 들었던 인류유전학 수업에서 유전상담에 대해 처음 알게 되었다. 그는 그 즉시 "매료되었고", 자신이 유전상담 분야에서 경력을 쌓고 싶어 한다는 것을 "주저 없이" 깨닫게 되었다.[88] 베글라이트와 바티의 동료인 준 피터스(June Peters)는 공통적인 감정을 이와 같이 간결하게 요약했다. "마치 내가 이 분야를 위해 태어난 것 같았어요".[89]

많은 유전상담사들은 과학에 대한 애정이 자신을 그 분야로 끌어들였다고 묘사한다. 1980년대 초, 바버라 비제커는 미네소타에 있는 올라프 대학교 학부 과정에서 확신이 없는 수학 및 과학 전공을 하는 동안에 유전상담에 대해 부분적으로 공부했으며, 올라프 대학을 "다시는 돌아보지 않았다".[90] 비제커는 미시간 대학교의 유전상담과정을 졸업하고 현재는 미국 국립 인간 유전체 연구소와 존스홉킨스 대학의 공동 학위과정을 지휘하고 있다.

보니 르로이(Bonnie LeRoy)는 미시간에 있는 작은 학부대학인 알비온 칼리지의 학부생으로서 세포생물학에 매료되었다. 그를 격려하던 교수는 그에게 유전상담에 관해 가르쳤고, 그의 제안을 따라 세라로렌스의 학위과정에 지원했다.[91] 1980년부터 르로이는 미네소타 대학교에서 유전상담과정을 운영하고 있다. 캐서린 라이저(Catherine Reiser)는 1970년대 초 위스콘신 주 남동부의 시골 고등학교에서 유전학에 관해 처음 배웠을 때 흥미를 느꼈다. 유전상담에 대한 라이저의 관심은 엄청나서, 그는 16살 때 위스콘신 대학교의 저명한 유전학자에게 편지를 보내기까지 했다. 그 유전학자는 자신의 연구실에서 만남을 제안했고, 라이저는 그 당시에는 대도시처럼 느껴졌던 매디슨으로 여행을 떠났다. 라이저는 이후 위스콘신 대학교 유전학부와 평생 인연을 맺게 되는데, 처음에는 학부생과 석사생으로, 나중에는 유전상담과정의 책임자로서 인연을 이어갔다.[92] 이 여성들은 과학을 좋아했을 뿐만 아니라 과학적으로 뛰어났고, 이는 통계적 작업이든 실험실 작업이든 분야를 막론한 것이었다. 심지어 몇몇은 명망 있는 박사 학위과정이나 의대에 진학했음에도 불구하고 의학 박사나 이학 박사의 까다로운 과정을 이어가지 않았다. 대신에 그들은 세라로렌스의 학위과정에 참여했으며 지금은 워싱턴 주의 유전학 코디네이터인 데브라 도일(Debra Doyle)이 그랬던 것처럼, "전통적인 간호사와는 다르지만 의사보다는 덜한" 사람이 되기를 원했다.[93]

유전학이 이 여성들을 사로잡았다. 그들에게 가장 중요한 것은 사람들을 돕고자 하는 열망이었다. 버클리의 캘리포니아 대학교의 학위과정을 졸업하고 현재는 카이저 퍼머넌트(Kaiser Permanente)의 산전 프로그램에서 수석 유전상담사인 캐롤 노렘(Carol Norem)은 "의사나 심리학자가 되는 것은 의학이나 심리학에 너무 제한적으로 집중해야 해서" 유전상담을 택했다. 그는 유전상담을 통해 그 두 분야를 융합하고, "직접적인 지시를 내리고 임신을 의료적으로만 보는" 의사들만을 만났던 임신부들에게 서비스를 제공하고 싶어 했다.[94] 미시간 대학교 유전상담과정의 초대 책임자인 다이앤 베이커는 어린 시절 어머니를 잃은 경험으로 인해 슬픔과 트라우마에 익숙해졌다. 그에게 유전상담사가 되는 과정에서 주요한 순간은 미시간 주립 대학에서 유전학 전공으로 학부 과정을 밟으며 그가 의학유전학 대학원 수업에서 소논문 작성을 준비하던 중에 찾아왔다. 자료를 찾기 위해 도서관의 서가를 뒤지던 중 그는 관련 임상 증상을 가진 아이들의 사진이 실린 유전 질환 책을 발견했다. 베이커는 아이들의 사진을 보면서, 아이들이 포즈를 취할 때 그들을 잡고 있는 손에 주목하게 되었다. "이 손은 누구의 손이지? 간호사? 어머니? 의사? 조수?" 그는 이 이름 없는 얼굴들에 대해 생각하게 되었고, 책에 기록된 아이들과 가족들을 만나 돕고 싶었다.[95]

시간이 지남에 따라 현대 유전상담은 주로 여성들로 구성된, 도움을 주는 직업으로 자리 잡았고, 이는 폭넓게는 감정 노동을 하는 직업군 중 하나로 분류할 수 있게 되었다.[96] '감정 노동'은 승무원이 직무상 수행하는 엄격한 감정 관리에 대한, 1983년 앨리 혹실드(Arlie Hochschild)의 획기적인 연구에서 비롯된 용어로, 초기에는 서비스 노동자들에게 적용되었지만 현재는 전문직 업무나 전문 서비스 업무에도 적용되고 있다.[97] 이 개념은 현대 유전상담 분야의 젠더적이고 심리 사회적인 개요를 이해하는 데 특히 유용하다.

유전상담사는 감정 노동자 중에서도 독특한 변종으로, 실제 임상 진료나 치료를 수반하지 않는 종류의 일을 한다. 간호사와 달리 유전상담사는 환자의 통증을 완화하거나 건강 상태를 개선하는 임상 업무를 수행하지 않는다. 오히려 그들은 종종 치료법이 없는 건강 상태에 대한 정보와 토론의 장을 제공한다. 유전상담사들은 감정 노동을 하고 싶어 하지만, 이는 다른 종류의 서비스직에 종사하는 노동자들보다는 더 높은 수준의 자율성을

누린다. 다른 감정 노동자들과 마찬가지로, 유전상담사들은 의료
기관 안에서나 보험 제공자들로부터 쉽게 비가시화되고 간과되고
마는데, 이는 심지어는 높은 전문 지위의 상담사들도 마찬가지다.
게다가 이 "감정적으로 격렬한 일"은 심리적으로 부담이 되고
몸과 마음에 피해를 줄 수 있다. 유전상담사들의 번아웃과 관련된
문제들은 럿거스의 졸업생인 피터스와 같은 일부 유전상담사들로
하여금 자신의 동료들이 필요로 할 수 있는 대처법, 스트레스
관리법, 사회적 지원을 찾기 위한 전략을 고안하도록 이끌었다.[98]

6장 윤리: 유전상담의 회색 지대

1960년대 후반, 멜리사 리히터는 세라로런스의 유전상담과정에 관한 계획 초안을 작성하고 있었다. 그리고 그곳에서 웨스트체스터 카운티의 소우 밀 리버 파크웨이를 따라 불과 8마일 정도 떨어진 뉴욕 주 헤이스팅스-온-허드슨의 한 기관 건물에서는 새로운 실험이 태동하고 있었다. 리히터와 마찬가지로 하버드 대학교에서 박사 학위를 취득한 철학자 대니얼 칼라한(Daniel Callahan)은 생식의 도덕적, 사회적 문제, "가족 계획 및 인구 제한 프로그램"에 이끌렸다.[1] 또한 리히터처럼 칼라한도 자신의 전문성과 지적인 열정을 상아탑 너머에 투여하고 싶어 했으며, "10년간의 생명공학 발전"과 관련된 다양한 인간 딜레마를 다루고자 했다.[2] 1969년 세라로런스가 첫 학생 집단을 받아들이기 시작한 바로 그해에 칼라한과 컬럼비아 의과대학의 임상 정신의학자 윌러드 게일린(Willard Gaylin)은 사회, 윤리 및 생명과학 연구소를 설립하였으며, 이곳은 곧 헤이스팅스 센터(Hastings Center)로 알려졌다. 이 혁신적이고 독립적인 싱크탱크는 "**생물학적 혁명의 사회적 파급력**"을 조사하고 논의하기 위한 지적 플랫폼을 제공하고자 했다.[3]

    헤이스팅스 센터는 초기부터 유전상담, 그리고 생명공학과 의료의 매트릭스를 지속적인 관심과 분석을 요구하는 영역으로 포함시키고 강조했다.[4] 예를 들어 1971년 헤이스팅스 센터와 국립보건원 산하의 존 E. 포가티 국제 센터(John E. Fogarty International Center)는 "유전상담과 유전 지식의 사용에 관한 윤리적 문제"라는 제목의 학술회의를 공동 후원했고, 유전 정보 및 기술의 사용, 잠재적 사용과 관련된 회색 지대를 탐구했다.[5] 연사들은 광범위한 주제를 탐색하며 유전상담을 위한 생명 윤리적 프레임워크를 구체화하기 위해 "유전학의 미래는 어디로 나아갈 것인가?"와 같은 질문을 널리 사용했다.[6]

마크 라페(Marc Lappé)는 센터에서 가장 절충적인 입장이면서 명민한 성격을 지닌 인물로, 사회 및 정책 문제에 관심이 있는 독성학자였다. 그는 유전상담과 의학유전학이 제기하는 문제와 씨름했다.[7] 유전상담과 유전공학의 사회적, 윤리적, 법적 이슈들에 관한 연구 그룹의 리더로서 라페는 특히 유전공학, 유전자 검사와 관련된 과학자들 및 전문가들이 양수천자와 같은 신기술의 일상적인 사용과 의미보다는 목표 및 미래 결과에 지나치게 집중하고 있다는 점을 걱정했다.[8] 라페는 유전자 검사의 질병 예방 모델에 내재된 가치들을 인식하도록 이들을 압박하고 개인에 비해 유전자 풀 또는 사회가 암묵적으로 또는 명시적으로 특권화되는 것을 경고했다. 1973년 출판된 『헤이스팅스 센터 보고서(Hastings Center Report)』 2호에 실린 한 특집 에세이에서 라페는 "유전상담사: 누구에게 책임이 있는가?"를 묻고 "나는 유전상담사들이 만약 자신들의 윤리적 의무가 **어떤 식으로든** '미래 세대'에 있다고 여긴다면 그것은 잘못된 것이라고 생각한다"(강조는 원문).[9] 그는 서구철학에 팽배한 공리주의적 충동, 즉 최대 다수를 위한 최대 선행을 행해야 한다는 충동을 유전상담에 적용하는 것을 의문시하고 대신 동양철학의 아히스마(Ahisma)를 지침이 되는 원칙으로 제안했다. 아히스마는 잠재적 고통을 최소화하기 위한 지속적 의무를 일컫는다. 비록 누군가는 그의 서양과 동양 철학 구분을 희화화할 수도 있지만 인간의 배려와 공감이 뒷받침된 상황적 윤리를 수용해야 한다는 라페의 제안은 선견지명을 보이는 것이었다.

오늘날 유전상담사들은 라페가 40년 전 제기한 많은 문제들과 씨름하고 있으며, 특히 환자 진료에서 근본적인 자율성의 윤리 원칙을 구현하고자 분투하고 있다. 오늘날 환자 자율성에 대한 존중은 유전상담과 보다 넓게는 진료에까지 일종의 주문이 되고 있다. 환자 자율성은 고귀한 목표지만 투명하지도, 고정적이지도 않기에 모든 유전상담 시나리오에 자율성이

동등하게 적용되는 것은 불가능하지는 않더라도 어려울 수 있다.[10] 실제로, 자율성의 힘과 한계는 중립적인 진공 상태가 아니라 사회적, 경제적, 문화적, 개인적 상황이라는 제약 내에서 결정을 내리는 유전상담자의 실제 상황에서 시험된다. 유전 의학이 진전을 이루고 환자 인구 구성이 변화해 왔으며 문화적, 종교적 정치적 가치가 변동함에 따라 자율성의 범위와 관련성 역시 지속적으로 재조정되었다. 나아가, 일부 환자들은 자율성을 선취하거나 영위할 수 없다.[11] 21세기 가장 중요한 도전은 광범위한 진단, 치료 결과, 개인과 가족 상황을 고려하면서 어떻게 자기결정권과 환자의 자율성 존중의 에토스를 활성화할지였다.[12]

자율성 개념의 발전이 의학유전학 및 유전상담과 어떤 관련성을 지니는지 학술적으로 그다지 검토되지 않았다. 그러나 자율성의 역사적 계보에서 핵심 가닥은 의학유전학과 유전상담의 기원으로 돌아간다. 더욱이 인류유전학의 프리즘을 통해 자율성의 부상과 통합을 연구하면 이 과정에서 심리 치료, 젠더 역학, 생명 윤리의 출현이 중요한 역할을 한다는 점을 알 수 있다. 유전상담에서 자율성을 이해하려면 현대 유전상담의 핵심 원칙이 되어 온 비지시성과의 역동적인 관계를 탐색할 필요가 있다.[13] 1990년대부터 유전 관련 의료인들 사이에서는 비지시성 원칙이 일반적 방법으로서 가치가 있으며 다양한 환자들이 지닌 의사소통에 대한 기대를 충족시킬 수 있는지를 두고 열띤 논쟁을 벌여 왔다.[14] 많은 유전상담사들이 비지시성에 불만을 가졌고 이를 포기할 것을 강하게 요구해 왔다.[15] 동시에 유전상담사들의 자율성에 대한 헌신은 강력하고도 탄력적으로 남아 있다.[16]

어떻게 유전상담에 이들 비지시성과 자율성이 서로 얽히게 되었을까? 이 과정은 중첩되면서 시간적으로 빗겨나간 네 가지 경로로 거슬러 올라갈 수 있다. 첫 번째는 1940년대 초 칼 로저스(Carl Rogers)가 개발한 비지시성과 내담자 중심의 상담 모형이다. 그는 이 모형을 프로이트식 정신분석과 유사한 설교조의 교훈적 모델에 대한 대안으로 만들었다. 두 번째는 셸던 리드가 초기에 자율성을 부분적으로 옹호하면서 "내담자"란 명칭을 선택한 것이다. 이 용어를 그는 거의 확실히 로저스로부터 차용했다. 세 번째는 1960년대 후반과 1970년대 초반 미국 생명 윤리의 신조로서 자율성의 결속이다. 이 시기 의사, 신학자, 커뮤니티 활동가, 그리고 기타 대담자들은 생의학의 권위에 도전하고 환자 진료와 의학 연구에 있어 새로운 원칙과 프로토콜을 생성하고 집약했다.[17] 마지막으로, 1970년대에 시작된 자율성이 여전히 비지시성에 의존한 채 유전상담 훈련 학위과정과 전문가 조직의 개념적 씨줄과 날줄에 자리 잡았다. 재생산권을 강력하게 옹호한 여성이 압도적으로 많았던 유전상담사들은 일상적인 상담 관행에서 개념적 유연성의 필요를 인식하였지만, 또 한편 입장과 강령, 진료 지침 등에 생명 윤리 원칙을 포함시켰다.

<u>칼 로저스 그리고 비지시적 상담에서 내담자 중심 상담으로의 전환</u>
임상심리학자로서 컬럼비아 대학교 사범대학에서 공부한 칼 로저스는 1930년대 후반 뉴욕 주 로체스터 소재 아동 학대 방지 협회 아동 연구부에서 일하고 있었다.[18] 그는 심각한 심리적 문제를 가진 어린이와 청소년을 꾸준히 관찰했는데, 이들 중 상당수가 정신 질환을 앓고 있었을 뿐만 아니라 폭력적인 가정 환경에서 잔인하게 학대당하고 있었다. 로저스는 철저하고 과학적이며 가족, 환경, 성격 모자이크에 민감한 치료 방법을 찾고 있었다. 로저스는 지그문트 프로이트의 인간 무의식과 정신 및 감정의 복잡성에 대한 통찰을 존경했지만 유용하지도 실용적이지도 않다고 생각한 프로이트식 정신분석에 대해서는 별다른 감흥을 느끼지 못했다. 그것은 대상 환자의 삶을 "정교한 이론적 상부구조"를 통해 지나치게 길고 까다롭게 해석할 것을 요구했을 뿐만 아니라 분석가는 일반적으로 고압적이지는 않더라도 지시적이어야 했다.[19]

개인의 직접적 생활 환경을 중심에 두어야 한다는 믿음과 실용주의, 그리고 자아의 고유성에 대한 경외심이 결합한 결과 로저스는 제시 태프트(Jessie Taft)의 "관계 치료", 더 중요하게는 오토 랑크(Otto Rank)의 "의지 치료"에 끌렸다. 랑크의 방법은 개인이 얼마나 심리적으로 억제되던 간에 자기 주도 능력과 창의력, 또는 전환을 위한 "의지"를 갖고 있다고 여겼다. 랑크는 로저스보다 더 프로이트에 반대하며 자신의 이론을 정교화했다. 그는 인간이 경험하는 원초적 트라우마는 초기 발달의 정신사회적 혼란이 아니라 출생의 격변적인 순간에 정초한다고 보았다.[20] 로저스가 보기에 랑크의 접근은 프로이트의 모델보다 더 큰 유연성을 약속했고, 역동적이고 상호 작용하는 정신치료를 생성하고자 했다. 이 치료를 통해 환자는 자기 성찰과 개선에 관한 그 스스로의 기술을 갖게 될 것이었다. 로저스는 몇 년 후 그의 인생에서 이 시기에 대해 인터뷰했을 때 다음과 같이 설명했다. "저는 개인의 역량을 믿게 되었습니다. 저는 개인의 존엄성과 권리에 충분히 존중하기 때문에 제 방식을 강요하고 싶지 않습니다".[21]

이를 토대로 로저스는 비지시적 상담 이론을 발전시켰는데, 여기서 그는 자신의 믿음을 (1)해체, (2)통찰, 그리고 (3)통찰에 기반한 긍정적 행동이라는 세 가지 주요 단계로 구조화시켰다. 객관적이고 과학적인 방법을 구현하기 위해 로저스는 오디오 녹음 정신치료 세션을 기술을 고안한 다음 엄격하고 체계적인 공식에 따라 전사하고 주석을 달았다.[22] 실제로, 녹취되고 분석된 상담 세션을 담은 미국 심리학의 첫 사례집은 비지시적 상담에 전념하고 있었다. 이 책은 상담의 맥락이 강압적이 논쟁적이지 않으며 내담자가 자신의 문제를 인식하고 자신의 내부에서 변화에 대한 반감을 찾을 수 있도록 치료 플랫폼을 유지하는 데 있음을 보여 주었다. 서로 다른 심리학자들에 의한 다섯 가지 분명한 사례가 포함되었다. 로저스의 사례는 자살 직전의 젊은 여성에 관한 사례였으며, 그는 자기 권한 강화와 자기 수용에 대하여

1950년경, 시카고 대학에서 내담자와 상담 중인 칼 로저스.
좌석 배치를 보면 로저스와 그의 내담자는 테이블에서 서로
마주보고 편안하게 앉아 있다. 이는 고전적인 프로이트식 침상
요법과 다르며 내담자-중심 상담의 상호작용 스타일을 보여
준다. 출처: 니탈리 로저스(Natalie Rogers). 사용을 허가받음.

점진적이고 성공적으로 상담했다.[23] 그와 일하면서 로저스는 재구성과 조언보다는 설명과 반복의 언어 기술을 사용하였고 세션 대부분의 시간을 말하기보다 듣기에 할애했다.

로저스는 자신의 접근법을 "비지시적"이라고 불렀는데, 이는 로저스 스스로를 프로이트식 정신분석에 대한 비판으로부터 분리시키고 가장 중요한 내담자의 역할을 강조하는 데 도움이 되었다. 그러나 로저스는 여전히 이 용어가 부족하다고 생각하고 몇 년 후 이를 "내담자 중심(client-centered)"이라는 표현으로 대체했다. 그는 몇 가지 이유에서 이 명칭을 선호했다. 첫째, 로저스가 인터뷰에서 설명하듯 그는 한번도 환자(patient)라는 용어에 만족한 적이 없었다. 이는 그가 박사 학위를 가진 임상심리학자이었으며 의사 출신 정신의학자가 아니라는 점에서 기인했다.[24] 덧붙여, 환자가 되는 것은 병적 상태를 가진다는 것인데 이는 종종 부정확한 설명이었을 뿐만 아니라 내담자를 낙인화할 수 있었다. 둘째, "비지시적"은 치료의 유형을 지칭할 뿐, 치료에 참여하는 살아 있고 숨을 쉬는 사람을 일컫는 단어가 아니었다. 그러나 "내담자 중심"이라는 단어는 내담자를 존중하고 그가 정신치료 대화의 중심에 있음을 확인시켜 주었다. 로저스는 다음과 같이 설명했다. "내담자에게는 자기 스스로의 책임이 있고, 타인에게 도움을 구하면서도 평가 기준과 결정의 중심은 자기 자신에게 둘 것입니다. 그는 자신을 남의 손에 맡겨 놓은 것이 아닙니다. 여전히 스스로의 판단을 유지할 겁니다. 이게 제가 찾을 수 있는 가장 좋은 용어인 것 같았습니다."[25]

1940년대와 1950년대에 걸쳐 로체스터에서 오하이오 주립대학교를 거치고 시카고 대학으로 옮겨 가면서 로저스는 자신의 내담자 중심 치료를 확장하고 정교화했으며, 이는 미국 임상심리학의 주요 기둥 중 하나가 되었다.[26] 로저스식 접근의 핵심에는 개인의 자율성에 대한 믿음이 있었다. 1960년대 로저스는 자신의 접근을 "사람 중심(person-centered)"이라 재명명하고 캘리포니아 라 호야(La Jolla)에 인간 연구 센터를 설립했다.[27] 1987년 85세의 나이로 사망하기 전 생애 마지막 20년 간 로저스는 사람 중심 워크숍을 독려하며 전 세계를 여행했다. 그는 인본주의 심리학의 최전선에 서서 당대의 반문화적이고 진보적인 정치적 흐름에 공감하며 치료적 자기 결정권 분야를 옹호했다.[28]

비록 로저스는 "자율성"이라는 단어를 공식적으로 사용하지는 않았지만, 그의 정신치료적 접근은 루스 페이든(Ruth Faden), 톰 비첨(Tom Beauchamp), 낸시 킹(Nancy King) 등이 도출한 자율적 의사 결정의 3가지 핵심 조건, 즉 의도성(자신의 계획에 따라 행동을 원하고 수행함), 이해(상황과 선택에 대한 이해에 기반하여 행동함), 그리고 자발성(통제 없이 행동이 이루어짐)을 기반으로 한 것이었다.[29] 어려움을 겪던 아이들과 함께 일했던 초기 경력부터 인본주의 심리학을 주도한 말년까지, 로저스는 항상 자존감, 존엄성, 표현 등 잘 훈련되고 조율된 상담가가 장려할 수는 있으나 내담자들에게 강요할 수는 없는 특성들을 중요하게 여겼다.

유전상담에 대한 셸던 리드의 모호한 접근

로저스가 명백하게 비지시적이고 내담자 중심적인 새로운 형태의 심리 치료를 개발했다면, 셸던 리드는 상담사의 의도가 훨씬 더 불분명한 의학과 심리학의 새로운 결합 분야에 로저스식 용어를 적용했다. 1947년 리드는 유전상담이라는 신조어를 만들고 미네소타 대학교의 다이트연구소에서 서비스를 제공하기 시작했다. 1974년 리드는 그가 "우생학적 함의가 없는 일종의 유전학 사회 사업"에 유전상담이 기초한다고 주장했다.[30] 그러나 유전상담의 윤리적 순수성을 보장하는 데 있어 리드 자신의 역할에 대한 평가는 절반만 옳았다.

인종과 장애에 대한 그의 관계(3장과 4장 참고)와 유사하게 유전상담에 대한 리드의 접근은 복잡하고 일관되지 않은 것처럼 보였다. 다이앤 폴과 몰리 레드-테일러(Molly Ladd-Taylor)가 모두 지적했듯이, 리드는 유전상담을 찾는 중산층 백인 내담자 다수가 합리적인 의사 결정 능력을 갖고 있으며 자율적인 행위자로 행동할 수 있다고 믿었다.[31] 그는 또한 유전상담이 부부로 하여금 발현성이거나 내현성인 유전 조건들을 더 많이 갖도록 독려하는 한, 그 궁극적인 결과가 우생학적이라기보다는 열생학적(dysgenics)일 수 있다고 생각했다. 이런 사례에는 종종 가계도로 추적 가능한 상염색체 열성 조건을 지닌 부부가 포함되었다. 이들은 임신을 유지하기로 선택했고, 4분의 1 확률로 동형 열성 아이들이 "위험"에 처할 확률에 대해 감수할 만한 가치가 있다고 판단했을 가능성이 컸다.

리드의 양가성은 유전상담을 제공하기 위한 의사 또는 박사 학위를 소지한 유전학자에 대한 세 가지 자격 조건 목록에 반영되었다. 첫 번째 조건은 기본 유전학 지식으로서, 기술적이고 정보적이며 가능한 한 정확한 진단 또는 위험 평가 제공에 있어 이는 필수불가결한 것이었다. 세 번째 조건은 "가르치려는 열망"으로 리드 세대 의료전문가들의 자애로운 부권주의를 압축한 용어였다. 로저스식 에토스와 강하게 공명하며 유전의학 초기의 자율성 옹호를 반영한 표현이 리드의 두 번째 조건으로서 "내담자의 민감성, 태도, 반응에 대한 깊은 존중"이었다.[32]

유전상담을 하는 대다수의 의학 유전학자들보다 더 많이, 리드는 서비스 제공자들에게 내담자에게 강요하거나 강압하지 말라고 가르쳤다. 그는 1952년 미국 인류유전학회에서 공동주최한 유전상담에 대한 패널 토론에서 "다이트연구소의 경험에 비추어 볼 때 재생산의 방향을 지시할지 말지에 있어 상담사가 바르게 조언하는 경우는 극히 드물다. 상담사는 영향을 받은 아이의 부모가 겪은 특별한 상황을 겪어 본 적이 없기 때문에 그들의 감정을 완전히 이해할 수 없다"고 말했다.[33] 12년 후 공중 보건의 인류유전학에 관한 심포지엄에서 리드는 "유전학자는 생식 방향을 지시하는 데에 종사해서는 안 된다. 어떤 부부든 다음 아이가 비정상일 가능성이 있기 때문"이라고 설명했다.34 같은 시기 리드는 "우리는 누구에게 무엇도 팔지 않는다. 즉 아이를 전부 갖지 않거나 12명을 낳으라고 말하지 않는다. 우리는 내담자가 무언가를 하도록 설득하지 않는다".35 유전적 위험에 관한 소통에서 리드는 "상담의 기본 원칙"을 가장 일관되게 주장했다. 말하자면 그 원칙은 "전문가는 예비 부모에게 모든 정보를 제공하고 위험이 있다면 무엇이든 간에 빠짐없이 설명한다"였다. 유전상담사는 "내담자의 문제의 감정적 영향을 경험해 보지 않았고 그들의 환경에 대해 잘 알지 못하기 때문에" 내담자를 대신해 단정적인 결정을 내릴 위치에 있지 않았다.36

리드는 1946년 텍사스 대학교 오스틴 캠퍼스로 자리를 옮긴 다이트연구소의 전임자 클라렌스 올리버와 대조적이었다. 올리버는 유전상담의 우생학적 역할에 대해 뻔뻔스럽게 옹호했으며 상담자는 강력한 조언을 제공해야 한다고 단호하게 말했다. 예를 들어 올리버는 당뇨가 있는 딸 하나를 두고 있고 둘째 아이를 고려하고 있는 아버지가 유전적 당뇨병을 앓고 있다고 의심되는 경우, 정보를 과장하거나 제한하는 데 거침이 없었다. 향후 자손에게 9분의 1 확률로 당뇨가 유전된다는 작업용 가설(1950년대 초반에는 1형 당뇨의 유전적 소질에 관해 거의 알려진 게 없었다)에 기초하여 올리버는 향후 출산이 "아동의 위험을 담보로 한" 도박이라고 말했다. 그러므로 그는 "좋고 나쁨이 일어날 거라는 가능성을 설명하는 것 이상"이 필요하며 "가능한 한 전망을 어둡게 묘사"하여 아버지가 향후 출산을 시도하지 않기로 결정하도록 도와야 한다"고 믿었다.37

1940년대부터 1960년대까지 올리버의 접근 방식은 드물지 않았다. 유전상담의 개발을 도운 맥길 대학교의 유전학자 F. 클라크 프레이저는 그가 시작했을 때 "전통적인 상담은 매우 지시적"이었다고 기억했다. 예를 들어, 동시대인 매지 매클린은

그가 보기에 높은 유전 질환의 위험에 놓여 있는 부부들에게
상담 중 강하게 "절대 안 돼!"라고 말하기를 주저하지 않았다.
프레이저에게 이 모델은 지나치게 극단적이었지만 그는 또한
"반응상 절대로 지시적이어서는 안 된다"는 금기에 불안해졌고,
이는 때때로 의사로서의 사고방식과 환자의 의학적 조언에 대한
열망과 충돌했다.[38]

    리드는 어떤 사람이 합리적인 의사 결정을 할 수 없다고
판단했을 때 더욱 지시적일 수 있다고 말했다. 지적장애인
거주 시설의 환자나 헌팅턴병 병력이 있는 가족 구성원이 이에
해당했다. 리드는 공적인 전문가 개입이 없다면 이들의 저하된
인지 능력과 열등한 유전적 소인이 정당화될 수 있다고 믿었다.
궁극적으로 리드는 세계를 유전적 가치가 낮은 것과 높은 것으로
나누었으며, 이 구분은 합리적인 인지 능력과 일치했다. "미네소타
대학교 2만5천 명의 학생들이 지적장애 아동 기관의 2만5천 명의
환자들보다 사회적으로 더 우월한 유전학적 가치를 지니고 있다는
데에 의심의 여지가 없다".[39] 1951년 리드는 미네소타 단종법의
미래에 대한 세인트 폴 주민의 질문에 대하여 이렇게 대답했다.
이 법은 1925년 상당 부분 다이트연구소의 후원자였던 찰스
프레몬트 다이트의 압력으로 통과된 법이었다. 지역 주민들은
법을 폐지하려는 지속적인 시도에 우려하고 있었고, 리드와
미네소타 인류유전학 연구단(Minnesota Human Genetics League)
또한 폐지를 강력하게 반대했다.[40] 리드는 1968년 말까지 예방적
단종을 지지했다. 그해 오레곤 주의 단종법 개정을 지지하며
리드는 동료들에게 편지를 보내면서 오래 간직한 우생학적 믿음을
천명했다. 그는 단종은 지적장애인들 또는 그 외 장애인들이
정신과 환자 시설로부터 퇴원하는 조건이 되어야 한다고 보았다.
오레곤의 입법 제안은 "시설에 있어야 하는 이들이면서 현재는
일반인들 사이에 횡보하나 더 이상 지속적으로 감시받지 않는
이들"에 대한 보다 분명한 절차를 제시했다. 리드는 개정된 법이

"이들 그룹에 대한 보호"를 제공한다고 선전했다.[41] 따라서 리드와 그의 동료들은 사회적 의무라는 감각 위에 후속 세대의 이익을 위해 행동할 부유한 내담자들에게 자율적 의사 결정의 몫을 두었다.[42] 리드는 그의 내담자이던 대다수는 "친밀한 가족 단위 내의 안정적 커플"이라고 묘사했다.[43] 이러한 이상적이면서 총명한 젊은 부부와 달리 "문화적 동기가 없는 평범한 저능아 가정"은 "가족 내에 만연한 지적장애에 대해 상담하러 오지 않을 것"이었다. 왜냐하면 그들은 단순히 신경 쓰지 않기 때문이었다.[44]

그럼에도 불구하고 리드는 그의 두 단계 접근 방식과 오래된 우생학적 이데올로기 테두리 내에서 개별성과 자율성의 기반을 유전상담에 제공했다. 그가 그렇게 한 가장 중요한 방법 중 하나는 '환자'보다 '내담자'라는 용어를 선택한 것이었다.[45] 내담자 상당수가 의학적 상태와 가족 건강 문제로 다이트연구소를 찾았음을 감안할 때 흥미롭고 상당히 의식적인 결정이 아닐 수 없었다. 리드는 1967년 새크라멘토 유전 연구소(Sacramento Genetics Institute)와 유전상담사의 전문가 프로필과 업무에 관하여 논할 때 "유전상담을 위해 찾아온 사람을 두고 환자보다 내담자라는 단어를 사용합니다. 상담 과정은 치유보다는 돕는 것에 가깝기 때문입니다"라고 했다.[46]

로저스처럼 리드는 의학 학위가 아닌 박사 학위를 받았다. 다이트 인류유전학 연구소의 기록과 워싱턴 주 의회도서관에 있는 칼 로저스 문서고를 신중하게 검토해 보아도 두 사람 간의 서면 또는 구두 의사소통 흔적은 남아 있지 않다.[47] 따라서 왜 그리고 어떻게 리드가 "내담자"라는 단어를 선택했는지는 수수께끼로 남아 있지만 이는 그가 로저스의 유명하고 널리 알려진 글들을 친숙하게 접했기 때문일 가능성이 높다. "내담자"라는 단어의 경로가 어떠하였든 간에 리드의 결정은 유전상담 분야의 발전에 중대한 영향을 미쳤다. 그러나 1960년대까지 리드가 주조해 낸 자율성과 비지시성은 다이트연구소 및 웨이크포레스트 대학교와

같은 곳에서 우생학 패러다임에 의해 방해받았다. 이들 개념은
민권 시대의 사회적 변화를 거쳐 주로 여성 유전상담사로 이루어진
새로운 세대가 분야를 재구성하고 채우기 시작하면서, 그리고
유전학 및 재생산 기술이 폭발적으로 증가하면서 오늘날의
생명윤리적 의미를 획득했다.[48]

자율성: 미국 생명 윤리의 핵심

1970년대 초반 환자 자율성, 재생산 선택권, 자발적 의사 결정은
생명윤리학의 특징이 되었으며 유전상담 및 의학유전학에서 특히
큰 반향을 불러일으켰다. 역사가들은 장기 이식과 장기간 연명
시스템의 가용성과 같은 의학적 진전이 알려지지 않은 도덕적
논쟁의 영역을 만들어 냈다는 점을 인식했다. 이 새로운 기술들은
의사들에 대한 신뢰가 감소하고 교도소와 국공립 학교에서의
취약한 인간 연구대상자들에 대한 인체 실험이 폭로될 무렵 병원에
도입되었다. 이런 요인들의 결합은 도덕적, 의학적 질의의 새로운
영역인 생명 윤리학의 출현을 촉진했으며 의학 연구와 치료에 대한
지침을 제공하는 새로운 전문직으로 생명윤리학자가 탄생했다.[49]
생명 윤리는 정치, 법학, 공동체 영역에서 시민과 인권 이슈가
논쟁되고 공식화되는 맥락 속에서 등장했다. 뉘른베르크 강령이나
다른 인체 실험과 환자 보호에 관한 국제 규약에 포함된 개념들을
적용하기 위해 생명윤리학자들은 미국 사회의 의료적 남용과 여타
난제들을 다루었다.[50]

이러한 대화의 온상이 된 곳 중 하나가 헤이스팅스 센터였다.
이 센터는 새로운 유전 및 재생산 기술의 의미와 유전상담사가
기여할 역할에 대해 사려 깊고 엄격한 성찰을 하는 데 앞장섰다.
학제 간 논의 첫해의 시작으로 라페가 이끄는 유전상담과 유전
공학의 사회윤리법적 이슈 연구 그룹은 "출생 전 유전 질환 예측
능력"과 관련된 토론을 촉진할 수 있는 네 가지 이슈에 초점을
맞추었다.[51] 이 네 가지에는 우생학 대 치료, 부모에 미칠 영향,

사생활 보호, 그리고 강압의 문제가 포함되었다. 전반적으로 이들 그룹은 유전자 검사 및 그에 따른 더 많은 유전 정보 때문에 만들어진 딜레마들, 예를 들어 이를 바탕으로 산모와 가족이 재생산 결정을 내리는 일이나 사회 구성원들이 이런 것들이 "신을 흉내 낼" 가능성에 대해 우려하는 것 등을 탐구하고자 했다.[52] 라페는 특히 산전 검사의 원동력이 되는 "정상"과 "비정상"이라는 내재적 가치에 흥미를 가졌다. 점차 보급되는 양수 천자를 둘러싼 잠재적 문제들과 도덕적, 사회적 파급 효과에 대해 경고하면서 그는 1973년도 "비용-편익 분석에 따라서는 '유전성 질환'의 경우 임신 중절이 질환을 앓고 있는 아동을 치료하는 것보다 언제나 저렴하고 손쉬우며, 애초에 '선천성 기형아'의 수태를 방지하는 것이 기형을 갖고 있는 아동에 대한 부담을 짊어지며 사는 것보다 저렴하다고 설명할 수밖에 없다"라고 경고했다.[53]

    헤이스팅스 센터는 라페와 그 동료들이 제기한 학문적 논의의 포럼을 개최하는 것 외에도 "강력한 주장일지라도, 바른 사실에 기초해야 한다"며 높은 기준을 세웠다.[54] 1970년대에 걸쳐 많은 관찰자들과 비평가들은 유전 공학의 전망을 우려하였고 '멋진 신세계'의 도래가 안겨 줄 족쇄나 해방을 걱정했다. 칭찬받아 마땅하게도, 헤이스팅스 센터의 학자들은 새롭게 시작된 유전 선별 프로그램이나 PCR(중합효소 연쇄 반응), 재조합 DNA 기술 등 새로운 발견의 미세한 기술적 사항에 세심한 주의를 기울였다. 뒤이은 몇 년 동안, 의학유전학의 발견과 발전은 활발하게, 때로는 현기증 날만큼 빠른 속도로 이루어졌고 센터는 유전상담의 자율성의 강점과 한계에 관하여 논쟁적인 포럼을 제공했다. 특히 장애와 차이, 의사 결정의 권력 역학 문제 등이 주의 깊게 다루어졌다.[55]

    새로운 유전 및 재생산 기술의 도덕적 파라미터에 대한 논의는 1971년 수립된 조셉과 로즈 케네디 인간 생식 및 생명 윤리 연구 센터(Joseph and Rose Kennedy Center for the Study of Human Reproduction and Bioethics)와 같은 다른 장소에서도 이루어졌다. 이 센터에서 처음 후원한 활동 중 하나는 워싱턴 존 F. 케네디 공연 센터에서 개최된 국제 심포지엄 "우리의 양심에 따른 선택(Choices on Our Conscience)"이었다. 10월 16일 아침 1,200명 이상의 참석자들이 모인 전체 세션은 「누가 살아남아야 하는가? 생존은 권리인가?(Who Should Survive? Survival is a Right?)」라는 제목의 30분짜리 필름 상연으로 시작되었다. 배우들이 출연한 이 영화는 1963년 및 1971년 존스홉킨스 대학에서 21번 삼염색체성을 갖고 태어난 미숙아들이 수술로 성공적으로 치료 가능한 장 폐쇄증인 십이지장 폐쇄증을 갖고 있었지만 수술을 받지 못한 두 가지 사례를 기록했다.[56] 첫 사례에서 이미 두 자녀를 둔 어머니는 소아과 의사에게 "중증 장애아를 돌보느니 차라리 아이가 죽고 모든 것을 끝내는 편이 낫다"는 의사를 전달했다.[57] 주치의는 이 어려운 사례를 검토하면서 부모가 "이미 마음을 정했고 아이가 치료받는 것을 원하지 않았다. 개인적으로 나는 이들의 결정이 원칙적으로는 맞더라도 실제로는 현명하지 않다고 느낀다. 그들은 필연적으로 결함이 있는 아이를 낳은 죄책감을 안고 살아가게 된다. 내가 느끼기에 아이의 죽음에 원인이 된다는 추가 부담은 그들이 성공적으로 견디고 극복할 수 있는 것보다 더 많은 것 같다"라고 말한다.[58] 두 번째 사례의 부모 또한 수술을 거부했고 아이는 출생 후 13일 만에 사망했다.[59]

저명한 소아과 의사이자 장애가 있는 두 자녀의 아버지 로버트 쿡(4장 참조)은 「누가 살아남아야 하는가? 생존은 권리인가?」를 제작하는 데에 중요한 역할을 했다. 그리고 영화의 상영으로 이러한 종류의 증례를 포함한 복잡한 윤리적 논제들에 관한 논의가 활발해지기를 소망했다.[60] 영화 관람 후 정신이 나간 듯한 부모 한 명에게 그가 쓴 편지는 다음과 같이 적혀 있었다. "저는 조셉 P. 케네디 재단의 도움으로 몽골로이드(다운 증후군) 아이에 관한 영화를 만들었습니다. 많은 경우 삶과 죽음의 결정이 삶의 질에 대한 잘못된 믿음에 근거하기 때문입니다. 저는 사회가 생존하려면 가장 능력이 출중한 사람이 아닌 생존 능력이 가장 적은 이들에 대한 책무를 져야 한다고 믿습니다".[61] 「누가 살아남아야 하는가? 생존은 권리인가?」는 언론에서 큰 주목을 받았다. 월터 크롱카이트(Walter Cronkite)는 뉴스 논평에서 다음과 같이 말했다. "문명화된 사회에서는 무력한 이들을 돌보는 데에 덜 야만적인 접근이 있을 것이라고 생각할 것이다".[62] 방송 이후, 쿡은 전국에 걸쳐 무수한 편지를 받았는데, 대부분은 아이가 있는 여성이었고 그들이 영화에서 본 내용에 분노한 이들이었다. 뉴저지 주 파시패니에서 한 다운 증후군 아동의 어머니는 다른 부모처럼 "완벽한" 아이를 낳는 것을 무엇보다 원했다고 적었다. 그러나 3개월 후 그와 남편은 아이를 집에서 양육하기로 결정했다. 그는 올바른 결정을 내렸다고 느꼈고, 계속해서 아이를 키우는 것이 "늘 쉽거나 즐겁진 않았지만 힘들거나 슬픈 것은 거의 없었다. 명백한 행복 가운데 더 많은 기쁨과 만족감이 있었다"고 답했다.[63] 아이가 있는 또 다른 여성은 다음과 같이 적었다. "저는 단순하게 존스홉킨스 병원과 같은 명망 높은 의료기관에서 이러한 잔혹한 일들이 벌어지고 있다는 것을 이해하지 못했습니다. 나치가 아이들에게 행한 잔학 행위를 읽었을 때에는 기절할 뻔했습니다. 부모가 자녀를 때려 죽였다는 기사를 읽었을 때 충격받았습니다. 미라이에서 칼리의 군대가 순수한 아이들을 학살한 것을 읽었을 때 엄청난 괴로움을 느꼈습니다. 그러나 존스홉킨스 병원의 신생아에게 일어난 일을 읽었을 때 저는 공포감에 빠졌습니다!"[64]

「누가 살아남아야 하는가? 생존은 권리인가?」는 당면한 까다로운 윤리적 문제들을 해결하지는 않았지만 장애와 부모 권리의 제한 가능성, 생명을 구하거나 연장함에 있어 의사의 적절한 역할에 대한 광범위한 토론과 성찰을 독려했다.[65] 이 도발적인 프로그램과 그로 인한 분노들은 다운 증후군에 대한 태도를 바꾸었고 전국 각지의 병원에서 생명윤리 심의 위원회를 수립하고 재생산, 출생 및 유전 질환에 관한 사례들을 숙고하게끔 하는 등 새로운 발전을 촉진시켰다.

    같은 시기에 존스홉킨스 병원에서는 산전 진단의 신기술의 윤리적 문제에 관한 연구 과제가 진행되었다. 예를 들어 1977년 헤이스팅스 센터 소속 연구자 존 플레처(John Fletcher)는 1969년 수립되어 미국 최초로 양수 천자를 실시한 기관 중 하나가 된 산전진단센터(Prenatal Diagnostic Center)에 연락했다. 플레처는 "태아 연구, 산전 진단, 낙태가 환자와 사회에 미치는 영향과 같은 이슈에 특별한 관심을 갖고 있었다"고 말했다.[66] 미 국립보건원의 새로운 프로그램 책임자로서 플레처는 존스홉킨스 병원의 많은 환자 수와 높은 질의 의무 기록 보관을 염두에 두고 그곳에서 이들 이슈를 연구하길 바랐다. 당시 산전진단센터 장이었던 리처드 헬러(Richard Heller)는 이 요청에 방어적인 태도보다는 관심을 보이며 다음과 같이 응답했다. "당신도 알다시피, 나는 특히 산전 진단과 의학 일반을 둘러싼 철학적 도덕적 이슈에 크게 관심을 갖고 있습니다. 그리고 저는 이 연구를 오랫동안 하고 있습니다".[67] 플레처의 연구는 종국에 산전 진단의 윤리적, 사회적, 법적 이슈에 관한 일련의 지침을 공식적으로 마련하는 결과로 이어졌다. 이 지침은 환자 자율성과 기밀 유지에 중점을 두었고 임상과 연구 활동 사이를 분명히 구별하였으며 "낙태에 관한 부모 관점을 존중하며 강압적이지 않은" 상담을 강조했다.

유전상담사와 생명윤리학

1970년대 초중반 석사급 유전상담사들은 전국 클리닉에서 새로운 직업에 적응해 갔다. 40년에 걸친 터스키기 매독 연구, 그리고 1960년대 후반과 1970년대 초반 일어난 수천 명의 소수 인종과 빈곤 여성에 대한 강제적 불임 시술 사건에서 일어난 장애인에 대한 차별과 인종주의는 말할 것도 없이, 인권과 신체 온전성에 대한 침해 문제에 대한 청문회가 진행되던 시기의 일이었다. 나치 제노사이드의 길고 긴, 어두운 그림자와 이들 학대에 대한 인식은 유전상담의 목표와 한계에 대한 아이디어를 형성했다. 예를 들어, 세라로런스 학위과정의 고문이었던 워싱턴 대학교의 아르노 모툴스키는 같은 해 생식의학과 유전의학에 관한 의사의 윤리적 책임을 평가하는 통찰력 있는 글을 출판했다. 추악한 과거를 돌아보고 미지의 미래를 내다보며 그는 "강제 불임을 강하게 거부해야 한다"며 "열린 토론과 강압으로부터의 자유가 궁극적 성공을 위한 최선의 보장"이라고 적었다.[68] 모툴스키는 유전상담사의 의무가 "환자와 가족의 이해를 사회와 국가의 그것보다 우선시하는 것이다. 유전상담사는 의학적이며 우생학적이지 않는 목표를 추구한다"고 유전상담사의 윤리적 자세를 요약했다.[69]

1970년대 후반 보스턴 대학교 의과대학의 제임스 R. 소런슨과 동료들이 수행한 유전상담에 관한 최초의 체계적인 연구는 유전상담사가 지시성을 거부하고 있음을 보여 주었다. 47개 클리닉의 2천 건의 유전상담 세션과 본 연구에서 유전상담사들이 응답한 설문지들을 분석한 결과 "거의 모든 상담가들이 직접적으로 내담자들에게 조언하거나 무엇을 해야 할지 말하는 것이 자신의 역할이라고 느끼지 않았음"을 발견했다.[70] 예를 들어 인터뷰 대상자 98.6%는 그들의 역할이 "환자들을 위한 결정을 내리지 않는 한편 그들의 결정에 대한 지지를 제공하는 것"이라는 문장에 동의하였고, 93.1%가 "환자에게 결정은 특히 재생산에 관한 것은 환자 본인이 해야 하며 그들을 위해 결정을 내린다는 제안을 거부하도록 말해 주는 것"이라는 문장에 동의했다.[71]

미국 최초의 유전상담 석사과정 창시자인 멜리사 리히터는 과잉 인구에 대한 불안으로 유전상담에 입문했다. 그럼에도 불구하고 그는 개인의 재생산 선택권을 강력하게 지지했다. 이와 관련하여 드러나는 것은 리히터의 제롬 르죈과의 서신 왕래이다. 제롬 르죈은 1959년 다운 증후군의 원인인 21번 삼염색체성을 발견했다. 그는 낙태에 반대한 독실한 가톨릭 신자였다. 1969년 ASHG의 윌리엄 알렌 메모리얼 수상 기념 강연(William Allan Memorial Award Lecture)에서 르죈은 과학자들이 장애인의 삶과 필요에 응답할 때 무엇보다도 "겸손과 연민"의 정서에 우선적으로 인도되어야 한다고 주장하며 "가장 심각한 장애를 가진 이라도 우리 친족에 속한다"고 강조했다.[72] 르죈이 강연에서 고려했던 ('무엇이 인간인가?'라는) 실존적 질문에 대한 대답으로, 리히터는 그에게 보낸 편지에서 ('무엇이 인간이 아닌가?'라는) 반대 질문을 제시했다. 그는 르죈에게 "부모가 낭포성 섬유증이 있는 아이를 둘, 셋 또는 다섯을 낳을 위험을 무릅쓰지 않을 권리를 갖고 있지만 사회는 낭포성 섬유증을 누구도 낳지 않도록 법제화해서는 안 된다"고 믿는다고 말했다. 페미니스트 건강 운동과 일치한 리히터의 관점에서 재생산 결정은 사적인 것이었고, 국가에 의해 지도되어서는 안 되었다.[73] 더 넓게 리히터는 서한과 강연에서 질병 예방 모델에 내재화된 가정들에 살피며 어떻게 민감도와 과학적 정확성에 관한 유전적 위험을 소통할 것인지, 유전자 검사와 상담에서 공공 기구가 어떠한 기능을 수행할 것인지 고민했다. 1972년 1월 그는 "타인의 삶에 영향력을 행사하는 책임을 논하고 싶은 욕구"를 표하는 학생들에게 유전상담의 윤리적, 도덕적, 사회적 함의에 관한 워크숍을 조직하면서 응답했다.[74]

    오늘날까지 석사 수준 유전상담과정의 형성이 생명윤리의 출현과 우선 순위에 미친 영향은 크게 간과된 주제로 남아 있다. 그러나 유전자 검사로 제기된 생명 윤리적 딜레마와 씨름하는 것은 유전상담과정 학생과 실무자들이 매일 해 온 (그리고 계속하고 있는) 일이었다. 세라로런스 학위과정의 시초에서 학생들은 그들이 직면한 도덕적 난제들, 특히 장애의 가능성이 있거나 그것이 확인된 아이의 정보를 부모에게 전달하는 것과 관련된 난제들을 토론할 수 있는 포럼을 원했다. 그러나 리히터가 세라로런스 학위과정을 위한 교육과정을 설계할 때 그는 심리학과 상담에 관한 한 과정만 포함시켰다. 학생들의 과학 및 의학 교과 과정을 보완하기 위해 리히터는 사회정신의학 수업만을 추가했다. 그러나 이 교과 과정은 이론 정신치료나 응용 정신치료를 교육하는 대신 일반적인 인간 조건을 다루었다. 임상심리학의 방법론과 무관한 존 돈(John Donne), 베르톨트 브레히트(Bertold Brecht), 조지 오웰(George Orwell) 등의 저자들을 읽혔다.[75]

조앤 마크스가 1972년 세라로런스 학위과정 공동 책임자가 되었을 때 그는 심리 사회적 요소를 교과 과정에 통합시키는 데에 열정적이었으며 콜롬비아 대학교 정신과의사인 스테판 파이어스타인(Stephen Firestein)의 심리학 세미나를 추가했다. 1972년부터 1970년대 후반까지 있었던 이 과정은 학생들이 내담자의 가족과 종족적 배경을 알게 됨으로써 "내담자가 누구인지에 대한 이해를 넓힐" 수 있도록 가르쳤다.[76] 파이어스타인의 수업 계획서는 사회 사업과 가족 치료의 인터뷰 스타일에 관한 교과서, 지그문트 프로이트, 애니 라이히(Annie Reich), 카렌 호나이(Karen Horney) 등의 정신분석 경전 문헌, 그리고 낙태와 지적장애, 불임에 관한 윤리적 이슈을 다룬 최신 논문들을 포함했다. 그의 접근은 정신분석적이라고 말할 수 있다. 강하나 교조적이지 않은 프로이트의 영향 속에서 학생들이 위험, 불안, 애도, 상실, 그리고 낙인의 정신역동학적 측면을 익히도록 설계되었다.[77] 아마도 파이어스타인의 교과 과정에서 가장 중요한 것은 최초로 유전상담 학생들이 인터뷰 스킬을 연마하기 위해 모의 인터뷰를 기록하고 비판적으로 분석했다는 점이다. 1972년 세라로런스 학위과정에 입사한 엘사 라이히(Elsa Reich)는 파이어스타인의 효과적인 교수법을 기억한다. 그는 학생들이 내담자와 그들의 환경에 대한 선입견을 가능한 한 배제하고 내담자와 상호 작용하는 공감적 접근을 개발하도록 도왔다.[78]

1978년 세라로런스 심리학 교수인 마빈 프랭켈(Marvin Frankel)이 제공하는 명확하게 로저스식 과성인 "내담자 중심의 성격과 치료 이론"이 교육과정에 추가되었다.[79] 2000년대 초까지 진행되었던 이 과정은 로저스의 작업에 전적으로 의존했으며 "역할극을 하는 내담자와 함께 테이프로 기록한 내담자 중심의 인터뷰"를 통해 광범위하게 훈련받도록 했다.[80] 프랭켈은 내담자 중심의 접근과 정신분석학적 접근을 대조하며 로저스의 언어적 명료화 기법을 강조하였고 내담자의 독특한 현상학적 프레임워크에 주목했다. 그리고 내담자가 자기 자신의 서사적 궤적을 창조할 권리를 확고하게 존중하도록 했다.[81] 프랭켈은 진정한 상담자-내담자 상호 작용의 "잘못된 캐리커처에 불과한 단순한 반복과 고쳐 말하기와 극적으로 다른" 깊은 공감적 경청을 학생들에게 가르치고자 했다.[82] 비록 프랭켈은 진정한 로저스식의 기법 활용은 짧은 상담 세션 동안에는 구체적인 해결책으로 이어지지 않을 것이라는 점을 알고 있었으나, 그는 유전상담사들이 "내담자들이 인터뷰 후 문제를 직접 해결할 수 있도록 자기 성찰적 태도"를 배양하도록 노력해야 한다고 믿었다. 프랭켈은 유전상담사의 업무가 "회의적 또는 분석적 관점 없이 완전한 수용과 함께 공감적으로" 경청하는 것이고 내담자들이 "자신의 생각을 수집하고 놀람 정도를 낮추어 최적의 상태로 만드는 기회를 제공하고, 그들의 생각에 전적으로 기초한 결정을 내릴 수 있도록 심리적 상호 작용을 촉진하는 것"이라고 가르쳤다.[83]

  파이어스타인과 프랭켈이 그랬던 것처럼 조앤 마크스는 윤리적 문제를 그의 3학기 과정 "임상유전학 이슈들"에 통합시켰다. 마크스의 캡스톤 과정은 낙태, 장애, 인종, 종족, 그리고 재생산권에 관한 광범위한 문헌을 포함했다.[84] 이들 문헌의 상당수는 라페를 포함한 헤이스팅스 센터 소속 생명윤리학자들에 의해 저술된 것이었다. 라페는 1972년 유전상담 학생들에게 윤리적 이슈를 가르쳤고 1975년 봄 돌아와서 발생생물학을 가르쳤다.[85]

  "내담자 중심" 모델은 가장 새로운 유전상담과정의 핵심에 놓여 있었고 마크스나 캘리포니아 대학교 버클리 캠퍼스의

세라로런스 칼리지의 유전상담 학생들이 상담 기술을 배우고 유전 정보 전달의 윤리적 및 심리 사회적 영향에 대해 논의하고 있다. 조앤 마크스의 캡스톤 과정 "임상 유전학의 문제"일 가능성이 가장 높다. 1985년경. 출처: 세라로런스 칼리지 아카이브.

시모어 케슬러와 책임자들은 대학원생들에게 심리 사회적 훈련이 강화되길 원했다. 케슬러에게 이는 유전상담이 개인보다 인구(집단)를 우선시하는 초기 우생학과 지시적 모델로부터 완전히 분리되는 것을 의미했다.[86] 그러나, 이는 또한 비지시성이 의미 있는 유전상담 세션에 유용하다는 개념을 포기하는 것을 의미했다. 케슬러는 버클리 학위과정의 책임자로서 자신의 관점을 실천에 옮기고자 했다. 버클리의 학위과정은 집단적 건강과 치유의 전체론적 패러다임을 창립 신조로 하고 있었다. 케슬러는 로저식의 오디오 녹음과 역할극 기법을 도입하고 유전 질환과 장애에 관하여 고통스럽고 어려운 감정들을 다룸으로써 학생들에게 상담자와 내담자 양자에 관한 인간적인 깊은 이해를 심을 수 있도록 노력했다.[87] 1990년대부터 케슬러는 비지시성에 대해 주도적으로 문제를 제기했다. 그는 이 원칙을 "쓰레기"라고 불렀으며 인간 심리학에 대한 피상적 이해이며 복잡한 인간 욕구에 맞지 않는다고 간주했다. 내담자와 관계를 맺지 않도록 걱정하는 대신 유전상담사는 "어떻게 이 사람을 도울 것인가?"를 단순히 물어야 했다.[88] 케슬러는 비지시적 상담이 효과적으로 실행된다면 내담자가 스스로 올바른 결정에 도달할 수 있도록 능동적, 참여적 상담을 촉진할 잠재력이 있다는 데 동의했다.[89] 그러나 대부분의 경우 비지시성은 불완전하거나 잘못 인도되었다.[90] 케슬러는 지시성과 비지시성 사이의 교착 상태를 극복하고자 하였고 정신역동적 모델과 이성-인지 모델을 결합하여 과학적으로 정확하고 공감적인 유전상담을 내담자들에게 제공하고자 했다.[91]

케슬러는 이 분야 리더로서 자신의 비평을 널리 알리고자 하였고 『유전상담 저널(Journal of Genetic Counseling)』과 『전미 의학유전학 저널(American Journal of Medical Genetics)』에 일련의 영향력 있는 논문들을 게재하며 비지시성이 어리석고 이중적이라고 주장했다. 한 논문에서 케슬러는 임신한 여성과 남편의 상담 세션 대본을 분석했다. 이 여성은 40세였고 고령 산모

범주에 속했기 때문에 유전상담사에게 소개되어 그와 남편이 양수 천자를 원하는지 여부를 확인하도록 했다. 표면적으로 상담가의 접근은 사실과 정보들을 제공하는 한 비지시적이었다. 케슬러와 신뢰할 수 있는 동료는 세션 기록을 면밀히 조사하고 과정보다 내용에 우선시함으로써 상담가가 진정으로 내담자 중심적인 방식을 구현하는 데 실패했다고 결론 내렸다. 그들은 또한 상담가가 의학 정보와 이미지를 제시하는 데에 양수 천자로 발견할 수 있는 주요 염색체 이상인 21번 삼염색체성 또는 다운 증후군의 결정적으로 부정적인 그림을 보여 준 것을 비판했다. 이 세션에 대한 케슬러의 정교한 분석은 상담자가 "그의 개입이 (의식적이든 다른 방식이든) 내담자의 행동에 영향을 주도록 목표하여 내담자들이 양수 천자 절차를 받는 데 동의하도록 했다는 점에서 가장 지시적"이었음을 보여 주었다.[92]

버클리 학위과정에서 이루어진 학생 교육과 출판된 문헌들은 비지시성에 대해 높아진 불만족을 예고했다. 향후 2000년대 들어 수많은 연구와 평론들이 이 기본 원칙이 가능하지도 바람직하지도 않다고 주장하게 되었다. 논자들에 따르면, 비지시성 원칙은 유전상담사들이 윤리적 곤경을 면하게 허용하거나 내담자들과 진정으로 관계를 영위하는 것을 방해해 왔다.[93] 케슬러가 사임하고 몇 년 후인 1989년 버클리 학위과정의 책임자가 된 존 웨일은 전혀 비지시성을 강조하지 않았고 대신 적극적인 상담 기술과 "내담자 그리고 그의 개인적, 심리적, 사회적 욕구, 바람과 가치들과 마주하는 의학-유전학 이슈에 주의를 기울일 것"을 독려했다.[94] 웨일과 다른 여러 유전상담사들에게 비지시성은 그것이 유전상담이 비강압적이고 비권위적이며, 우생학식의 조언을 거부해야 한다는 점을 명료히 하는 것으로 가치 있는 것이었다. 더 중요하게는, 버클리의 학위과정은 시작 초기부터 "유전상담 상황 대부분에 내재되어 있는 윤리적 딜레마"에 관한 교과 과정을 포함했다. "인권, 사회적 요구와 개인적 감정적 요구가 갈등을 빚는

딜레마 유형"에 관한 교과 과정이었다.[95]

미네소타 대학교의 유전상담과정 책임자인 보니 르로이는 미래의 졸업생들에게 그들이 특별한 종류의 의학적 전문성을 갖고 있으며, 비지시성 모델에 주로 의존해서는 그 전문성이 환자에게 때때로 효과적이면서 민감하게 작용할 수 없음을 인식하도록 권했다.[96] 세라로런스 칼리지에서 유전상담 석사를 마친 후 르로이가 미니애폴리스에 도착한 1980년대, 리드의 길고 긴 이사 임기가 끝나 다이트연구소는 축소되고 있었고 1991년에는 교수진 모집을 중단했다.[97] 르로이는 그의 학계 동료들이 인간 게놈 프로젝트와 그 함의를 인식하고 생명 윤리와 유전학을 강조함에 따라 석사 학위 교육 학위과정을 수립하는 데 관심을 키우게 되었다. 리드와 다이트연구소가 남긴 건설적 인상들을 인식하면서 르로이는 이 추진력을 바탕으로 미네소타대학 유전상담과정을 다른 시대-위험 평가, 환자 프라이버시와 기밀 유지, 뿐만 아니라 "건강 문제의 **유전적 소인**(predispositions)(강조는 원문) 일부에 관한 지식을 가지는 것"의 함의 등 새로운 개념의 시대로 가져갔다.[98]

결국, 많은 유전상담사들은 비지시성이 무엇을 하지 말 것을 강조함으로써 그들을 쉽게 제약하고 "유전상담사의 역할을 정보 제공자"로 한정 지으며 "광범위한 관련 상담 기법의 활용"을 억제했다는 결론에 도달했다.[99] 『초기 경고: 유전 질환의 전증상 검사의 사례와 윤리적 지침(Early Warning: Cases and Ethical Guidance for Presymptomatic Testing in Genetic Diseases)』이라는 통찰력 있는 책은 29개 유전상담 세션을 담고 있었는데. 대다수는 헌팅턴병과 관련이 있었으며, 유전상담사들의 주도 집단은 수십 년간의 상담 경험들에 기초하여 비지시성을 거부했다. "중립적으로 편평하게 표현된 '비지시적' 정보는 내담자들의 결정을 진공 상태에 놓으며 상담가들이 헌팅턴병의 고통, 낙태에 대한 사회적 반응, 생길 수 있는 심리적 효과 등에 대해 알고 있는 바를 무시한다".[100]

마크스는 유전상담 교육 학위과정 개시 때에는 비지시성이 핵심적 역할을 수행하였으나 "시간이 지날수록 골칫거리 단어가 되었다"고 언급한다. 그는 환자 자율성이 훨씬 더 중요하다고 믿는다.[101] 국립 인간 유전체 연구소/존스홉킨스 대학교(National Human Genome Research Institute/Johns Hopkins University)의 유전상담과정 책임자인 바버라 비제커는 강력하게 비지시성이 "도움이 되지 않으며", "상담가-내담자 관계에 거리감을 주는 효과"에 기여해 왔으며 감정적 이슈에 대한 관여를 결여시켰다고 주장한다.[102]

비지시성을 외면하는 것과 동시에 유전상담사들은 자율성을 중요하게 강조해 왔다. 자율성은 1970년대 현대적 유전상담 형성 시기 동안 실제 내담자의 행동과 권리에 관한 논의와 논쟁에 있어 최전선의 원칙이었다. 1976년 루바 주르지노비치(Luba Djurdjinovic)가 세라로런스 학위과정에 들어갔을 때 그의 동기는 주로 "잘못을 바로잡는 것"이었다. 세르비아인 아버지와 무국적자 어머니 사이에서 제2차 세계 대전 후 독일의 실향민 수용소에서 태어난 주르지노비치는 가족과 함께 1950년대 할렘으로 이사했다. 매우 제한된 자원으로 성장했지만 부모는 교육에 높은 열의를 두었다. 성공적인 학부 경력과 생물학과 조직학 실험실의 대학원 경력을 쌓은 후 그는 하루는 지역 도서관에서 선천성 기형에 관한 유전상담을 읽고 큰 흥미를 느꼈다. 얼마 지나지 않아 그는 세라로런스에서 학위과정을 찾았고, 캠퍼스 내 인터뷰 후 입학을 허락받아 커리어를 시작했다.

주르지노비치에게는 그가 새로 선택한 직업의 뿌리가 우생학 운동에 있음을 인식하는 것이 중요했다. 그는 유대인은 아니었지만 제2차 세계 대전의 공포를 고통스럽게 인식하고 있었고 홀로코스트의 여파로 인한 혼란과 고통을 독일과 미국 모두에서 직접 경험했다. 주르지노비치는 유전상담을 역사적 맥락에 놓고 이해할 수 있었고 유전상담사가 되는 것을 "나쁜 것을 좋게 만드는 일"로 바라보게 되었다. 그는 자율성에 대한

현장의 강조에 안심하였고, 그 자신이 뉴욕 주 빙엄턴의 페레
연구소(Ferre Institute)의 유전 프로그램 책임자로서 자율성을
원칙으로 강조하기도 했다. 주르지노비치는 "환자의 자율성이
없었다면, 나는 이 일을 하지 않았을 것"이라고 말했다.[103] 21세기
많은 유전상담사들의 관점을 반영하여 전직 버클리 유전상담과정
감독관인 웨일은 민감성, 존중, 능동적 자율성에 대한 확언이
"효과적인 윤리적 유전상담과정을 제공하는 데 필수적"이라고
주장한다.[104]

비지시성을 넘어

유전상담의 역사에서 가장 큰 수수께끼 중 하나는 **어떻게**
그리고 **왜** 비지시성이 이 분야에 그토록 타협할 수 없는 어떤
것으로 확고하게 자리 잡게 되었는가다. 1990년대에 이르러서는
자율성과 내담자 중심성에 대한 초기 강조가 무색해졌다.
리드와 전부는 아니더라도 그의 동료 대다수는 비지시적 접근에
대한 약속을 표했다. 그러나 리드의 저술 어디에서도 실제로
"비지시적(nondirective)"이라는 용어를 사용한 바가 없다.
대신 그의 기여는 상담 대상자를 위해 "내담자(client)"라는
용어를 도입한 것이었다. 이는 로저스식 표현이었고 곧바로
유전상담의 주요 요소가 되었다. 정작 로저스 자신은 1940년대
중반 비지시성이 비효과적이고 부정확하다고 간주하여 폐기했다.
1970년대 새로운 석사 학위의 유전상담사들은 유전 과학을
익히고 임상 로테이션에 익숙해지고 핵심적 인터뷰 기술을 익히는
데 열중한 나머지 비지시성과 그 역사적 궤적에 대해 고민할
겨를이 없었다. 더군다나 현대 생명 윤리 이슈들을 언급할 때에는
자율성, 선행, 선택, 의사 결정에 대해 생각하는 경향이 있었다.
이 단어들은 헤이스팅스 센터와 케네디 센터의 유전학 그룹들,
그뿐 아니라 1939년 독일을 탈출한 모툴스키와 같은 유전학자들이
일으킨 논쟁과 출판물에서 두드러진 용어들이었다. 처음에는

하바나 항구에서 쿠바인들이 운전한 선박 위의 난민 승객으로, 그리고 나중에는 비시 프랑스 수용소의 생존자로 지낸 경험을 통해 모툴스키는 인류유전학의 잠재적 남용에 대한 인식을 갖게 되었다.[105]

1980년대까지 유전 건강 서비스 제공자들은 비지시성이 유전상담의 기본 교리라는 것을 일종의 역사적 사실로 받아들였다. 그러나 비지시성이 1970년대 유전상담의 윤리와 유전상담사의 역할을 둘러싼 논쟁의 핵심은 아니었다. 실제로 정적인 명사 "비지시성"은 1980년대가 되어서야 이 분야를 사로잡았다. 전문 서지 데이터베이스는 1970년대 초까지는 "비지시성"과 "유전상담"이 건강과 심리학 학술 문헌에 함께 등장하지 않음을 보여 준다. "비지시성"은 1980년대까지 어휘집에 거의 등장하지 않았다. 이 시기 동안 이제 어느 정도 전문적인 지위와 전문 공동체의 규모를 갖춘 유전상담사들은 우생학과 인체 실험과 같은 유전학 오용의 유산들을 평가하기 시작하였고, 이 역사가 그들의 분야에 어떤 의미가 있을지 고심했다. 이를 통해 유전상담사들은 유령 용어처럼 보일 수 있는 유전상담에 대한 논문과 토론을 쏟아내며 일종의 전문직 정체성 구축에 참여했다. 선별 및 진단 검사를 기반으로 한 임신 중절에 얽힌 문제들의 윤리적 무게 때문에 유전상담사들은 윤리 상담의 어려운 도덕적 영역을 탐색하기 위한 작업용 언어를 정교히 표현해야 했다. 때때로 논쟁의 여지가 있는 비지시성에 대한 토론은 유전상담사에게 카타르시스를 주고 유익했으며, 21세기 유전자 선별 및 검사에 더욱 대담한 길을 제시하는 데 도움이 된 것 같다. 그러나 점점 더 많은 유전상담사들이 자율성, 동의, 그리고 생명 윤리 규칙의 더 길어진 목록에 대한 강점과 한계에 대해 이야기하는 것을 선호하는 동시에, 비지시성이 사라지기를 바라고 있다.[106]

"내담자"라는 용어를 사용하면 상담을 받는 사람에 대해 임상적인 접근보다는 심리적인 접근을 장려할 수 있다. 그러나

"내담자"라는 용어는 유전상담사의 의학적 권위를 떨어뜨릴 수도 있다. 1970년대부터 졸업하기 시작한 초창기의 현대적 유전상담사들은 "내담자"라는 용어를 사용하면서 엄격한 의학적 패러다임을 넘어서 상담받는 사람들에게 접근할 수 있었고, 심리사회적 상호 작용을 위한 여지를 많이 제공한다는 점에서 유익했다. 문제는 환자에 대한 이해가 수동적 대상에서 능동적 주체로 변화함에 따라 오늘날의 유전상담사들이 내담자 중심성을 강조했다는 것이다. 오늘날 유전상담사들은 어떠한 용어를 사용하든, 선행, 동의, 환자 자율성이라는 생명 윤리적 측면들을 온전히 통합하면서 내담자 중심의 심리적 이점을 유지하는 것이 몹시 중요해 보인다.

7장 산전 진단: 현대 유전상담의 시녀

1975년에 버지니아 코슨(Virginia Corson)은 유전상담으로 석사 학위를 받았다. 세라로런스 칼리지를 졸업한 코슨은 유전상담을 공부하는 학생들에게 새로운 진로를 보여 주었는데, 이제 이들은 시간제 일자리에 관심을 두는 주부들이 아닌, 상근직 직장을 위해 훈련받는 젊은 학생들이었다. 졸업 후 여름 동안 코슨은 열심히 일자리를 찾았고, 마치 오브 다임스 안내 책자에 나열된 50개 이상의 의학유전학 센터에 편지를 보냈다. 그는 곧 존스홉킨스 병원의 소아 유전학자 헤이그 카자지안(Haig Kazazian)으로부터 전화를 받았는데, 카자지안은 그에게 그 기관의 첫 유전상담사 자리를 제안했다.[1]

오늘날 존스홉킨스 병원의 수석 유전상담사인 코슨은 임상 유전 서비스가 급격히 확장되던 시기에 이 분야에서 활동하게 되었다. 존스홉킨스는 이미 인류유전학 연구에서 오래된 전통을 지니고 있었는데, 1953년에 의학유전학 그룹의 조직을 시작으로 4년 후에는 의학유전학부를 설립한 빅터 매쿠식이 합류했다.[2] 매쿠식은 특히 마르판 증후군(Marfan syndrome), 골형성 부전(Osteogenesis imperfecta), 헐러 증후군(Hurler syndrome)과 같은 결합 조직의 유전성 장애에 관한 연구를 지속했고, 이후에는 유전 연관 연구를 통해 인간 유전자의 지도화 작업을 주도하고 『인간에서의 멘델 유전 형질 목록(Mendelian Inheritance in Man)』으로 주요 유전 질환 목록을 확립한 것으로 잘 알려지기 시작했다. 유전 질환 목록은 처음에는 인쇄물이었으나, 유전적 병인과 영향이 확인되면서 계속 늘어나는 목록은 이제 디지털로 데이터베이스를 만들고 있다. 매쿠식 외에도 홉킨스의 교수진에는 소아과 의사인 바턴 차일즈, 로버트 쿡, 바버라 미건(Barbara Migeon), 닐 홀츠먼(Neil Holtzman) 등이 있었고, 산부인과 의사이자 미래에 체외 수정 분야를 이끌어간 하워드 존스(Howard

Jones)도 이들 중 하나였다.³

코슨은 합류하자마자 소아 유전학 분야에서 근무하게 되었으며, 정기적으로 병원을 방문하는 아이들과 가족들을 알아가는 일을 즐겼다. 코슨이 맡은 업무 중에는 볼티모어와 워싱턴 D.C.에서 의사, 과학자, 환자들이 참여하는 공동 사업이었던 테이-삭스병 예방 프로그램에서 일하는 것도 있었다. 이런 사업으로는 미국에서 최초로, 테이-삭스 프로그램은 이 질환에 걸릴 위험이 상당히 높은 특정 집단, 특히 아슈케나지 유대인의 공중 보건 유전자 선별 검사와 관련된 잠재적 이익과 윤리적 난제를 보여 주었다. 테이-삭스병은 상염색체 열성 지질 저장 장애로 예후가 매우 좋지 않아서, 이 질병을 갖고 태어난 아이들은 생후 6개월경에 증상이 나타나기 시작하며 5세 이상 살지 못한다.⁴ 원래 이 프로그램의 책임자였던 마이클 카백(Michael Kaback)이 캘리포니아로 이주한 이후, 겸상 적혈구성 빈혈과 지중해성 빈혈과 같은 이상 혈색소증을 검사하기 위해 산전 진단을 확장하는 것에 전문성과 관심을 갖고 있었던 카자지안이 1970년대 중반에 이 프로그램의 책임자를 맡은 것으로 보인다.⁵ 코슨은 카자지안과 잘 맞았고, 그가 1978년에 산전진단센터의 책임자로 임명되었을 때 그와 함께 자리를 옮겼다.⁶ 30년 후에 카자지안은 코슨이 사례 관리와 환자 의사소통 측면에서 "훌륭"하고 그는 엄청난 자산이라고 말한다. 코슨은 여전히 존스홉킨스 병원에서 일하고 있으며, 일차 및 전문 병동에 고용된 20명 이상의 유전상담사 가운데 산전 진단 부서에 근무하는 네 명의 유전상담사 중 한 명으로 일하고 있다.⁷

코슨은 자신의 경력 동안 새로운 유전자 검사 및 기술의 최첨단을 지켜 왔고, 이러한 기술적 발전에 발맞춰 유전상담 업무도 조정해 왔다. 1970년대부터 산전 진단에는 양수 천자, 융모막 검사, 알파태아단백 선별 검사(AFP screening), 혈청 검사, 쿼드마커 선별 검사, 목덜미 투명대 검사는 물론 특정 조건 및 민감도에 대한 검사들도 포함되었다.[8] 코슨은 자신의 경력을 되돌아보면서 다음과 같이 말했다. "수년에 걸쳐 일어난 일은 재생산에서 선택권이 크게 확장된 것입니다. 이러한 변화는 흥미롭고 신나는 일이긴 하지만 동시에 제가 해야 할 일을 더 복잡하게 만들었습니다. 우리는 양수 검사만을 제공하던 것에서 더 나아가, 이제는 유전상담을 더 길고 어렵게 만드는, 내담자의 요구에 따른 맞춤 검사를 제공합니다".[9]

코슨의 경력은 1970년대에 본격적으로 등장한 유전상담과 산전 진단 사이의 얽힌 관계를 잘 보여 준다.[10] 그 10년간 양수 천자의 급속한 증가는 유전상담의 성장과 전문화를 촉진했는데, 유전상담사들이 점진적으로 상당히 전문적인 자율성을 확립할 수 있도록 임상 영역에서의 고용을 창출했다. 코슨처럼 세라로렌스 칼리지의 졸업생이었던 루바 주르지노비치는 1970년대를 유전상담사들이 막 사회에 나와 자신의 기량을 증명하고, 그중 일부는 양수 천자에 대한 상담 서비스를 만들고 "이 검사에 대하여 여성들과 그들의 배우자와 사려 깊은 논의"를 나눌 수 있는 전문적인 환경을 창출하는 것에서 주도적인 역할을 맡았던, 흥미롭고 중요한 시기로 기억했다.[11] 이 과정에서 유전상담사들은 전문가로서의 정체성을 구축하고, 그들의 훈련 과정에서 강조되었던 심리 사회적인 기술을 어떻게 구현할 수 있는지를 경험적으로 학습했다. 코슨이 증명하듯이, "산전 검사의 큰 매력 중 하나는 독립성과 상담을 많이 할 수 있는 능력으로, 이는 의사 결정에 도움을 준다".[12]

그럼에도 불구하고, 산전 검사와 유전자 상담의 결합에는 심각한 문제가 있었다. 유전상담 분야 졸업생들이 산전 검사로 진입하게 되면서 이 분야는 주로 여성의 분야, 즉 임신, 재생산, 자녀, 가족과 관련된 것으로 강조되고 제한되었다. 게다가 유전상담사는 낙태를 포함해 재생산 자율성(reproductive autonomy)을 유지하고 장애가 있는 사람들을 지원하는 것과는 상반된 흐름을 따라야 하는 까다로운 입장에 놓였는데, 그들 중 일부는 유전자 선별 검사의 신우생학적인 성향에 반대하여 가장 큰 목소리를 내기도 했다.[13] 21세기에 유전상담은 산전 진단이나 소아 유전학보다 훨씬 더 많은 분야를 포함하며, 신경학에서 종양학에 이르는 전문 분야로 통합되었다. 그러나 이 분야의 통합은 산전 진단의 시작 및 일상화와 불가분 관계에 있었다.[14] 존스홉킨스 병원은 이러한 발전의 선두에서 미국 여성들에게 양수 천자를 소개하고, 검사 절차의 안전성에 관해서는 최초로 이뤄진 체계적 연구를 조직하는 데 기여했으며, 유전 기술과 재생산 선택 사이의 복잡한 관계를 함축하고 있었다.

미국에서 양수 천자술의 시작

1968년에 노련한 유전학자, 소아과 의사, 산부인과 의사, 관련 의료 전문가들로 구성된 네트워크가 새로운 임상 서비스를 시작했다.[15] 존스홉킨스 병원의 의사와 박사들로 이루어진 모임은 "현재 상당수의 유전적 이상에서 결함을 발견하거나 정상 여부를 확인할 수 있는 과학적 역량이 존재함에도", 산전 진단 서비스를 제공할 수 있는 "중요한 서비스 프로그램"이 미국 내에 없다는 것에 좌절했다.[16] 이 공백을 메우기 위해서 이들은 유관 센터를 설립하기 위한 제안서의 초안을 작성하였고, 그들의 계획에 호의적인 태도를 보인 마치 오브 다임스에 이를 제출하여 다음해에 상당한 후원을 받았다. 1950년대에 소아마비 백신 실험에 대한 성공적인 후원 이후, 마치 오브 다임스는 1960년대까지 그들의 상당한 자원을 선천적 결손 및 기형으로 알려진 분야에 쏟아부었다.[17] 양수 천자라는 새로운 기술과 이를 통한 유전적 진단의 잠재성을 인식하면서도 낙태와 관련된 본질적인 윤리적 문제를 신중하게 고려한 마치 오브 다임스는 존스홉킨스 병원의 산전진단센터에 10만 달러의 후원금을 제공했다.[18] 1969년에 문을 연 이 센터는 미국에서 가장 최신의 유전 기술 및 재생산 기술을 제공했다.[19]

산전진단센터는 설립 초기부터 다양한 임상 및 기초 과학 부서에서 온 22명의 교수진을 포함하는 간학문적인 공간이었다.[20] 행정적으로는 산부인과에 속했기 때문에, 이 센터는 여성 클리닉의 1층에 위치해 있었다. 그 서비스의 많은 부분은 여러 부서와 실험실의 기여를 필요로 했는데, 예를 들어 산부인과에서는 세포유전학 실험실을 운영했고, 소아과에서는 신진대사 장애를 진단했으며, 존스홉킨스 병원과 메릴랜드 주의 예방보건 부서와 공동으로 운영한 위성 클리닉들은 임상 서비스를 제공했다. 이 다양한 부서들 사이에서 여러 절차와 세포유전학 연구에 대하여 어떻게 적절한 수수료를 제공할지 논의가 되었는데, 일반적으로 저소득 환자들에 대해서는 수수료가 면제되었다. 많은 아프리카계 미국인 내담자들을 진료하는 진보적 성향의 임상의로서, 산전진단센터 소속의들은 "경제적 또는 인종적 특성에 근거한" 어떠한 차별도 용납하지 않겠다고 선언했다.[21]

산전진단센터는 재생산 의학 및 실험실 의학에서 수렴 중이던 여러 흐름을 활용하고 있었다. 그중 가장 중요한 것은 중공 카테타나 바늘로 복부를 통해 양수를 추출하는 기술인 양수 천자술(amnioncentesis)이다. 이 단어는 '양(lamb)'을 뜻하는 그리스어 'amnion'과 '천자(穿刺, puncture, 속이 빈 바늘을 몸속에 찔러 넣어 체액을 뽑아내는 것)'를 뜻하는 'kentesis'를 합친 것으로, 제물로 바쳐진 양이라는 종교적이고 도덕적인 의미를 담고 있다.[22] 이 기술은 1880년대에 독일의 의사들이 양막낭에 양수가 가득 차 압력이 세지는 것을 완화하기 위해 개발했다.[23] 그로부터 수십 년 후인 1916년에 시카고의 한 물리학자가 X선 사진을 이용해 처음으로 선천적 결손의 일종인 무뇌증을 진단했다.[24] 1930년대에 의사들은 태아를 진단하고 태반의 위치를 찾기 위해서 조영제를 주입하는 새로운 방사선 촬영 기술과 함께 양수 천자를 활용했다.[25] 1950년대에 이르러 산부인과 의사들은 임신부와 태아 간의 Rh 혈액형 적합 여부를 시험하기 위해 빌리루빈을 추출하려는 목적으로 양수 천자를 활용하기 시작했다.

    다른 경로로는, 20세기 생화학적 유전학과 세포유전학의 발전이 대사적인 조건과 염색체 이상에 관한 식별과 진단을 가능하게 했다. 과학자들은 1900년대 초에 그레고어 멘델의 이론을 재발견했는데, 멘델은 1865년에 유전 물질이 분리의 법칙과 독립의 법칙에 따라 부모로부터 자손으로 전달된다고 주장한 바 있다. 몇 년 후, 영국의 소아과 의사인 아치볼드 개로드(Archibald Garrod)는 자신이 런던 지역의 몇몇 가족에게서 흑색 소변을 배출하는 질환인 알캅톤뇨증(alkaptonuria)을 진단한 것에 기반하여 유전병의 "대사 작용에서의 선천적 오류" 이론을 상정했다.[26] 1910년경 "유전자"와 "유전학"이라는 용어가 만들어졌고, 같은 시기에 컬럼비아 대학교의 토마스 헌트 모건(Thomas Hunt Morgan)이 이끄는 과학자 팀은 그 유명한 "플라이 룸"에서 초파리에 관한 유전자 연구를 진행했다.[27] 1950년대에 두 명의 과학자들은 인간이 46개의 염색체를 가지고 있다는 사실을 확인했고, 다른 그룹의 과학자들은 성 염색체가 성 염색질이나 바소체(Barr body)의 유무로 구분될 수 있다는 것을 발견했다. 제롬 르죈은 21번 염색체가 3개 존재하는 것이 다운 증후군의 원인이라는 것을 밝혀냈다. 여러 과학자들이 태아 세포를 배양하는 데 성공했고 배양되지 않은 세포에 대해서도 다양한 분석을 수행할 수 있었다.

    20세기 중반까지 전 세계에 흩어져 있던 기관의 유전학자들이 형성한 네트워크는 새로운 이미징 기술과 실험실 기술로 삼염색체성, 염색체 전위, 성염색체 장애를 포함해 염색체 이상을 확인했다.[28] 예를 들어, 1959년에 덴마크의 의사들은 이전 출산으로부터 X염색체와 연관된 질환인 혈우병의 보인자라는 것을 알게 된 한 여성에 대하여 성염색질에 관한 첫 번째 산전 진단을 수행했다. 임상의들은 양수 검사를 활용하여 그가 여자아이를 임신하고 있다는 것을 알아냈고, 그 정보를 바탕으로 산모는 임신을 계속하도록 결정했다.[29]

태반과 태아의 머리 위치를 알아내는 초음파 검사와 함께, 이러한 융합적인 발전은 태아의 염색체 및 생화학 분석을 위한 발판을 마련했다.[30] 1966년에 마크 스틸(Mark Steele)과 로이 브렉(Roy Breg)은 양수 천자를 통해 추출된 인간의 양막 세포를 성공적으로 배양하고 이를 핵형화하거나 촬영할 수 있다면, 태아의 염색체 구성을 볼 수 있음을 알아냈다. 스틸과 브릭은 그들의 중요한 논문에서 다음과 같이 적었다. "인간 양수에는 배양에서 성장할 수 있는 생존 가능한 세포가 핵형을 형성할 수 있을 만큼 충분한 양이 있는 것으로 밝혀졌다. 이 이배체 세포들의 상피질 형태는 이들이 양막에서 파생된 것이라는 주장을 뒷받침하며, 이는 즉 이들이 태아에서 기원한 세포임을 의미한다. 따라서 자궁 내에 있는 태아라도 염색체 분석이 가능하다".[31]

이제 임신 중에 태아에게서 염색체 이상과 일부 대사 장애를 발견할 수 있게 되었다. 존스홉킨스 그룹은 "조직 배양, 세포유전 및 효소 분석 역량"이 기관에 존재함에도 아직 산전 유전자 진단에 이를 적용하지는 않고 있음을 잘 알았다.[32]

존스홉킨스와 다른 기관들, 캘리포니아 대학교 샌프란시스코 캠퍼스 병원, 뉴욕의 마운트 시나이 병원, 오레곤 의과대학 등에서 의사가 환자에게 양수 천자를 제공하기 시작했다.[33] 당시 마운트 시나이 병원에 있던 커트 허쉬혼은 양수 천자의 파급력을 강조했는데, 그에 따르면 양수 검사는 1960년대 후반에 "우선 순위"가 되었고 세포 배양이 더 쉽고 신뢰할 만한 기술이 된 이후 "전국에 들불처럼 퍼져 나갔다".[34] 임상 연구의 관례에 따라, 의사와 유전학자들은 양수 검사를 받은 환자에 대한 연구를 발표하기 시작했고, 이 시술이 효과적이고 안전하며 진단에서 잠재력이 크다고 주장했다. 예를 들어, 1960년대 말에 162번의 양수 검사 시술 이후, 시카고의 아동기념병원(Children's Memorial Hospital)의 핸리 네이들러와 앨버트 거비(Albert Gerbie)는 『뉴잉글랜드 의학 저널(New England Journal of Medicine)』에

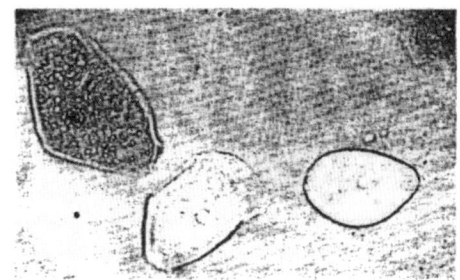

Fig. 1—Amniotic-fluid cells.
One non-viable cell has taken up trypan-blue stain; two viable cells remain unstained.

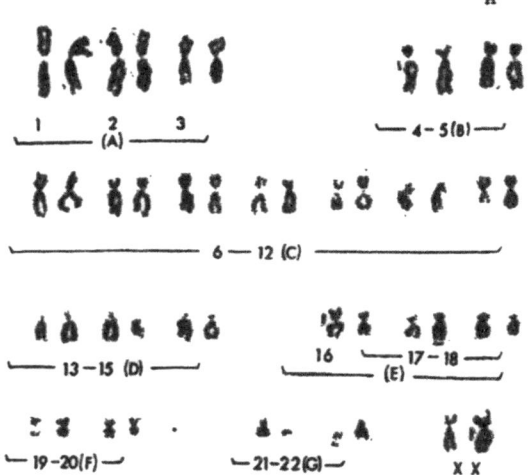

Fig. 3—Female karyotype from cultured amniotic-fluid cell.

1966년 『랜싯』에 실린 스틸과 브렉의 영향력 있는 연구에 포함된 이미지다. 이는 양수 천자로 추출한 세포로부터 세포 유전 규명을 위한 핵형 분석이 가능함을 성공적으로 증명한 것이었다. 이 발견은 1970년대 염색체 및 유전자 진단에서 양수 천자의 이용에 활로를 열어 주었다. 엘제비어(Elsevier)의 허가를 받아 다음에서 재인쇄. *The Lancet* 287, Mark W. Steele and W. Roy Breg Jr., "Chromosome Analysis of Human Amniotic-Fluid Cells," 383-85, 1966.

97퍼센트의 사례에서 "양수에서 유래한 세포(amniotic-fluid cells)을 성공적으로 배양"했으며 양수 검사는 "어머니와 태아에게 최소한의 위험"을 가하는 시술이라고 보고했다.35 이 개척자들은 산전 진단의 잠재력과 시사점을 이해했으며 이를 유전상담 분야의 중심에 위치시켰다. 네이들러와 거비는 "태아에서 유전적 결함을 발견하는 능력은 유전상담에 새로운 정밀성을 부여할 할 뿐만 아니라 많은 도덕적, 법적, 의학적 문제를 야기한다"는 점을 관찰했다.36 마찬가지로, 캘리포니아 대학교 샌프란시스코 캠퍼스에서의 임상 경험을 반영하여 찰스 엡스타인과 그 동료들은 『미국 인류유전학회지(The American Journal of Human Genetics)』에 "배양된 양수 세포를 분석해 태아의 염색체와 대사 상태를 평가하는 능력은 유전상담을 비교적 수동적인 행위에서 적극적인 의료 행위로 전환시켰다"고 기술했다.37

    이러한 의학 및 기술의 발전에 발맞추어 대다수의 미국인들은 미디어를 통해 산전 진단의 출현에 대해 인지하게 되었는데, 미디어는 이 새로운 절차의 기술적인 측면을 열심히 설명하며 이 검사가 건강 전문가나 환자, 사회에 미칠 영향에 대하여 다루었다.38 뉴욕타임스의 건강 칼럼니스트인 제인 브로디(Jane Brody)가 1971년에 썼듯이, "태아가 여전히 낙태될 수 있는 시점에 기형을 진단하는 산전 진단은 전국적으로 유전상담의 본질과 잠재력을 급격하게 변화시키고 있다".39 특히, 양수 검사는 이상적으로는 임신 16주에서 18주에 해당하는 임신 중기에 시행되었고, 그 결과는 2주에서 4주가 더 지난 후에 확인할 수 있었다.40 이 시기 페미니스트들의 건강권 운동에 주로 힘입어, 전국적으로는 여전히 불법이었던 낙태가 점차 비범죄화되고 있었다. 예를 들어, 1967년과 1973년 사이에 전국의 약 3분의 1에 해당하는 주가 낙태를 합법화했고, 1973년에 미국의 대법원이 로 대 웨이드 재판에 대해 내린 판결은 여성이 임신 초기에, 그리고 임신 중기 및 후기 동안에는 의사와 상의하여 내린 선택에

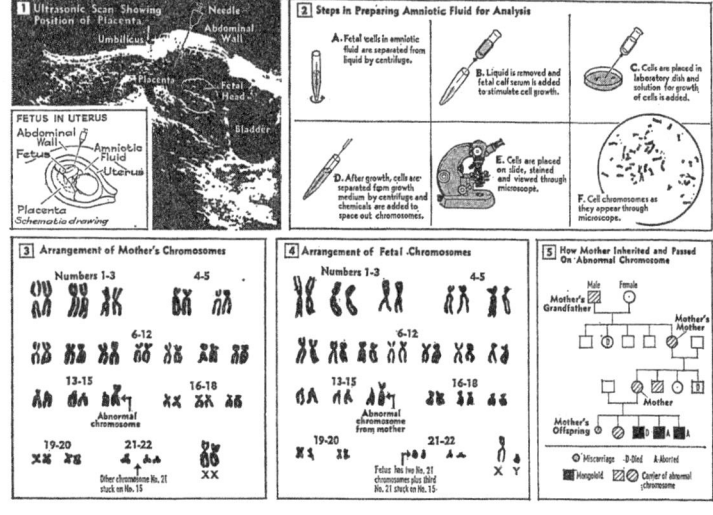

1970년대 초, 미국인들은 산전 진단 기술에 대해 알아가기 시작했고, 이는 결과적으로 임신의 경험과 함께 유전적 위험과 의사 결정에 대한 이해를 바꿔 놓았다. 출처: Jane Brody, "Prenatal Diagnosis Is Reducing the Risk of Birth Defects," *New York Times* June 3, 1971, 41. ⓒ 1971 뉴욕 타임스. 허가를 받아 사용하며 미국 저작권법의 보호를 받음. 서면 허가 없이 이를 인쇄, 복사, 재배포하는 행위는 금지됨.

의거하여, 임신을 중지할 권리를 지지했다.[41] 산전 진단의 최전선에 있는 의사와 과학자 대다수는 낙태권의 열렬한 옹호자들이었는데, 이는 여성이 재생산에 대하여 내리는 선택을 지지했고, 그들의 손끝에서 만들어지는 새로운 유전 기술이 질병을 예방하는 결과를 낳기를 원했기 때문이다.[42]

산전진단센터의 초대 이사인 리처드 헬러는 이러한 경향을 예증하는 사례이다. 1938년 뉴욕에서 태어난 헬러는 가족과 함께 스위스로 이주하여 바젤과 취리히에서 각각 대학과 의대를 다녔다. 1962년에 그는 하워드 W. 존스(Howard W. Jones)와 함께 존스홉킨스에서 인턴십을 하면서 "간성(intersexuality)의 병리학은 물론, 일반적으로는 세포유전학, 소아 및 부인과적인 문제"를 다루었다. 곧이어 헬러는 존스홉킨스 병원에 소속된 볼티모어 시립 병원의 레지던트가 되었고, 그 후 미 육군에 입대해 메릴랜드 주의 애버딘에 배치되어 소아과에서 외래 및 입원 환자들을 진료했다.[43] 1969년에 헬러는 존스홉킨스 병원의 소아과로 돌아와 산전진단센터에서 곧바로 주도적인 직책을 맡았다. 헬러는 이 센터에 관련된 의사들과 과학자들의 학제적인 네트워크를 조직하는 데 도움을 주었으며, 때로는 각자의 성격 차이와 서로 다른 부서별 환경으로 인해 생겨나는 문제들을 해결했고, 존스홉킨스 병원의 산전 진단을 외부에 알리는 역할을 도맡기도 했다. 이러한 역할을 맡은 그는 낙태 합법화를 비난하는 볼티모어 지역의 낙태 반대 단체들에 대응하는 데 많은 시간과 에너지를 썼다. 예를 들어 1971년에 헬러는 지역 신문에 편지를 쓴 양수 검사 반대자들에게 다음과 같이 반박했다. "태아 기형 예방 센터의 목적은 선천성 기형 태아를 낳을 위험이 높은 부부가 건강한 아이를 낳을 수 있도록 돕는 것입니다. 우리 센터는 진단 검사 이후 임신의 지속에 관련된 부모들의 결정에 영향을 미치려 하지 않습니다".[44]

양수 검사가 시작되면서 의료계에서 그 안전성에 대한

우려가 제기되었다. 1968년 세계보건기구(WHO)는 유전상담에
관한 보고서를 발표하면서 양수 검사가 위험하며 태아의 발생에
"심각한 위험을 수반"할 수 있다고 경고했다.[45] 점점 더 많은
의사들이 양수 검사를 사용하고 낙태의 합법화가 그 활용을
가속화할 것으로 보이는 가운데, 연방 정부는 양수 검사의
안전성에 대한 체계적인 과학적 연구 수행을 지원하기로
결정했다. 1970년대 초 국립보건원 산하 아동보건 및 인간개발
연구소(National Institute of Child Helath and Human
Development, NICHD)는 미국 내 유명 병원과 제휴한 9개의
산전 클리닉을 후원하면서 양수 검사 등록부를 만들어 양수 검사
연구로는 최초로 맹검 대조군 연구를 수행했다. 이 협력 그룹은
스스로를 '양수 검사 연구회를 위한 NICHD 국가 등록부(NICHD
National Registry for Amniocentesis Study Group)'라고
불렀다. 1971년 7월 1일부터 1973년 6월 30일까지, 존스홉킨스
병원의 산전진단센터, 캘리포니아 대학교 샌프란시스코
캠퍼스, 캘리포니아 대학교 로스앤젤레스 캠퍼스, 시카고의
칠드런 메모리얼 병원, 매사추세츠 종합 병원, 미시간 대학교,
펜실베이니아 대학교, 예일 대학교, 그리고 마운트 시나이 병원
등을 포함한 센터들은 양수 검사를 받은 1,040명의 여성들의
경험을 연구했다. 연구의 대상이 된 환자들은 인종, 연령, 소득
특성이 거의 유사하나 992명의 대조군과 매칭되었는데, 이들은
다양한 이유에서 양수 검사를 받아본 경험이 없었다.[46] 연구팀은
산모의 합병증, 유산, 신생아 평가, 그리고 연구 샘플에 있는
산모들의 1세 신생아의 건강 상태를 검토하면서, "이번 연구 결과는
최초로, 잠재적인 위험이 있긴 하지만, 임신 중기 양수 검사가
안전한 시술이라는 증거를 제공한다"고 결론 내렸다.[47] 구체적으로
이 그룹 중 2%는 질 출혈이나 양수 누출과 같은 합병증을
보였지만, 통계적으로 유의미한 정도의 유산 증가는 없었다.

  이 연구를 위해 수집된 데이터는 초기 10년 동안 양수 검사에

관한 일반적인 패턴을 포착했다. 여성들은 산모의 나이가 고령인 경우(35세 이상), 유산이나 사산 이력이 있는 경우, 기존 자녀가 특정 유전 조건을 가진 이력이 있어서 둘째 또는 셋째 아이에서 재발할 위험을 알고 싶은 경우(주로 다운 증후군), X염색체와 연관된 유전 질환이나 진단 가능한 희귀 유전병의 가족력이 있는 경우 등 다양한 이유로 양수 검사를 받거나 권유받았다. 일단 양수 검사가 시행되면 여성의 양수 세포를 배양하고, 염색체 수를 세고 라벨을 붙이는 등 세포유전학적인 징후가 검사되었다. 주된 목적은 삼염색체성과 성염색체 이상을 확인하고, 혈우병이나 특정 형태의 근이영양증과 같은 X염색체 연관 질환이 발병하거나 또는 보인자가 될 위험이 어느 정도인지 알기 위해서 태아의 성별(XX 또는 XY)을 알아내는 것이었다. 또한 연구원들은 양수나 배양된 세포에서 특정 단백질, 대사물, 효소를 추출하고 분리함으로써 헐러 증후군, 근긴장성 이영양증, 파브리병과 같이 드물게 일어나는 질환을 산전 진단으로부터 알아낼 수 있었다.[48]

    NICHD 연구의 검증 결과는 미국에서 양수 검사의 성장을 촉진시켰다. 1967년부터 1971년까지는 양수 검사가 단 300건만 수행되었지만, 1974년에는 3,000건, 1978년에 15,000건으로 증가했고, 1990년에는 200,000건 이상이 시행되었다.[49] 1970년대 초, 브리검과 보스턴의 여성 병원과 같은 클리닉이나 병원에서 전국적으로 산전 진단 서비스를 추가했는데, 이들은 1974년에 양수 검사를 제공하기 시작했다.[50] 캘리포니아 대학교 샌프란시스코 캠퍼스에서는 1970년대 초 연간 100명 미만이었던 양수 검사가 70년대 말에는 거의 1,200여 명으로 늘어났다.[51] 1970년대 유전상담과정의 성장과 함께, 양수 검사는 특히 35세 이상의 여성이나 다양한 유전 조건의 가족력이 있는 사람들을 위한 산전 관리에서 표준적인 절차로 자리 잡았다.[52] 이러한 추세에 따라 산전진단센터의 환자는 1970년대 동안 빠르게 증가했는데, 1969년에는 겨우 12명이었지만 1970년에는 25명, 1973년 102명,

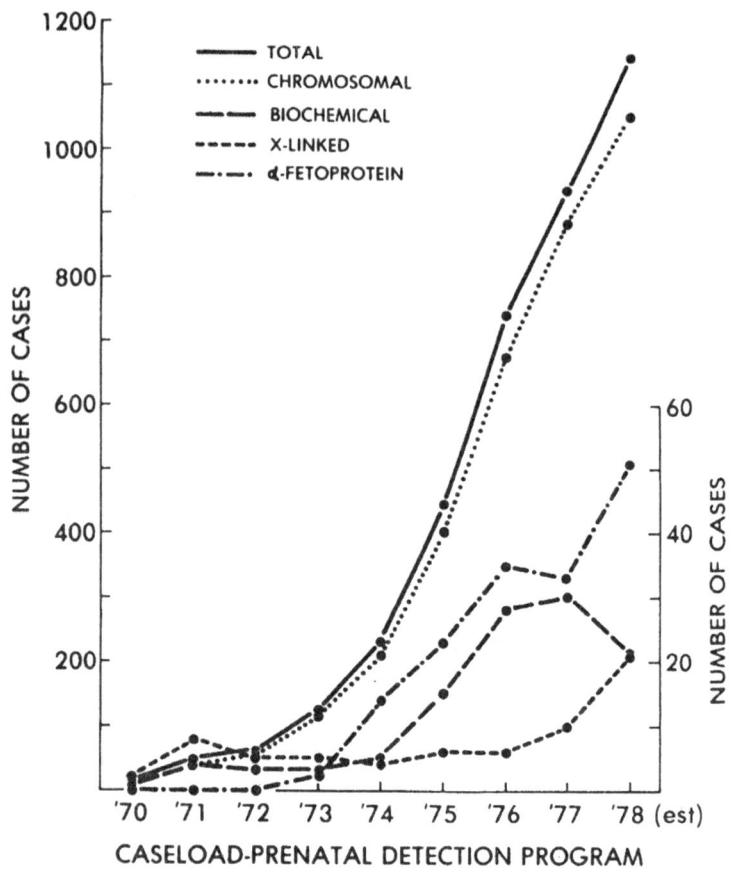

이 그래프는 1970년대 동안의 양수 천자를 통한 산전 진단 서비스가 급격히 증가했음을 보여 준다. 이 데이터는 캘리포니아 대학교 버클리 캠퍼스의 유전상담 학생들의 훈련 장소이자, 때때로 채용 장소이기도 했던 동 대학 샌프란시스코 캠퍼스에서 수집되었다. 출처: Mitchell S. Golbus et al., "Prenatal Genetic Diagnosis in 3000 Amniocenteses," *New England Journal of Medicine* 300, no. 4 (1979): 158. © Massachusetts Medical Society.

1975년 201명, 1976년에는 300명 이상에 달했다.53

    산전진단센터에는 누가, 무슨 이유로 찾아왔는가? 가장 데이터가 잘 완비된 해인 1976년의 경우 그해 동안에 총 325명의 환자들이 산전진단센터를 찾았다. 이 중 281명이 백인, 39명은 흑인이었고 5명은 인종적으로 "기타"로 분류되었다. 또한 종교에 관해서는 개신교 신자 218명, 가톨릭 신자 72명, 유대교 신자 24명, 그리고 기타 11명이었다. 174명은 볼티모어 외곽의 메릴랜드 출신이었으며, 80명은 볼티모어 출신, 나머지 80명은 인근 주 출신이고 나머지는 다른 나라 출신 환자들이 소수 포함되었다. 대부분(174명)의 환자는 세포유전학적 징후를 가지고 있을 것으로 예상되었으며, 이들 중 158명은 산모의 나이가 고령이라 검사를 받게 되었다. 추가적으로는 이전에 낳은 아이에 다음과 같은 이상이 있었던 경우가 있었는데, 가령 21번 염색체가 삼염색체성인 경우가 대부분인 염색체 이수성(aneuploidy, 異數性), 태아의 성별 결정, 신경관 결손, 테이-삭스병과 헐러병을 포함한 대사 장애, 그리고 겸상 적혈구성 빈혈과 지중해 빈혈 등 이상 징후가 포함되었다.54

    처음에 산전진단센터에는 전염성 질환과 약품 및 화학품에 대한 노출의 잠재적인 부작용을 포함한, 비유전적인 관심을 가진 여성들이 방문했다. 예를 들어, 1973년에는 "임상적으로 식별 가능한 풍진"이 있는 여성이나 리판핀(Rifanpin)과 INH라는 약물로 결핵 치료를 받고 있는 임신부, 매독 양성 반응을 보인 고령 임신부(42세)가 클리닉에 방문했다.55 그러나 시간이 지남에 따라 상담은 유전적 조건에 더 명확히 초점을 맞추게 되었고, 이는 곧 상담의 대다수를 차지하게 되었다. 예를 들어 1973년 1월에 한 지역 주민은 "네 번" 자신을 소개했는데, 그는 임신 중이었고, 그의 열번째 남자 형제는 성 염색체와 연관된 장애인 뒤셴 근이영양증을 갖고 있었다. 그의 성별이 여성이었기 때문에 그 병을 앓지는 않았지만, 그는 자신이 보인자일지도 모른다는

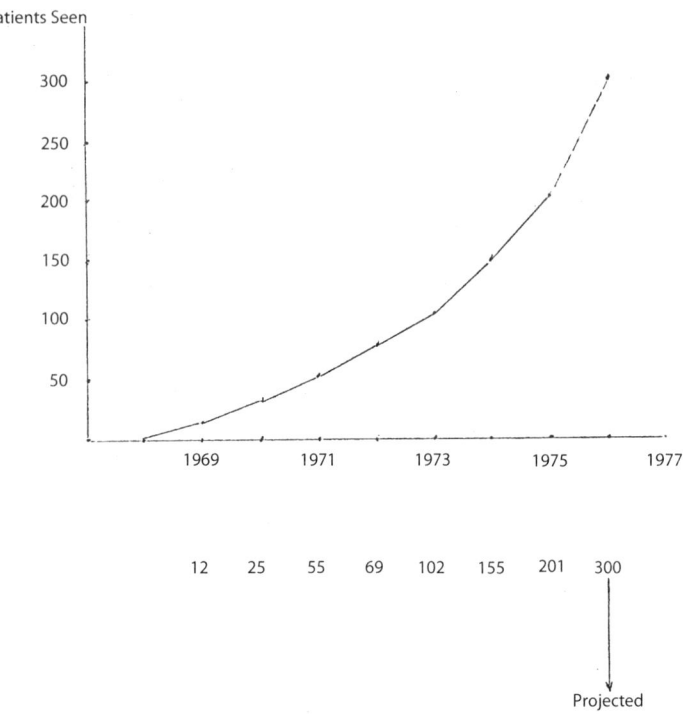

Number of patients seen 1/1/76 to 6/30/76 = 148

이 그래프는 1969-1970년 개원 후 1976년까지 존스홉킨스 병원 산전진단센터의 가파른 성장세를 보여 준다. 출처: Howard W. Jones Jr. Papers, Prenatal Diagnostic Center, Box 504035, The Alan Mason Chesney Medical Archives of the Johns Hopkins Medical Institutions.

것을 염려했고 그러한 병을 가진 아들을 낳고 싶지 않았다. 그는 이미 유산을 경험해 보았고 성별 선택을 위해 양수 검사를 받기를 원했다. 기록에는 양수 검사가 이뤄진 것으로 나와 있긴 하지만, 최종 결과는 알 수 없다.[56] 그해 말에 산전진단센터에는 지적장애가 있는 아이의 엄마이자 유산 경험이 있는 임신부가 방문했다.[57] 그 임신부의 자매 중 한 명은 발달 장애를 가지고 있었는데, 그의 가족력을 조사하기 위해서 산전진단센터는 이 환자의 친척들이 많이 살았던 미시시피에 있는 기관의 동료들과 협력했다. 결국 그들은 그 임신부가 염색체 9번과 13번 사이에서 전좌(translocation, 轉座)가 일어난 "대가족 일가"의 일부라고 결론 내렸는데, 이것은 드물게도 "가족 전체에 널리 퍼진" 질환이다.[58]

    이듬해에 임신 25주차에 접어든 한 여성은 펜실베이니아 주의 산부인과 의사의 소개를 받아 산전진단센터의 서비스를 요청했는데, 아이의 아버지가 면역 체계에 심각한 영향을 미치고 부종, 경련, 기도 막힘을 야기하는 상염색체 유전 질환인 유전성 혈관부종(hereditary angioedema)을 앓고 있다고 알려졌기 때문이다. 헬러는 산전 진단과 임신 말기 동안에 수행되는 낙태에 관련된 도덕적, 법적 문제에 대해 우려했는데, 따라서 그와 산전진단센터의 동료들은 "심리적이고 사회적인 징후에 대해서는 20주 이후, 태아 유전 징후에 대해서는 23주 이후에 낙태를 하지 않는다"는 병원의 방침을 고수했다.[59] 결국 부모는 아기를 출산하고 필요하다면 존스홉킨스 병원에서 치료를 받겠다는 결정을 내렸다.[60] 같은 달에 메릴랜드 주의 한 주민은 "선천성 후비공 폐쇄증(choanal atresia)으로 아이를 잃은 적이 있고", "심각한 발육부진을 겪는 또 다른 아이"를 돌보고 있어 산전진단센터와 상담했다. 이 환자와 그의 남편은 유전상담을 받은 후 "자신들의 질환"이 열성이라는 "희망을 갖고" 그 영향을 받은 아이를 가질 수도 있는 25%의 위험을 기꺼이 받아들이며 임신을 지속하기로 결정했다.[61]

10년 후인 1978년, 38세의 여성이 17주 째에 양수 검사를 받았는데, 그 결과 "검사한 15개 세포 모두에서 6번 염색체의 함동원체역위(pericentric inversion)"가 있다는 것이 밝혀졌다. 산전진단센터가 이 역위에서 일어날 수 있는 표현형 결과에 대해 확신이 없었기 때문에, 센터는 임신부와 그의 배우자에게 "역위가 일어난 염색체와 관련해 중복이나 삭제의 발생률이 증가해 염색체 이상으로 인한 사소한 기형이 일어날 수 있다"고 말했다. 이 임신 전에 산모가 15년 이상 불임으로 좌절해 왔고 유전적 결함의 가능성을 낮게 보았기 때문에 부부는 "임신을 계속하기로 결심하고 아이의 출산을 간절히 기다리고 있다".[62] 그해에 24세의 한 여성은 자신의 남자 형제 중 한 명이 뒤센 근이영양증을 앓았기 때문에, 근위축증을 가진 아들을 출산할 위험이 어느 정도인지 알고 싶었다. 그의 남성 친척들 중 대부분은 근위영양증을 앓지 않았기 때문에 "그가 보인자일 확률은 수학적으로 약 10%에 그쳤고," 그와 그의 어머니의 크레아틴 포스포카이네즈(CPK) 수치에 대한 유전적 평가를 고려해 본다면 "아들이 뒤센 근이영양증에 걸릴 확률은 2~3%"로 더 낮아졌다.[63] 양수 검사는 그의 태아가 실제로 남성(XY)이라는 것을 보여 주었지만, 예일 대학교에서 행해진 태아경 검사에 의해 태아의 포스포키네이스 수준이 정상 범위에 있다는 것이 밝혀졌기 때문에 그는 임신을 지속했다. 비록 많은 환자들이 의학적, 법적, 종교적 이유나 개인적인 이유로 임신을 계속하기로 결정했지만 많은 환자들은 낙태를 선택하기도 했다.[64]

산전진단센터가 설립된 지 10년이 조금 지난 1980년, 산전 진단 기술은 발전하고 확장되었지만 일관된 추세가 확립되었다. 양수 검사는 산전 관리의 정례화를 위해 준비되었고, 산전진단센터의 소속 의사들과 연구원들은 처음부터 신경관 결함을 산전에 진단하기 위해 양수와 임신부의 혈액에 대해 알파태아단백 선별 검사를 포함하는 더 광범위한 산전 진단을 구상했다. 그들은 또한 센터의 활동이 최근 시작된 테이-삭스 선별 검사 프로그램, 겸상 적혈구 질환 프로그램, 그리고 더 일반적으로는 존스홉킨스 병원에서 진행 중인 "대사 및 유전 연구"와 연계되기를 원했다.[65] 센터의 핵심 인물들은 특히 1970년대 중반에 골격 이상증, 헤모글로빈 질환, 고암모니아증 등을 포함하여 식별 가능한 유전 질환의 목록과 실험실 작업의 관점에서 산전 검사를 확장하기 위해 노력했다.

누구의 희생인가?

산전진단센터가 1970년 운영을 시작했을 때, 이들은 세 가지 주요하고 상호 연관된 목표가 있었다. 첫 번째는 "결함이 있는" 아동의 출생 수를 줄여 국가와 의료 시스템의 부담을 줄이는 것이었다. 이러한 비용 편익적인 논거는 1970년대와 1980년대 의료 서비스에 영향을 미치기 시작한 새로운 비용 억제 압력을 반영해 유전자 선별 검사와 진단 검사 프로그램에 널리 퍼져 있었다. 두 번째 목표는 인간의 고통을 덜어 주고 환자와 가족을 돕는 것이었다. 이는 치료적 낙태를 통해 출산하지 않도록 함으로써 미래의 아이들이 겪을 수 있는 신체적, 정신적 고통을 완화하고 부모 및 가족들과 협력하여 그들의 상실을 위로하거나 경우에 따라 유전적 질환이나 장애를 가진 신생아의 출산을 준비하는 것을 의미했다.

앞서 언급한 두 가지 이유 외에, 산전진단센터는 전체 인구 내에서 유전적 결함의 수를 줄일 수 있기를 희망했다. 후자의 목표는 미국에서 유전자 선별 및 진단 검사를 특징 짓는 우생학적인 의미를 내포하고 있었다. 당시 미국 인류유전학회의 회장인 커트 허쉬혼은 1969년에 산전 검사의 목적을 설명하면서, "만약 낭포성 섬유증과 겸상 적혈구성 빈혈이라는, 미국에서 가장 흔하게 유전되는 유전 질환 중 두 가지의 유전자에 영향을 받거나 보인자인 태아가 모두 확인되고 낙태된다면, 향후 40년 동안 1,400만 건의 낙태를 통해 전체 인구 집단에서 이 유전자들을 근절할 수 있을 것"이라고 말했다.66 센터에서 발표된 초기 요약본에는 우생학적 논거를 조금 더 부드럽게 다듬은 버전이 포함되어 있었다. "우리의 목표는 사랑이 가득한 가정에서 자란 건강한 아이들이다". 산전진단센터의 초대 책임자인 리차드 헬러는 지역 의료 단체와 지역 사회 단체들을 대상으로 한 정기적인 강연을 통해 이와 같은 메시지를 전했다.67 예를 들어, 페닌슐라 종합 병원과 마치 오브 다임스의 로워 쇼어 지부가 공동으로 후원한 세미나에서, 그는 이 새로운 산전 진단 기술을 배우고자 하는 100명 이상의 의사와 간호사들에게 "완벽한 아이를 낳고자 하는 대중들의 절박함이 증가하고 있다"고 말하면서 "아이를 임신하기도 전에, 선천성 결함이 있는 아이를 임신할 수 있는 부모들을 검사하고 찾아내는 것이야말로 가장 최적의 시기에 유전상담을 하는 것"이라고 주장했다.68 헬러는 이후에 1977년부터 그레이터 볼티모어 메디컬 센터(The Greater Baltimore Medical Center)에서 자신의 유전상담 클리닉을 시작하면서 산전진단센터를 떠난 후에도 이러한 메시지를 계속해서 전달했다. 그러나 그의 경력은 1982년에 43세의 나이로 조깅 중 갑작스럽게 사망하면서 끝을 맞이했다.69

　대부분의 경우에 산전 진단의 확장은 비용 효율성에 관한 논쟁에 의해 정당화되었다.70 산전진단센터가 설립된 이유 중 가장 중요한 것은 다음과 같은 정서였다. "경제적인 측면에서, 결함이 있는 아이의 출산 가능성과 비교해 보면, 정상 아이의 출산을 보장해 준다면 한 가족이 이 정보를 위해서 적은 액수의 돈을 지불할 가치가 충분하다". 실제로 마치 오브 다임스에 제출된 제안서에는 "연간 3,000달러의 추가 비용으로" "몽고증 아동"의 출산을 막을 수 있다는 예시가 포함되어 있었다. 예방이 가장 중요했다. "그 가족은 아이의 결함 유무에 대한 확고한 증거를 기반으로 한 적절한 유전상담을 받음으로써 재정적 부담을 덜 수 있을 것이다".71

유전 검사와 선별 검사의 초기 시행자들은 종종 비용 절감과 관련한 주장으로 테이-삭스병이나 겸상 적혈구성 빈혈에 대한 그들의 프로그램을 정당화했다. 예를 들어, 1973년 당시 존스홉킨스 대학교 소아 유전학 부서의 책임자인 닐 홀츠만은 카백, 카자지안, 코슨이 모두 참여한 테이-삭스병 선별 검사 프로그램에 대한 아낌없는 재정적 지원에 감사하기 위해 메릴랜드 주의 예방의학 부서 책임자인 벤자민 화이트(Benjamin White)에게 편지를 썼다. 첫 단계 동안 그 프로그램은 10,000명 이상의 거주자들을 선별하여 남편과 부인 모두 이 열성 유전자의 보인자인 부부 11쌍을 식별해냈다. 이들 11쌍 중 4쌍은 임신 중이었으며, 그중 한 쌍은 테이-삭스 동형 접합으로 확인되어 아이를 낙태했다. 홀츠먼은 이 프로그램에 대한 투자가 가치 있는 주요 이유 중 하나를 제시하면서, "프로그램이 시행되지 않았다면 태어났을 그 아이를 진단하고 돌보기 위해 드는 비용이 선별 검사 프로그램의 연간 비용에 근접했을 것"이라고 썼다.[72] 비용 절감에 대한 어구는 전국적으로 반복되었다. 오리건 대학교의 의사들은 다음과 같은 이유로 자신들의 산전 진단 프로그램을 정당화했다. "심각한 유전 질환은 가족과 대중 모두에게 전가되는 경제적 부담을 야기한다. 예를 들어 미국에서 매년 약 6,000명의 다운 증후군 아이들이 태어나는 것으로 추정되며, 이들을 평생 돌보기 위해서는 18만 달러에서 25만 달러가 드는 것으로 추산된다".[73]

이러한 흐름은 산전 진단의 주요 지표로 고령 산모의 나이를 고정하는 것으로 수렴되었다. 로버트 레스타가 보여주었듯이, 35세의 나이는 경제적 비용, 의료적인 위험 및 이득, 우생학적 우려라는 세 가지의 서로 얽힌 기준에 따라 한계치로 설정됐다.[74] 간단히 말해서 잠재적인 제도화와 돌봄의 비용이 검사 비용을 능가한 것이다. NICHD의 연구가 보여주었듯이, 의학적 위험의 경우 유산의 위험과 21번 삼염색체 이상을 가진 아이를 낳을 가능성은 임신부의 나이가 35세일 때 1/200에 달했다(많은 사람들은 현재 양수 천자의 위험도가 이보다는 낮다는 것에 동의한다).[75] 또한 산모가 고령임에도 불구하고 의사가 양수 검사를 소홀히 하여 중증 장애아가 태어났다고 주장하는 '부당한 생명'에 대한 몇 건의 중요한 소송은, 35세를 상징적인 숫자로 정착시키고 '고위험'의 의미를 부여하는 데 기여했다..[76]

연구자들은 또한 산전 진단과 선별 검사에 필요한 설비를 확대하기 위해 비용 대비 효율성이라는 주장을 채택했다. 산전진단센터가 운영을 시작함에 따라, 그곳의 과학자와 의사들은 AFP 검사의 발전에 큰 기대를 걸었는데, 이는 염색체 이상이나 대사 질환을 위한 것이 아니라 척추뼈 갈림증과 같은 신경관 결손 기형을 위해서 양수를 분석하는 것이었다. AFP는 1950년대에 처음 확인되었으며, 1972년에 두 명의 연구원이 양수 내 AFP 수치의 상승과 개방 신경관 결함이 관련 있음을 입증했다.[77]

이러한 발견을 바탕으로, 산전진단센터의 존 프리먼(John Freeman)은 AFP 추출 및 분석 분야에서 자신의 연구의 후원을 받기 위해 마치 오브 다임스에 지원했다.[78] 신속하게 자금을 지원받은 프리먼은 산전진단센터의 서비스에 이 절차를 추가했다. 또 헬러와 프리먼은 양수 천자술보다 덜 침습적인 산모 양수 혈청 검사를 포함하도록 이 프로그램을 확장하고자 했다. 1976년 헬러는 "새로운 주요 임상 서비스를 제공하는 데 있어서 지도적인 위치를 차지할 기회"에 대한 자신의 열정을 드러내면서 "이 기회를 놓친다면 정말 부끄러운 일입니다!"라고 말했다.[79] 자신의 주장을 뒷받침하기 위해 헬러는 베테랑 산전 진단학자 오브리 밀룬스키(Aubrey Milunsky)와 매사추세츠 종합 병원의 엘리엇 앨퍼트(Elliott Alpert)가 1976년에 쓴 기사를 언급했는데, 이들은 FDA에 AFP 검사를 즉시 허가할 것을 촉구했다. 임상적 안전성과 비용 효율성에 대한 주장을 제기하면서, 그들은 "우리는 AFP 검사가 이제 산전 유전자 연구를 위해 얻은 모든 샘플에 대한 일상적인 검사로 제공되어야 한다고 믿는다. 개방성 척추뼈 갈림증을 갖고 살아가는 한 아동에 대한 평생의 간병 비용은 10만 달러에서 25만 달러에 달한다. 양수에 대한 AFP 검사는 20 달러 미만으로 상대적으로 저렴하며, 비특이적일지라도 임상적 가치가 이제는 잘 확립되어 있다".[80] 이러한 추론에 기초하여, 1978년에 헬러와 몇몇 동료들은 모든 임신부에 대한 AFP 검사를 포함하는, 메릴랜드 주에서의 임신에 대한 포괄적인 연구를 제안했다.[81] 1980년대 중반에 이르면 모체 혈청 AFP 선별 검사가 전국의 많은 산전 진단 클리닉에서 이용 가능해졌고, 1985년 미국 산부인과 대학 전문 위원회(The American College of Obstetricians and Gynecologists Department of Professional Liability)가 의사를 발생 가능한 소송으로부터 보호하기 위해 모든 환자들에게 이 검사를 실시할 것을 촉구하면서 이용률이 급격하게 증가했다.[82]

맥락에 따른 선택

존스홉킨스 그룹이 산전진단센터의 창설 계획을 수립할 때, 유전상담사를 직원으로 두는 것은 필수적인 요소였다. 그들이 썼던 것처럼 "제공될 임상 서비스는 유전상담사를 통해 산과적인 상담이 될 것"이었다.[83] 코슨이 1975년에 고용되기 전에 헬러, 카자지안 등 해당 부서와 밀접한 관련이 있는 의사들이 산전 진단을 제공했다. 산전진단센터가 문을 연 직후 지역 신문들은 독자들에게 새로 제공되는 서비스에 대해 알렸다. 예를 들어, 1974년 11월, 메릴랜드 주 솔즈베리에서 나온 광고는 거주자들이 산전진단센터에서 제공되는 유전상담과 서비스에 대해 "의사에게 전화"하면 "사실에 입각한" 메시지를 들을 수 있다고 말했다.[84] 카자지안은 환자를 대하는 좋은 태도의 일반적인 원칙에 따라 유전상담을 제공했던 것을 기억하는데, 이는 그가 "사람들을 대하고, 공감 능력을 발휘하는 데 있어서 정보를 객관적으로 제시하고 위로가 되게 노력하도록 의과 대학에서 받은 교육에서 비롯된 것"이다.[85] 그럼에도 불구하고 카자지안은 전통적인 의사의 정보 전달 모델에 의존했고, 아마도 이러한 이유로, 환자에게 일방적으로 말하기보다는, 환자와 함께 대화할 수 있도록 심리사회적으로 훈련된 코슨과 같은 사람이 필요하다는 점을 인식한 것일 수도 있다.

전국적으로 코슨과 같이 새로 교육을 받은 상담사들은 산전 유전 검사가 확립되고 확대하는 데 기여했다. 1978년에 세라로런스 칼리지를 졸업한 주르지노비치 같은 사람들은 1975년부터 학생들을 위한 훈련장으로 기능했던 마운트 시나이 클리닉에서 임상적으로 훈련받을 기회를 얻었다.[86] 주르지노비치는 학위를 받은 후에 뉴욕 북부로 옮겨 갔고, 그곳에서 양수 샘플을 적절한 지역 실험실로 인도하는 것을 포함해 여성의 재생산 건강에 전념하는 클리닉들의 네트워크가 성장하던 최전선에서 일했다. 그는 얼마나 많은 의사들이 양수 검사를 강행했는지에 대해 충격을 받았다고 회상했다. 예를 들어, 한 의사는 자신의 환자들에게 "여보세요, 이걸 하는 게 규칙이에요."라고 말했다. 주르지노비치가 만난 많은 산부인과 및 가정의학과 의사들 사이의 뻔뻔한 부권주의를 감안할 때, 그는 자신이 함께 일했던 의사들에게 산전 진단이 복잡한 결정을 포함하며 유전상담사와 환자 사이의 심리적 토론을 위해서 안전한 환경이 제공되어야 한다는 점을 이해할 수 있게 도울 필요가 있음을 절실하게 느꼈다. 그는 "아주 일찍부터 산전 진단에 관한 유전상담사들은 산전 진단을 토론이 필요한 것으로 만드는 데 실질적인 역할을 해 왔다"라고 회상했는데, "이러한 과정에서" 다시금 상담사들이 "환자를 만나는" 심리사회적인 역동성을 수반했다.[87]

세라로런스 칼리지의 또 다른 졸업생이었던 엘사 라이히는 1975년 뉴욕 대학교 클리닉에서 양수 검사를 시작하는 데 중요한 역할을 했다. 의학유전학과 과장 및 산부인과의 몇몇 구성원들과 함께 일하면서, 라이히는 산전 검사를 받는 여성들을 위한 프로토콜을 만들었다. 그는 세라로런스 칼리지 시절 양수 검사에 대해 상담을 해 본 적이 없었기 때문에, 산전 진단에 대한 상담을 제공하기 시작하면서는 말 그대로 "모든 것을 스스로 해결해야 했다". 라이히는 오늘날과 비교하여 그 당시 기술이 얼마나 뒤떨어진 것이었는지를 생생하게 기억한다. 초음파 영상에서는 눈이 내리고, 염색체 이상에 대해서만 검사가 가능했으며, 신경관 결손에 대한 AFP 검사는 거의 시행되지 않았다. 처음에는 일주일에 3일씩 서비스를 제공한 라이히는 양수 검사를 받으러 온 환자들의 연령대가 35세 이상으로 태아가 흔하게 21번, 18번, 13번 염색체가 삼염색체성인 것으로 진단되었기에 환자 수는 적지만 꾸준히 이어졌다고 회상했다.[88]

    산전진단센터의 첫 십 년간의 운영 관련 문서들은 산전 진단 환경을 둘러싼 재생산에서의 선택을 둘러싼 복잡성과 모순을 드러낸다. 먼저, 임상 회의 회의록과 환자 요약과 같은 매우 제한된 기록으로부터 개인적인 경험을 수집하는 것은 쉽지 않다. 하지만 몇 가지 단서가 있는데, 예를 들어 1976년에 볼티모어 거주자 한 명은 그가 고령의 산모였기 때문에 양수 검사를 받았고, 아이는 21번 염색체가 삼염색체성이라는 진단을 받았다. 이러한 경우에 "환자의 희망에 따라 임신 약 21주차에 치료적 낙태가 시행되었다". 후속 상담 이후에 이 환자는 "존스홉킨스 병원에서의 경험에 대해 만족했으며, 제공된 서비스의 성격과 방식에 대한 긍정적인 감정을 표현했으며, 가능한 한 일찍 다시 임신을 하고 싶어 했고, 다시 한번 양수 검사를 받고 싶다는 바람을 표현했다".[89]

    비록 이 환자는 그가 원하는 것을 얻었지만, 몇몇 환자는 그러지 못했다. 예를 들어 1980년에 카자지안은 『헤이스팅스 센터 보고서(Hasting Center Report)』에 태아 성별 선택의 윤리에 대해 썼다. 카자지안은 '의사가 동의하지 않더라도 부모가 양수 검사를 이용해 성별을 결정하고 낙태를 할 권리가 있다'고 주장한 입장문에 대한 대응으로, 태아의 성별을 알기 위한 명확한 목적으로 임신 중기 양수 검사를 요청한 40세 임신부와 남편의 사례를 논의했다. 산모의 높은 연령과 이어지는 상담 때문에 산전진단센터는 양수 검사를 시행했는데, 검사에서 그들의 아이가 "원하는 성별"이 아니라는 것이 밝혀졌다. 산전진단센터의 임신 중지 지침으로 인해 부부는 다른 병원에서 낙태 수술을 받았다.[90] 이 경우와 재생산 자율성의 중요성에 관한 순환 논리는 그들이 존스홉킨스 병원이 성별 선택까지 포함하더라도 정책을 "자유화"하도록 자극했다. 1979년부터는 "성별 선택을 원하는 모든 환자"를 상담하고, 그들이 요청하면 낙태를 시행했다. 카자지안은 그러한 사례의 수가 매우 적으며 "한 명 이상의 여자아이 이후에 남자아이를 낳기를 원하는," "아시아계 이민자, 자주 인도계" 부부들이 대다수였다고 언급했다.[91]

양수 검사가 일상화되고 산전 서비스가 융모막 검사와 그 어느 때보다 정교한 유전자 검사 기술을 포함하도록 확대되면서, 많은 여성들이 장기간 위험에 처한 불확실한 상태로서의 임신을 경험하기 시작했는데, 이는 특히 임신 중기에 태아가 "정상"이라는 것을 확인할 때까지 그러했다. 바버라 캐츠 로스먼은 재생산에서 양수 검사가 미치는 영향을 사려 깊게 잘 연구하여, 이를 "잠정적인 임신"이라는 단어로 표현했다.[92] 양수 검사의 첫 10년 동안, 유전 건강 전문가들은 "잠정적인 임신" 단계에서 경험하는 심리적인 혼란에 대한 환경을 조성하고 이를 목격했다. 환자를 대상으로 한 소규모 연구에서 그들은 죄책감과 우울증이 같은 곳에서 비롯된다는 것을 발견했는데, 무엇보다도 대부분의 환자들이 유전적 결함이 발견된 것으로 인해 한때는 그토록 원했던 임신을 중지해야 한다는 압력을 느끼는 여성이기 때문이다.[93] 1970년대에 캘리포니아 대학교 샌프란시스코 캠퍼스의 엡스타인의 그룹은 처음 50명의 환자들의 시련과 고난을 회고했다. "양수 검사를 받는 여성은 불안함을 느끼는데, 시술을 받고 결과가 나오기를 기다리는 시간은 그의 불안감을 줄이는 데 도움이 되지 않는다. 예상치 못한 어려움이 있을 경우, 이러한 불안은 매우 심각해질 수 있다".[94]

그럼에도 불구하고 우울증과 죄책감은 종종 안도감은 물론 심지어 만족감을 동반하는 경우가 많았다. 여러 연구는 유전적 조건 때문에 임신 중절을 한 여성들은 심리적인 어려움에도 불구하고 올바른 선택을 했다고 느낌을 밝혔다. 일례로 앨라배마 대학 병원에서 산전 진단을 받은 여성들에게 배포한 157개의 문항을 바탕으로 한 연구에 따르면, 57%는 산모의 높은 연령 때문에 산전 진단을 받았으며, 71%는 "검사 결과 태아가 비정상인 것으로 나타나면 임신을 중지하겠다"고 했고, 그러한 절차를 밟기로 결정하는 것에서 가장 어려웠던 부분은 "임신을 중지하겠다고 결정해야 한다는 것"이었다. 그럼에도 불구하고 94%는 임신을 다시 하게 된다면 양수 검사를 받을 것이라고 답했고, 98%는 다른 사람들에게 이 검사를 추천할 것이라고 말했다. 저자들은 "규모는 작지만 진행 중인 이 연구는, 이러한 검사를 활용하는 여성의 대부분이 이를 긍정적이고 자신을 안심시켜 준 경험으로 여겼음을 보여 준다"는 결론을 내렸다.[95] 1990년대 초, 도로시 워츠(Dorothy Wertz)와 존 플레처는 산전 진단이 우생학적인 "탐색과 파괴"의 임무가 되었다고 주장하는 학자들과 활동가들의 주장을 반박했다. 그들은 광범위한 문헌 검토를 기반으로, 산전 진단을 강압적인 우생학으로 공격하는 것은 부정확하며, 여성을 자신의 재생산 운명의 주체가 아닌 피해자로 잘못 표현했다고 설명했다. 그들은 "여성들이 산전 진단에 관해서 선택권을 행사한다"고 결론을 내렸고, "여성들은 출산에서 사용되는 다른 기술들보다 아마도 산전 진단에 관해 더 많은 선택권을 지니고 있을 것"이라고 강조했다.[96] 임신 중 태아의 진단을 고려한 부부에 대한 연구에서 수잔 마켄스(Susan Markens)와 동료들은 멕시코 출신 여성과 그들의 파트너가 대리인이라는 점을 발견하고 "우리의 연구 결과는 멕시코 출신 가정에서의 의사 결정 일반과 특히 재생산과 관련 의사 결정에 대한 남성의 통제에 관한 전형적인 신화에 도전해 온 다른 연구들을 뒷받침한다"고 말하면서, "새로운 재생산 기술이 여성의 몸을 통제하려는 남성의 시도를 강화하기 위해서 사용될 것이라는 급진적 페미니즘의 관점에도 도전한다"고 덧붙였다.[97] 그들의 연구는 많은 멕시코 출신 여성들이 평등주의적 형태의 육아 및 의사 결정에 참여하고 있으며, 양수 검사의 진행 여부를 궁극적으로 여성이 선택하는 이유에 대해 논의할 때 환자의 자율성이나 재생산 권리에 관한 틀에서 직접 도출하는 경우가 많음을 시사한다. 다소 지나친 경우로 루스 슈워츠 코완(Ruth Schwartz Cowan)은 베타-지중해 빈혈 선별 검사 프로그램을 다루는, 산전 진단에 관한 그의 최근 책에서, 산전 진단을 우생학의 정반대에 놓인 것으로서 극찬했다.[98]

그러나 유전상담사가 좋은 의도였을지라도, 그들은 때때로 그들의 접근법을 내담자들의 인종적이고, 종족적이고, 문화적인 요구를 만족시키도록 조정하는 데 실패하는데, 이러한 격차는 부분적으로 이 직업군의 인구학적인 균질성과 소수 집단 출신 상담사의 부족으로 설명될 수 있다. 캐롤 브라우너(Carole Browner)와 동료들이 캘리포니아에서 산전 진단을 고민하는 라틴계 여성들에 관한 연구에서 발견한 것처럼, "상담사들은 환자들의 교육적, 종족적 배경과 관계없이 거의 변함없는 표준 프로토콜을 따르"는데, 이는 심지어 그들이 "낙태나 장애를 갖고 태어난 아이를 돌보는 것과 같은 다른 어려운 문제에 대해 민감한" 대화를 나눌 때에도 그러했다.[99] 그들은 (그들이 관찰하고 민족지학적으로 분석한 73건의 임상 사례 중) 한 건이 잘못된 의사소통으로 눈에 띄게 문제가 되었다고 설명한다. 이 사례에서 유전 질환 가족력을 지닌 45세의 멕시코계 미국인 여성이 유전상담사를 만났는데, "너무 비판적"이라 "신뢰하기 어렵던" 유전상담사가 제3자 통역을 불러오면서 상황을 악화시켰다. 이러한 종류의 오해와 의혹은 "상담사가 이해도를 높이고 내담자의 마음을 얻는 가장 좋은 방법은 내담자의 말에 더 잘 귀 기울이는 것"임을 시사한다.[100]

산전 진단에 관한 고찰

양수 천자술은 현대 유전상담의 발전을 위한 기술적 시너 역할을 했다. 캘리포니아 대학교 버클리 캠퍼스에서 수년간 유전상담과정을 지휘한 시모어 케슬러는 핵형 분석과 양수 검사가 "염색체 장애의 산전 진단을 위한 길을 열었"고, 이러한 발전으로 "현대적인 유전상담이 탄생했다"고 썼다.[101] 1970년대와 1980년대에 산전 진단 클리닉은 선별 검사 프로그램들, 특히 테이-삭스병 선별 프로그램과 더불어 유전상담사의 훈련과 형성을 위한 주요 장소였다. 이 초기 수십 년 동안 유전상담사는 질병이나 장애를 예방하고 비용 효율성이라는 목표에 따라 프로그램 내에서 자리를 잡았다. 또한, 유전상담과정의 초기 졸업생들 중 대부분은 양수 검사 서비스와 관련된 실험실 수수료로 창출되는 새로운 수입원으로부터 혜택을 입었다. 실제로 유전상담과정의 초기 졸업생들 중 대부분은 산전 진단 서비스 분야에서 근무했다. 럿거스 대학교의 제2회 졸업생 가운데 한 명이자 현재는 유타 대학교에서 유전상담과정의 책임자를 맡고 있는 보니 바티는 양수 검사와 밀접한 관련이 있는 직업에 발을 들인 것을 똑똑히 기억한다. 그의 동료인 마이클 베글라이터와 개리 프롤리히(Gary Frohlich) 또한 산전 진단 서비스(그리고 이보다 약간 덜한 정도로 소아과)가 지배적이었다고 언급했다.[102] 로버트 레스타는 1980년대 유전상담사의 전형적인 하루가 거의 전적으로 "산전에 환자에게 양수 검사와 초음파 검사를 제공하고, 종국에는 MSAFP 선별 검사를 실시하"는 것으로 이루어졌다고 묘사했다.[103]

산전진단센터의 첫 10년간에 대한 분석은 산전 진단의 현실이 광범위한 개인적 경험을 포괄하는 것임을 시사한다. 물론 여성은 자신이 통제할 수 없는 더 넓은 맥락에서 선택을 하고, 우리 사회는 산모와 가족에게 끊임없이 요구한다. 여성들은 미묘하면서도 명시적으로 압박을 받고 있으며, 최적의 건강과 행복(well-being)에 대한 우생학적인 생각은 여전히 출산의 몇 가지 측면과 산전 진단에서의 몇몇 가정들을 뒷받침한다.[104] 그러나 산전 진단은 사회적, 개인적 기대가 예비 산모와 부모들에게 부담을 주는 하나의 예시일 뿐이다. 많은 유전상담사들은 환자들이 이러한 압밥감을 극복하고 최선의 결정을 내릴 수 있도록 돕는 것이 자신의 임무라고 생각한다. 예를 들어 라이히는 재생산 선택이 무엇보다도 사실에 근거해야 한다고 믿는다. 그러나 그는 "실제 결정 그 자체에 관심이 있다기보다는, 그 환자가 자신에게 맞는 결정을 내리고 있는지에만 관심"이 있다. 라이히는 환자에게 (양수 천자술과 관련된 작은 위험을 고려할 때) 유산을 할 위험과 태아가 정상인지 아닌지를 알 수 있는 것 중 자신이 가장 용납할 수 없는 결과가 무엇인지를 결정하라고 한다. "선택은 임신 중절을 선택하지 않을 선택권이 있음을 의미한다"고 말하는 라이히는 오늘날 활동 중인 대다수의 유전상담사의 입장을 대변한다.[105]

결론

존스홉킨스 병원 소아 유전학 분야에서 경력의 대부분을 보낸 유전학자 바턴 차일즈는 2001년에 한 인터뷰에서 평생 동안 목격했던 극적인 변화를 언급했다. 유전학과 유전체학은 과학 지식의 축적으로 '의학의 기초 과학'임이 입증되어 왔다. 의학 교육은 DNA를 기반으로 재구성되었고, 질병에 대한 이전의 인과주의적 사고방식은 낡은 것이 되었다. 차일즈는 다음과 같이 설명했다. "이러한 변화에서 가장 중요한 요소 중 하나는 질병의 인과에 대해 점차 달리 인식하게 된 것이었습니다. 질병의 인과에 선형적인 관계가 성립하지 않는다는 점, 원인이 유전자이든 환경의 경험이든 다중적이라는 점, 따라서 현재 우리가 복합 질환이라고 부르는 것은 유전자로 지정된, 그 자체가 다양한 특정 단백질뿐만 아니라 전 생애에 걸친 다종 다수의 환경 경험에 의해 분명히 발생한다는 점을 점차 인식하게 되었습니다".[1] 당시 거의 90세에 육박했던 차일즈는 21세기 유전체 의학의 방향을 개괄적으로 설명했다. 이제 유전체 의학은 질병 과정에 대한 이해에 스며들어 진단과 치료의 가능성에 대해 우리가 생각하는 방식에 깊은 영향을 미치고 있다. 보다 구체적으로 그는 후성 유전학, 개인 맞춤 유전학, 유전체 서열분석, 전장유전체 연관분석(GWAS) 등 최첨단 유전 과학의 도래를 예고하고 있었다.[2]

오늘날의 유전상담사들은 유전체 의학이 확장되고 더욱 보편화되는 상황이 자신의 직업에도 기회이자 도전으로 등장하고 있음을 잘 알고 있다. 그러나 미래가 어떤 방향으로 나아갈지에 대해서 모두가 동의하는 것은 아니다. 어떤 유전상담사들은 21세기의 유전체 혁명으로 지난 수십 년간 유전상담사가 점유해 왔던 틈새 시장이 종국에는 침식될 수 있다고 주장한다. 세라로런스에서 교육을 받고 뉴욕 빙엄턴 소재 페레 연구소 소장으로 근무 중인 루바 주르지노비치는 이런 전망이 그럴듯하다고 생각한다. 주르지노비치는 이 분야가 앞으로 "일정 기간 동안만 존재할 수 있을 것"이며, 일차의사와 전문의가 제공하는 의료 서비스에 쉽게 "동화"될 것이라고 추론한다. 하지만 주르지노비치는 이런 전망을 비관적이기보다는 낙관적으로 본다. 그는 유전상담이 "환자 중심의 치료를 임상의학에 도입하는 수단 이상의 가치"를 입증했다고 믿는다.[3]

이와 대조적으로 다른 유전상담사들은 보다 낙관적인 전망 가운데 자기 직종의 성장세를 예상한다. 예를 들어 미시간 대학교의 유전상담사이자 NSGC의 전 회장인 웬디 울만은 유전체 의학의 발전이 유전 서비스 제공을 위한 새로운 영역을 창출한다고 믿는다. 그는 유전상담사가 임상 유전체학, 특히 환자 커뮤니케이션, 교육 모듈, 그리고 점점 더 길어지는 유전 정보 목록을 다양한 환자와 내담자에게 효과적으로 전달하는 방법을 평가하는 데 앞장서야 하며, 앞으로도 그럴 것이라고 말한다.[4] 위스콘신 대학교 매디슨 캠퍼스 학위과정의 과정 주임 캐서린 라이저는 유전상담이 향후 몇 년간 '외부 및 내부 권력'에 영향을 받을 것이라는 점을 인정하지만, 이 분야는 적응, 변화, 번영할 수 있는 충분한 능력을 보여 줬다고 생각한다.[5]

21세기 유전상담의 영역과 범위는 여러 요인들에 의해 도전받을 것이다. 그중 가장 큰 요인은 개인이 병원에서 받거나 23앤미(23andMe) 혹은 디코드미(deCODEme)와 같은 온라인 상용 서비스를 통해 독립적으로 찾을 수 있는 유전자 검사 항목이 계속 확장되고 있다는 점이다.[6] 예를 들어 샌디에이고에 본사를 둔 생명공학 회사인 시쿼놈(Sequenom)은 최근 산모의 혈액에서 태아의 DNA를 분석하여 다운 증후군을 검출하는 새로운 검사 기법을 개발했음을 발표했다.[7] 이 새로운 검사는 당장은 아니더라도 양수 천자 및 융모막 융모 채취와 같은 더 위험하고 침습적인 시술을 쉽게 대체할 수 있다. 지난 30년 동안 산전 검사의 발전을 지켜본 베테랑 유전상담사 로버트 레스타는 "이 검사가

보편화되면" 결과가 비정상인 극히 일부의 경우를 제외하고는
"임신부는 다시는 유전상담사를 만나지 못할 수도 있다"고
경고했다.[8]

　　보편적으로 이용 가능한 덜 침습적인 검진 기법의 출현이
오늘날의 유전상담사에게 중대한 도전이라면, (아직까지는
5,000~10,000달러의 비용을 감당할 수 있는 부유한 소수의
호기심에 불과한) 전장 유전체 연관분석에서 비교적 저렴한
(수백 달러 정도의) 검사인 조상(ancestry) 검사 및 DTC 유전체
검사에 이르기까지 다양한 상업 유전자 검사의 등장 역시
마찬가지로 위협적이다. 가격대와 무관하게 이러한 검사들이 점차
상용화되면서 인기를 끌고 있으며 미국인들이 자신의 건강과
정체성에 대해 생각하는 방식을 바꾸고 있다. 미국에서 유전학과
문화의 교차점에 대해 여러 통찰력 있는 글들을 집필한 뉴욕타임스
기자 에이미 하몬(Amy Harmon)은 "DNA 조상 검사의 광범위한
수용은 우리의 자아(self)를 형성하는 데 유전학이 맡는 역할이
커지고 있음을 보여 준다"고 말한다.[9]

　　2010년 현재 50개 이상의 건강 상태 항목을 검사하는 DTC
유전체 검사 서비스 기업이 30개 이상 존재한다. 어떤 사람들은
건강 보험 회사를 우회하거나 자신의 의료 기록에서 기저 질환으로
분류될 수 있는 결과를 제외하기 위해 이 같은 상업적 검사에
직접 비용을 지불하고 싶어 한다. 또 다른 사람들은 단순히 자신의
질병 감수성이나 생물학적 친척의 유전적 패턴에 대해 알고
싶어 한다. 많은 유전상담사들은 개인이 직접 구매하는 유전자
검사가 출현하는 작금의 상황에 대해 혐오감까지는 아니더라도
당혹스러운 반응을 보이고 DTC 검사에 대한 경계를 표명하고
있으며, 특히 유전 정보의 전달 결과를 우려한다. 많은 DTC
검사 서비스 기업들은 해석되지 않은 정보를 온라인에 공개하고
정기적으로 보완하여 구매자가 손쉽게 열람할 수 있게 한다.
오직 네비제닉스(Navigenics)와 같은 소수의 회사만이 전체 검사

서비스에 유전상담을 통합해 내담자에게 유전상담사와의 상담 서비스를 제공한다.[10] 당연하게도 이러한 추세는 유전상담사의 활동과 크게 관련된다. "DTC 유전자 검사에는 일반적으로 의사나 유전 전문가가 관여하지 않기 때문에 DTC 유전자 검사를 구매한 개인은 검사 결과를 해석하거나 잘못 해석할 수밖에 없다".[11] 유전학 의료 전문가들 또한 DTC 유전자 검사에 대한 연방 감독 및 규제가 현저히 부족하여 어려움을 겪고 있다고 지적해 왔다.[12]

그럼에도 불구하고 일부 유전상담사들은 DTC 유전체 검사에서 긍정적인 측면 또한 발견한다. 미시간 대학교의 유전상담 학위과정을 총괄하는 베벌리 야샤르는 DTC 검사에 대한 본인의 첫인상이 스스로의 표현에 따르면, "매우 고립적이고 부정적이었음"을 인정한다. 무엇보다도 그는 DTC 검사를 이용할 것으로 예상되는 환자 수를 감당할 만큼 유전상담사가 충분히 많지 않은 상황을 우려했다. 그러나 이 기술이 확산되는 과정을 확인하면서 야샤르는 유전상담사들이 너무 가부장적인 태도를 취하고 있으며, 이런 태도보다는 "소비자 또는 환자에게 검사 결과를 이해할 수 있는 권한과 역량을 부여해야 한다"고 판단했다. 그는 이제 DTC 검사가 21세기에 유전상담사가 유전 건강과 유전 문해력을 가르치는 일에 뛰어들어 형성할 수 있는 많은 영역 중 하나에 불과하다고 생각한다.[13] 근래 유전상담 학위과정을 졸업한 이들 가운데 다수는 의료 제공자와 소비자 모두에게 최신 유전체 검사를 도입하는 데 열심인 기업들이 고용을 확대하면서 이러한 기회를 갖게 될 것이다.[14]

일부 유전상담사들은 더 나아가 상업적 유전자 검사가 성장함에 따라 연구자와 의사를 교육하고 개인 맞춤형 유전체 의학의 우선순위를 정할 수 있는 방안이 마련될 것이라고 본다. 덴튼에 위치한 노스텍사스 대학교의 작고 단기지만 졸업하기는 까다로운 유전상담 학위과정을 졸업한 캐런 헬러(Karen Heller)는 댈러스 지역 주요 병원의 소아 유전학 부서에서 수년간 근무했다.[15]

임상 환경에서 20년 넘게 근무한 이후 헬러는 한 유전자 검사 서비스 기업에 지역 의료 전문가로 채용되었다. 헬러는 그의 회사가 채용한 30명 내외의 전문가 중 한 명이며, 이들 중 대다수는 유전상담사로 훈련받은 이들이었다. 헬러는 자신의 직책이 "그가 가르치고 있는 의사를 통해 환자에게 다가서고", "환자 대신 의사들을" 상담하기 때문에 흥미롭고 보람차다고 느낀다. 민간 부문의 근무 경험을 바탕으로 헬러는 BRCA1 및 BRCA2 유전자 검사에 대한 독점 특허를 보유하기 위해 법적 분쟁을 벌이고 있는 미리어드(Myriad) 같은 기업들이 나쁜 평가를 받을 것으로 전망한다. 그에 따르면 미리어드 및 진자임(Genzyme)과 같은 기업들은 기술의 사용을 제한하는 대신에 임상적으로 가치 있는 것을 가져와 "더 접근하기 쉽고 더 유용하게" 만들었다.[16]

유전상담사들이 상업적 검사와 관련해 자신들의 역할을 성찰하다 보면, 본인 직종 내 동질성이라는 문제에도 직면하게 된다. 1970년대에 형성된 유전상담직의 인종적, 종족적, 성별적, 계급적 특성은 여전히 표준으로 남아 있다. NSGC의 2010년 전문직 현황 조사에 따르면 유전상담사의 약 95%가 백인, 5%가 아시아계, 1%가 아프리카계 미국인이다. 남성은 전체 상담사 가운데 5%에 불과하다.[17] 이 조사에 응답한 유전상담사들 다수는 의료진의 인종 분포가 환자의 인종 분포와 더 가까워지고 다인종 및 다문화 사회에 발맞추기를 원한다. 많은 이들에게 실망스러운 일은 수년에 걸친 공동의 노력에도 불구하고 이 직종의 동질성 극복이 매우 어려움이 입증되었다는 것이다. 예를 들어 조앤 마크스는 1970년대 초에 세라로런스의 유전상담 학위과정을 이끌게 되자마자 소수자 장학금을 위한 기금을 확보하고(또한 이 목표를 위해 역사적으로 흑인 대학이었던 곳 몇몇과 긴밀히 협력했다), 과정생들에게 스페인어 전문 교육을 제공하기 위해 여러 번 시도했지만 아무 소용이 없었다. 수년 동안 다른 기관에서도 비슷한 시도가 있었음에도 불구하고 직종 내 동질성은 거의 바뀌지 않았다.

국립 인류 유전체 연구소 및 존스홉킨스 대학 유전상담 학위과정의 책임자인 바버라 비제커에 따르면, 유전상담 분야는 다양성 측면에서 심각한 교착 상태에 빠져 있다. 그는 이런 교착 상태에 처한 가장 큰 이유 중 하나는 유진상담사들이 "왜 과소대표된 소수자나 남성들 중 유전상담사라는 직업에 매력을 느끼는 이가 그토록 적은지"에 대한 새로운 작업 가설을 제시하지 못했기 때문이라고 말한다.[18] 2004년 켈리 오먼드(Kelly Ormond)는 NSGC 회장 연설에서 연회장의 동료들 앞에서 "우리는 이미 우리 직업이 국가 인구 조사에 비해 소수 집단을 적정 비율로 대표하지 못한다는 사실을 잘 알고 있다. 서비스 제공자로서 유전상담사의 다양성이 부족하다는 점은 문화적으로 유능한 치료를 제공하는 우리의 능력에 영향을 미친다"고 시인했다.[19] 오먼드는 오늘날 미국에서 가장 최근(2008년)에 설립된 유전상담 학위과정 중 하나인 스탠포드 대학교의 과정 주임으로서 "미국에서 가장 문화적으로나 언어적으로 다양한 지역 중 하나"인 샌프란시스코만 해안 지역에 자리한 것이 더 많은 다문화적 배경을 가진 입학생을 확보하는 데 도움이 되기를 희망한다.[20] 동부에서는 세라로런스 칼리지의 졸업생이자 유전상담과정 과정 주임인 캐롤라인 리버가 고등학교와 초등학교 교육 지원 활동을 통해 이러한 인식을 바꾸기 위해 노력하고 있다.[21] 신시내티 대학교의 유전상담과정에서 오랫동안 근무한 낸시 스타인버그 워렌은 상담사를 위한 문화적 역량 도구를 개발하여 온라인으로 제공하고 있으며, 내담자 중심 진료를 제공하기 위한 핵심 요소로 건강 격차와 문화 간 의사소통을 강조하고 있다.[22] 아마도 21세기에는 변화의 의지를 지닌 유전상담사들과 점차 다양화되는 학생 조직들에 의해 유전상담사 직종의 동질적 구성이 바뀔 수 있을 것이다.

  이 분야의 해결되지 않은 과거사와 앞으로 있을 곤란에도 불구하고, 이 책의 역사적 연구와 분석에 따르면 유전상담은 계속 이어질 것이다. 이 책과 관련한 연구를 시작한 이래로

스탠포드 대학교, 인근 캘리포니아 주립대학교 스타니스라우스 캠퍼스, 앨라배마 대학교 등 여러 곳에서 새로운 전문 학위과정이 개설되었다. 종래의 학위과정 지원자들은 치열한 경쟁에 직면해 있다. 지금와 같은 추세로 주정부 면허가 계속 발급되고 유전상담이 보험 환급 청구가 가능한 서비스로 인정받는다면, 유전상담은 더 큰 의료 서비스의 구조에 통합되어 더 많은 사람들이 이용할 수 있게 될 것이다.

유전체 의학의 발전으로 유전상담사의 존재감은 더욱 확대될 수 있다. 그렇다면 이 기회를 통해 유전상담사들은 낙태를 조장한다는 고정관념을 떨쳐 낼 수 있을 것이다. 상담사들이 유전상담 경험이 미미하거나 산전 관리에 국한된 교육을 받은 비의료인 청중을 대상으로 진행 중인 연구를 발표할 때마다, 청중은 유전상담과 임신 중절을 혼동하는 경향이 보였다. 이 책에서 보였듯이 유전상담사는 산전 진단 활동의 중심이었으며 앞으로도 그럴 것이다. 그러나 이 분야는 그 이상을 포괄해 왔기도 하다. 가장 분명한 것은 유전상담이 소아 및 성인 유전학에 영향을 미쳤다는 사실이다. 1970년대에 교육받은 유전상담사들은 산전 진단의 예방 모델을 지지하는 한편, 검사 결과나 결정이 어떠하든 간에 재생산 자율성을 옹호하기도 했다. 브랜다이스 대학교의 주디스 치피스가 설립한 학위과정 등을 본보기로 삼아 유전상담사들이 더욱 장애 친화적으로 바뀐다면 이런 고정관념은 완전히 사라질 수 있다.

부록

부록 A. 참조한 아카이브 자료

메릴랜드 주 볼티모어, 존스홉킨스 의학연구소, 앨런 메이슨
    체스니 의학 아카이브
하워드 W. 존스 주니어 문서
존 리틀필드 문서
로버트 E. 쿡 문서
빅터 매쿠식 문서
전기 사료철
하위 주제 사료철
펜실베이니아 주 필라델피아, 미국 철학회 도서관
미국 우생학회 문서
커트 스턴 문서
제임스 V. 닐 문서
미시간 주 앤 아버, 미시간 대학교, 벤틀리 역사 도서관
성인 의학유전학 클리닉 문서
인류유전학과 문서
리 R. 다이스 문서
미시간 대학교 고등교육 위원회(Board of Regents) 문서
캘리포니아 대학교 로스앤젤레스 캠퍼스 사회 및 유전학 센터
인류유전학 구술사 프로젝트
노스캐롤라이나 주 윈스턴-세일럼, 웨이크 포레스트 침례교 의학
    센터, 도로시 카펜터 의학 아카이브
의학유전학과 문서, 미분류 상자
K. 데이비스 문서
내시 C. 헌든 문서
내시 C. 헌든 및 윌리엄 앨런 문서, 미처리 상자

윌리엄 앨런 논문
뉴욕 주 화이트 플레인즈, 마치 오브 다임스
회담 및 회의 문서
보조금 문서
의학 프로그램 문서
구술사 컬렉션
뉴욕 주 브롱스빌, 세라로런스 칼리지 특별 컬렉션
찰스 드카를로 문서
에스더 라우센부시 문서
인류유전학 대학원 프로그램 문서
럿거스 대학교 아카이브, 특별 컬렉션 및 대학 아카이브
샬롯 애버스 문서
수강 편람 컬렉션
더글러스 대학교 학장실 문서
미네소타 주 미니애폴리스, 미네소타 대학교 아카이브
전기 사료철
다이트 인류유전학 연구소 문서
미네소타 인류유전학 연합 문서
캘리포니아 주 버클리의 캘리포니아 대학교 버클리 캠퍼스
    유전상담 과정 관련 자료의 마지 골든스타인(Margie
    Goldstein) 개인 소장 아카이브
미시간 주 앤 아버, 다이트연구소 개인 기록 아카이브 조사, 1948-
    1980년 선정 도서 23권, 저자 소장

부록 B. 인터뷰 대상자

달리 별도의 언급이 없으면, "전문 교육(Professional Training)"은 유전상담 자격을 얻을 수 있는 석사 학위를 의미한다.

이름	전문 교육	현재 혹은 관련 소속 (2011년 10월 기준)
Diane Baker	Sarah Lawrence College	Genetic Alliance
Bonnie Baty	Rutgers University	University of Utah Health Sciences Center
Michael Begleiter	Rutgers University	Children's Mercy Hospital, Kansas City
Robin Bennett	Sarah Lawrence College	University of Washington
Barbara Biesecker	University of Michigan	National Human Genome Research Institute / Johns Hopkins University Genetic Counseling Program
Joan Burns	University of Wisconsin	University of Wisconsin
Virginia Corson	Sarah Lawrence College	Johns Hopkins Hospital
Jessica Davis	MD, Columbia University College of Physicians and Surgeons	Weill Cornell Physicians
Luba Djurdjinovic	Sarah Lawrence College	Ferre Institute
Katy Downs	University of California at Berkeley	University of Michigan
Debra Lochner Doyle	Sarah Lawrence College	Washington State Department of Health
Janice Edwards	Sarah Lawrence College	University of South Carolina
Charles Epstein	MD, Harvard University Medical School	University of California at San Francisco
Marvin Frankel	PhD, University of Chicago	Sarah Lawrence College
Gary Frohlich	Rutgers University	Genzyme Therapeutics
Robin Grubs	University of Pittsburgh (also PhD)	University of Pittsburgh
Bryan D. Hall	MD, University of Louisville Medical School	University of California at San Francisco
Audrey Heimler	Sarah Lawrence College	Long Island Jewish Medical Center
Karan Heller	University of North Texas	Myriad Genetics

Kurt Hirschhorn	MD, New York University	Mt. Sinai Hospital
Annette Kennedy	PsyD, Massachusetts School of Professional Psychology	Brandeis University
Seymour Kessler	PhD, Columbia University; PhD, Wright Institute	University of California at Berkeley
Bonnie LeRoy	Sarah Lawrence College	University of Minnesota
Caroline Lieber	Sarah Lawrence College	Sarah Lawrence College
Dorene Markel	University of Michigan	University of Michigan
Joan Marks	MSW, Simmons College	Sarah Lawrence College
Jacquelyn Mattfeld	PhD, Yale University	Sarah Lawrence College
Anne Matthews	University of Colorado Health Sciences	Case Western Reserve University
Arno Motulsky	MD, ScD, Yale University	University of Washington
Carol Norem	University of California at Berkeley	Kaiser Permanente
Kelly Ormond	Northwestern University	Stanford University
Roberta Palmour	PhD, University of Texas at Austin	McGill University (Montreal)
June Peters	Rutgers University	National Cancer Institute, National Institute of Health
Lucille Poskanzer	University of California at Berkeley	Oakland Children's Hospital
Diana Puñales-Morejon	Sarah Lawrence College; PhD, Columbia University	Sarah Lawrence College; CUNY Psychological Center
Kimberly Quaid	PhD, Johns Hopkins University	Indiana University School of Medicine
Elsa Reich	Sarah Lawrence College	New York University
Catherine Reiser	University of Wisconsin	University of Wisconsin
Roberta Resta	University of California at Irvine	Swedish Medical Center, Seattle
Marian Rivas	PhD, Indiana University	Rutgers University
Judith Tsipis	PhD, Massachusetts Institute of Technology	Brandeis University
Wendy Uhlmann	University of Michigan	University of Michigan
Ann Walker	University of California at Irvine	University of California at Irvine
Nancy Steinberg Warren	Sarah Lawrence College	University of Cincinnati
Jon Weil	PhD, University of Cali- University of California at Davis; PhD, Wright Institute	University of California at Berkeley
Beverly Yashar	PhD, University of North Carolina at Chapel Hill	University of Michigan

부록 C. 북미 지역 유전상담 석사 학위과정 목록

이 목록에는 1969년 이후 설립된 유전상담과정이 포함되어 있으며, 2012년 5월에 확인되었다.* 국제적인 프로그램에 대해서는 http://tagc.med.sc.edu/education.asp를 참조하라. 설립 날짜는 각 프로그램이 시행되던 당시 기준에 따라 인증을 받은 시점(일부 인증은 잠정적임), 또는 프로그램이 처음으로 학생 또는 기수를 받아들인 시점을 의미하며, 첫 기수가 프로그램 설립 후 18~24개월 후에 졸업했다고 가정했다.

기관명	위치	설립	중단
세라 로런스 칼리지	뉴욕 주 브롱스빌	1969	
럿거스 대학교(더글라스 대학)	뉴저지 주 럿거스	1971	1980, 2016년에 재인증
피츠버그 대학교	펜실베이니아 주 피츠버그	1971	
콜로라도 대학교 덴버 캠퍼스 보건학 센터	콜로라도 주 덴버	1971	
캘리포니아 대학교 버클리 캠퍼스	캘리포니아 주 버클리	1973	2004
캘리포니아 대학교 어바인 캠퍼스	캘리포니아 주 오렌지	1973	
뉴욕 주립대학교 스토니 브룩 캠퍼스	뉴욕 주 스토니 브룩	1974	1979
위스콘신 대학교 매디슨 캠퍼스	위스콘신 주 매디슨	1976	
하워드 대학교	워싱턴 D.C.	1976	
노스텍사스 대학교	텍사스 주 덴튼	1978	1980
미시간 대학교	미시간 주 앤 아버	1980	
신시내티 대학교	오하이오 주 신시내티	1981	
사우스캐롤라이나 대학교	사우스캐롤라이나 주 콜럼비아	1985	
텍사스 대학교 휴스턴 캠퍼스 보건학 센터	텍사스 주 휴스턴	1989	
미네소타 대학교	미네소타 주 미니애폴리스	1989	
노스웨스턴 대학교	일리노이 주 시카고	1990	
버지니아 코먼웰스 대학교(버지니아 의과대학)	버지니아 주 리치먼드	1990	

* 역자들은 2024년 11월 8일 추가 조사를 통해 〈부록 C〉의 내용을 보완했다.

인디애나 대학교	인디애나 주 인디애나폴리스	1991	2022 (승인 탈락)
사우스 플로리다 대학교	플로리다 주 템파	2017	
알바마 대학교 브리밍햄 캠퍼스	알바마 주 브리밍햄	2009	
네브레스카 대학교 의학 센터	네브레스카 주 오마하	2019	
콜롬비아 대학교	뉴욕 주 뉴욕	2019	
벤더빌트 대학교	테네시 주 내슈빌	2019	
매니토바 대학교	매니토바 주 위니펙	2021	
캔자스 대학교 의과대학	캔자스 주 캔자스 시티	2023	
로마 린다 대학교 의과대학	캘리포니아 주 로마 린다	2024	
캘리포니아대학교 샌프란시스코 캠퍼스	캘리포니아 주 샌프란시스코	2020	
코네티컷 대학교	코네티컷 주 스토르	2022	
웨이크 포레스트 대학교	노스 캐롤라이나 주 윈스톤-살렘	2020	
캘리포니아대학교 로스엔젤레스 캠퍼스	캘리포니아 주 로스엔젤레스	2020	
보이스 주립대학교	아이다 주 보이스	2022	
세비어 대학교 루이지애나 GCP	루이지애나 주 뉴올리언스	2024	
분자 의학과 유전학 연구원 (MGH Institute of Health Professions)	메사추세츠 주 보스턴	2019	
베이패스 대학교	메사추세츠 주 롱미도우	2017	
워싱턴 대학교 세인트 루이스 캠퍼스	미주리 주 세인트 루이스	2021	
네브라스카 대학교 의료 센터	네브레스카 주 오마하	2019	
킨 대학교	뉴저지 주 유니온	2023	
마운틴 시나이 아이칸 의과대학교	뉴욕 주 뉴욕	1995	
웨일리 코넬 의과대학	뉴욕 주 뉴욕	2023	
켁 대학원 연구소	캘리포니아 주 클레어몬트	2018	
로체스터 의치학대학교	뉴욕 주 로체스터	2022	
토론토 대학교	캐나다 온타리오 주 토론토	1998	
토마스 재퍼슨 대학교	펜실베이니아 주 필라델피아	2017	
펜실베이니아 대학교(Upenn)	펜실베이니아 주 필라델피아	2019	
가이싱어 의과대학	펜실베이니아 주 스크랜튼	2023	
맥길 대학교	캐나다 퀘벡 주 몬트리올	1983	
사우스 캐롤라이나 의과대학교	사우스 캐롤라이나 주 찰스턴	2022	
텍사스 대학교 사우스웨스턴 유전상담 프로그램	텍사스 주 델러스	2023	
어거스타나-샌포드 유전상담 프로그램	사우스 다코타 주 시눅스 폴	2016	

베일러 의과대학	텍사스 주 휴스턴		
위스콘신 의과대학교	위스콘신 주 밀워키	1976	
브랜다이스 대학교	매사추세츠 주 월섬	1992	승인 탈락
캘리포니아 주립대학교 노스리지 캠퍼스	캘리포니아 주 노스리지	1995	2008
아카디아 대학교	펜실베이니아 주 글렌사이드	1995	승인 탈락
매릴랜드 대학교	메릴랜드 주 볼티모어	1995	
마운트 시나이 의과대학 아이칸 학교	뉴욕 주 뉴욕	1996	승인 탈락
존스 홉킨스 대학교/국가 인류 유전체 연구소(National Human Genome Research Institute)	메릴랜드 주 볼티모어	1996	
브리티시 컬럼비아 대학교	캐나다 브리티시컬럼비아 주, 밴쿠버	1996	
애리조나 대학교	애리조나 주 투손	1998	2005 (2019 재승인)
애리조나 주립대학교	애리조나 주 포닉스	2022	
케이스 웨스턴 리저브 대학교	오하이오 주 클리블랜드	1998	
노스캐롤라이나 대학교 그린즈버러 캠퍼스	노스캐롤라이나 주 그린즈버러	2000	
웨인 주립대학교 의과대학	미시간 주 디트로이트	2001	
보스턴 대학교 의과대학	매사추세츠 주 보스턴	2004	
아칸소 대학교 의과학대학	아칸소 주 리틀록	2006	
캘리포니아 주립대학교 스타니스라우스 캠퍼스	캘리포니아 주 샌프란시스코 베이 에어리어	2008	
유타 대학교	유타 주 솔트레이크 시티	2008	
스탠포드 대학교	캘리포니아 주 팔로알토	2008	
롱 아일랜드 대학교	뉴욕 주 브룩빌	2010	
에모리 대학교 의과대학	조지아 주 애틀란타	2011	
앨라배마 대학교	앨라배마 주 버밍햄	2010	

ABGC로부터 임시로 인증을 받은 프로그램

기관명	위치	설립	중단
버팔로 대학교(University at Buffalo)	뉴욕 주 버팔로	2025 (심사 대기)	
사우스 캘리포니아 대학교 보건과학대학	캘리포니아 주	2024	
찰스 드로우 의과대학교	캘리포니아 주 로마린다	2024	

부록 D. 국내 유전상담 관련 현황

유전상담 관련 기관 및 인증 사업

기관명	활동
대한의학유전학회	-2019년 의학유전학 교육과정을 신설해 전문의들에게 관련 교육 제공 -유전상담사 인증제 시행(분야: 산전, 소아, 성인, 암) -2014년부터 유전상담사 자격인정시험은 연 1회 실시 중 -2024년 현재 인증 유전상담사 총 76명
대한진단유전학회	-유전상담에 관심이 있는 의료인 및 분야 종사자를 대상으로 질환군별 유전상담에 필요한 기초지식 제공 및 유전상담 경험을 공유하는 유전상담 강좌 공유 -유전자검사기관 종사자 교육, 진단용 차세대염기서열 검사 활용 교육, 세포유전검사 교육 등 진단유전학 분야의 전문인력을 위한 교육 진행
한국인 유전성 유방암 연구회	-2010년대까지 간호사 대상 유전상담 교육 실시 및 "유전성 유방암 유전상담사" 및 "유전성 유방암 전문가" 자격을 부여했으나 현재 대한의학유전학회의 유전상담사 인증제로 통합 -현재 한국유방암학회(Korean Breast Cancer Society)에서 유전성 유방암 및 난소암 유전상담 연수교육을 시행 중
대한 보건교육사 협회	-2024년 현재 보건교육사를 대상으로 일반인의 소비자대상직접시행(DTC) 유전자 검사와 마이크로바이옴(Bicrobiome) 검사, 개인맞춤건강기능식품 상담과 교육을 목적으로 하는 유전상담(보건교육)사 실무 교육 시행 -유전질환 관련 유전상담은 교육 내용에 미포함

유전상담 학위과정

기관명	설립	비고
아주대학교 일반대학원 의과대학 의학과 융합의생명전공 유전상담사 교육과정	2006 (2013)	2006년 개설. 2010년 졸업생 4명 최초 배출. 대한의학유전학회 인증
건양대학교 보건복지대학원 유전상담학과	2013	2013년 11월 설립. 2014년도부터 입학 시작. 대한의학유전학회 인증
울산대학교 산업대학원 유전상담학 전공	2018	2023년 총 졸업생 26명. 대한의학유전학회 인증
이화여자대학교 일반대학원 유전상담학 협동과정	2020	2023년 총 졸업생 7명, 재학생 10명, 대한의학유전학회 인증
부산대학교 융합의생명과학대학원 임상유전상담학과	2024	2025년부터 입학 예정

미주

──────── 한국어판 서문 ────────

1. https://www.nsgc.org/Portals/0/Docs/Policy/PSS%202024%20Executive%20Summary_Final.pdf?ver=x-MyKylO8H749GCBpxy6NiA%3d%3d
2. https://www.nsgc.org/Portals/0/Docs/Policy/PSS%202024%20Executive%20Summary_Final.pdf?ver=x-MyKylO8H749GCBpxy6NiA%3d%3d
3. https://www.nsgc.org/Portals/0/Executive%20Summary%202021%20FINAL%2005-03-21.pdf
4. Kelly E. Ormond, et al. "International genetic counseling: What do genetic counselors actually do?" Journal of Genetic Counseling 2024;33:382–39.

──────── 서론 ────────

1. *2010 Professional Status Survey: Salary and Benefits* (Chicago: National Society of Genetic Counselors, 2010), 18-19, www.nsgc.org.에서 이용 가능.
2. 필자는 2007년부터 2011년까지 46명을 대상으로 유선 혹은 대면 인터뷰를 각각 60~120분 정도 수행했다. 인터뷰 대상자 중 절반 이상은 1969년부터 2012년까지 있었던 유전상담 석사 학위과정 총 책임자들이었다. '부록 B'에서 인터뷰 대상자 명단을 모두 확인할 수 있다.

──────── 1장: 역사 ────────

1. Judith Tsipis, 2010년 8월 5일, 저자에 의한 인터뷰
2. Robert Cook-Deegan, *The Gene Wars: Science, Politics, and the Human Genome* (New York: W. W. Norton, 1994).
3. Tsipis, 인터뷰.
4. Ibid.
5. National Tay-Sachs and Allied Diseases Association, Inc., "What is Canavan Disease?," (Boston, 1999).
6. "Macrocephaly," in Helen V. Firth, Jane A. Hurst, and Judith G. Hall, *Oxford Desk Reference: Clinical Genetics* (Oxford: Oxford University Press, 2005), 162-63.
7. Tsipis, 인터뷰.
8. Ibid.; Orbituaries, MIT News, January 28, 1998, http://mit.edu/newsoffice/1998/obits-0128.html.
9. Wendy R. Uhlmann, Jane L. Schuette, and Beverly M. Yashar, *A Guide to Genetic Counseling*, 2nd ed. (Hoboken, NJ: Wiley-Blackwell, 2009).
10. 공식 프로그램의 최신 리스트는 미국 유전상담 위원회 홈페이지에서 볼 수 있다. www.abgc.org.
11. *2010 Professional Status Survey: Work Environment* (Chicago: National Society of Genetic Counselors, 2010), www.nsgc.org.에서 이용 가능하다.
12. Ibid.
13. Regina H. Kenen, "Opportunities and Impediments for a Consolidating and Expanding Profession: Genetic Counseling in the United States," *Social Science & Medicine* 45, no. 9 (1997), 1377-86; 다음 페이지도 보

라. www.abgc.net/ABGC/American-BoardofGeneticCounselors.asp 그리고 www.nsgc.org.

14. *2010 Professional Status Survey*; Dorothy C. Wertz and John C. Fletcher, "Communicating Genetic Risks," *Science, Technology, and Human Values* 12, no. 3/4 (1987), 60-66; Marie-Louise Lubs, "Does Genetic Counseling Influence Risk Attitudes and Decision Making?," *Birth Defects: Original Article Series* 15, no. 5C (1979), 355-67.

15. Lori B. Andrews, *Future Perfect: Confronting Decisions about Genetics* (New York: Columbia University Press, 2001).

16. Robert Marion, *Genetic Rounds: A Doctor's Counters in the Field That Revolutionized Medicine* (NewYork: Kaplan, 2009).

17. 유전자 검사에 관한 최신 정보는 www.ncbi.nlm.nih.gov/sites/GeneTests/?db=GeneTests.를 보라.

18. 이와 관련해 유전 조건에 관한 더 많은 통계들은 www.kumc.edu/gec/prof/prevalence.html.를 보라.

19. Firth, Hurst, and Hall, *Clinical Genetics*를 보라.

20. Alan E. Guttmacher, Jean Jenkins, and Wendy R. Uhlmann, "Genomic Medicine: Who Will Practice It? A Call to Open Arms," *American Journal of Medical Genetics* (Seminars in Medical Genetics) 106, no. 3 (2001), 216-22.

21. Dorothy Nelkin and M. Susan Lindee, *The DNA Mystique: The Gene as Cultural Icon*, 2nd ed. (Ann Arbor: University of Michigan Press, 2004).

22. Abby Lippman, "Prenatal Genetic Testing and Screening: Constructing Needs and Reinforcing Inequities," *American Journal of Law and Medicine* 17, no. 1/2 (1991), 15-50.

23. Judith Graham, "FDA Aims to Regulate Personal Genetic Tests," *Chicago Tribune*, June 11, 2010, www.chicagotribune.com/business/ct-biz-0612-brfl-genetic-tests-20100611,0,7350321.story.

24. Nicholas Wade, "A Decade Later, Genetic Map Yields Few Clues," *New York Times*, June 13, 2010, A1.

25. Keith Wailoo and Stephen Pemberton, *The Troubled Dream of Genetic Medicine: Ethnicity and Innovation in Tay-Sachs, Cystic Fibrosis, and Sickle Cell Disease* (Brutimore: Johns Hopkins University Press, 2006).

26. Catherine Wang, Richard Gonzruez, and Sofia D. Merajver, "Assessment of Genetic Testing and Related Counseling Services: Current Research and Future Directions," *Social Science & Medicine* 58, no. 7 (2004), 1427-42.

27. Erik Parens and Adrienne Asch, eds., *Prenatal Testing and Disability Rights* (Washington, DC: Georgetown University Press, 2000); Douglas C. Baynton, "Disability and the Justification of Inequality in Amer-

ican History," in *The New Disability History: American Perspectives*, ed. Paul K. Longmore and Lauri Umansky (New York: New York University Press, 2001), 33-57.

28. Maxwell J. Mehlmann, *The Price of Perfection: Individual and Society in the Era of Biomedical Enhancement* (Baltimore: Johns Hopkins University Press, 2009); Jürgen Habermas, The Future of Human Nature (Cambridge: Polity, 2003)(위르겐 하버마스, 장은주 역, 『인간이라는 자연의 미래』, 나남출판, 2003); Barbara Katz Rothman, *The Tentative Pregnancy: How Amniocentesis Changes the Experience of Motherhood* (New York: W. W. Norton, 1993); Joan Rothschild, *The Dream of the Perfect Child* (Bloomington: Indiana University Press, 2005).

29. Sarah Franklin and Celia Roberts, *Born and Made: An Ethnography of Pre-implantation Genetic Diagnosis* (Princeton, NJ: Princeton University Press, 2006).

30. Regina H. Kenen and Ann C. M. Smith, "Genetic Counseling for the Next 25 Years: Models for the Future," *Journal of Genetic Counseling* 4, no. 2 (1995): 118.

31. Barbara Biesecker, 2007년 1월 1일 저자와의 인터뷰; Patricia McCarthy Beach, Dianne M. Bartels, and Bonnie S. LeRoy, "Commentary on Genetic Counseling-a Profession in Search of Itself," *Journal of Genetic Counseling* 11, no. 3 (2002), 187-91.

32. Robin Grubs, 2010년 6월 14일 저자와의 인터뷰.

33. Beverly Yashar, 2011년 3월 11일 저자와의 인터뷰; Kelly Ormond, "NSGC Foundations-Then, Now, and Tomorrow," *Journal of Genetic Counseling* 14, no. 2 (2005), 85-88; Steven Keiles, "2008 National Society of Genetic Counselors Presidential Address: The NSGC Should Do Something About That … and We Are," *Journal of Genetic Counseling* 18 (2009): 105-8; Wendy R. Uhlmann, "1999 Presidential Address to the National Society of Genetic Counselors," *Journal of Genetic Counseling*, 9, no. 1 (2000): 3-8; Jessica L. Mester et al., "Perceptions of Licensure: A Survey of Michigan Genetic Counselors," *Journal of Genetic Counseling*, 18 (2009), 357-65. 유전 상담사에 대한 국가 면허에 관한 최근 정보는 www.nsgc.org/Advocacy/StatesIssuingLicensesforGeneticCounselors/tabid/347/Default.aspx. 를 보라.

34. Robert G. Resta, "Defining and Redefining the Scope and Goals of Genetic Counseling," *American Journal of Medical Genetics Part C* (Seminars in Medical Genetics) 142C (2006), 269-75; Robin L. Bennett, "Leading Voices and the Power of One: 2002 Presidential Address to the National Society of Genetic Counselors,"

Journal of Genetic Counseling 12, no. 2 (2003), 97-107.

35. Robert Resta et al., "A New Definition of Genetic Counseling: National Society of Genetic Counselors' Task Force Report," *Journal of Genetic Counseling* 15, no. 2 (2006), 77-83.

36. Ibid.

37. Barbara B. Biesecker and Kathryn F. Peters, "Process Studies in Genetic Counseling: Peering into the Black Box," *American Journal of Medical Genetics* (Seminars in Medical Genetics) 106 (2001), 194.

38. Ibid.

39. Marni J. Falk et al., "Medical Geneticists' Duty to Warn At-Risk Relatives for Genetic Disease," *American Journal of Medical Genetics* 120A (2003), 374-80; R. Beth Dugan et al., "Duty to Warn At-Risk Relatives for Genetic Disease: Genetic Counselors' Clinical Experience," *American Journal of Medical Genetics Part C* 119C (2003), 27-34.

40. Report of an Ad Hoc Committee on Genetic Counseling to the American Society of Human Genetics, October 29, 1971, Correspondence, Charles J. Epstein folder, Curt Stern Papers (CS), MS Coll 5, American Philosophical Society Library (APSL), Philadelphia, PA.

41. Charles J. Epstein to Members, Committee on Genetic Counseling, February 3, 1972, Correspondence, Charles J. Epstein folder, CS, APSL. 특히, 마가리 쇼(Margery Shaw), 마거릿 톰프슨(Margaret Thompson), 마리안 리바스(Marian Rivas)는 엡스타인(Epstein)의 초대를 받아서 임시 위원회(the Ad Hoc Committee)에 들어가면서, 번(Bearn), 그레엄(Graham), 스턴(Stern), 매쿠식(McKusick)는 위원회를 나왔다.

42. Memo from Charles J. Epstein to Members, Committee on Genetic Counseling, February 3, 1972, Correspondence, CS, Charles J. Epstein folder, APSL.

43. Charles J. Epstein, "A Position Paper on the Organization of Genetic Counseling," in *Genetic Counseling*, ed. Herbert A. Lubs and Felix de la Cruz (New York: Raven Press, 1977), 333-48.

44. Charles J. Epstein, 2008년 5월 18일 저자와의 인터뷰.

45. Kurt Hirschhorn, 2008년 3월 9일 저자와의 인터뷰; Audrey Heimler, "An Oral History of the National Society of Genetic Counselors," *Journal of Genetic Counseling* 6, no. 3 (1997), 315-36.

46. Marian Rivas, 2010년 9월 28일 저자와의 인터뷰.

47. Epstein, 인터뷰; Kurt Hirschhorn, 인터뷰; Jon Weil, 2007년 11월 20일 저자와의 인터뷰; Ann P. Walker and Diane Baker, "In Memoriam: Dr. Charles J. Epstein (1933-2011)," *Journal of Genetic Counseling* 20, no. 5 (2011), 425-28.

48. 이 정의는 1974년에 승인되어 F.

Clarke Fraser, "Genetic Counseling," *American Journal of Genetic Counseling* 26 (1974), 636-59와 임시 위원회가 공식 출판한 "Genetic Counseling," *American Journal of Human Genetics* 27 (1975), 240에 처음으로 포함되었다.

49. Regina H. Kenen, "Genetic Counseling: The Development of a New Interdisciplinary Occupation Field," *Social Science and Medicine* 18, no. 7 (1984), 546.

50. "Genetic Counseling," *American Journal of Human Genetics* 27 (1975), 241.

51. Joan H. Marks and Melissa L. Richter, "The Genetic Associate: A New Health Professional," *American Journal of Public Health* 66, no. 4 (1976), 388-90.

52. Resta, "Defining and Redefining," 273.

53. Nathaniel Comfort, *The Science of Human Perfection: Heredity, Health, and Human Improvement in American Biomedicine* (New Haven, CT: Yale University Press, 2012).

54. Diane B. Paul, *The Politics of Heredity: Essays on Eugenics, Biomedicine, and the Nature-Nulture Debate* (Albany: State University of New York Press, 1998), 141.

55. Daniel J. Kevles, *In the Name of Eugenics: Genetics and the Uses of Human Heredity*, 2nd ed. (Cambridge, MA: Harvard University Press, 1995)를 보라.

56. Alexandra Minna Stern, *Eugenic Nation: Faults and Frontiers of Better Breeding in Modern America* (Berkeley: University of California Press, 2005).

57. Comfort, *Science of Human Perfection*.

58. Last Will and Testament, Charles Fremont Dight, Box 2, University of Minnesota Dight Institute of Human Genetics Records (DIHGR), University of Minnesota Archives (UMA), Minneapolis, Minnesota; 또 Neal Ross Holtan, "From Eugenics to Public Health Genetics in Mid-Twentieth Century Minnesota" (PhD dissertation, University of Minnesota, 2011)를 보라.

59. William Allan, "Notes on Negative Eugenics," Folder: Lectures Given by Allan, Box P323-1, William Allan Papers (WAP), Dorothy Carpenter Medical Archives (DCMA), Wake Forest Baptist Medical Center (WFBMC), Winston-Salem, North Carolina; and Nathaniel Comfort, "'Polyhybrid Heterogeneous Bastards': Promoting Medical Genetics in America in the 1930s and 1940s," *Journal of the History of Medicine and Allied Sciences* 61, no. 4 (2006): 415-55.

60. Robert G. Resta, "The Historical Perspective: Sheldon Reed and 50 Years of Genetic Counseling," *Journal of Genetic Counseling* 6, no. 4 (1997), 375-77.

61. Sheldon C. Reed, "The Genetic Counseling Explosion" (1972), Box 5, DIHGR, UMA. 주석: 필자가 이 콜렉션을 2005년에 찾아본 후에, 이는 다시 5개의 박스로 재분류 및 재조직되었다. 이 책의 미주에 새로운 검색 도구 내 상세한 정보에 따른 문서 위치를 기재했다. "Medicine: Sterilization and Heredity," *Time*, April 15, 1957 www.time.com/time/magazine/article/0,9171,862556,00.html.를 보라.
62. S. C. Reed, "Genetic Counseling Explosion".
63. S. C. Reed, "The Delivery of Genetic Counseling," Box 4, DIHGR, UMA.
64. S. C. Reed, "Practical Genetic Counseling," Box 5, DIHGR, UMA: See Sheldon C. Reed, *Counseling in Medical Genetics* (Philadelphia: W. B. Saunders, 1955)와 Robert G. Resta, "In Memoriam: Sheldon Clark Reed, PhD, 1910-2003," *Journal of Genetic Counseling* 12, no. 3 (2003), 283-85를 보라.
65. S. C. Reed to Harry L. Shapiro (President, American Eugenics Society), Box 2, DIHGR, UMA.를 보라.
66. S. C. Reed, "Where Is Eugenics?," (1953), Box 5, DIHGR, UMA. 리드가 1979년 노스캐롤라이나 인간 향상 위원회(Human Betterment League of North Carolina)에서 했던 연설 "Human Betterment" (1979), Box 5, DIHGR, UMA.을 보라.
67. S. C. Reed, "The Significance of Genetic Counseling" (1967), Box 5, DIHGR, UMA.
68. S. C. Reed to Dr. Harry L. Shapiro, May 15, 1961, Box 3, DIHGR, UMA.
69. S. C. Reed, "Human Betterment,"
70. 몰리 라드-테일러(Molly Ladd-Taylor)는 그의 통찰력 있는 분석이 담긴 "'A Kind of Genetic Social Work': Sheldon Reed and the Origins of Genetic Counseling," in *Women, Health, and Nation: Canada and the United States since 1945*, ed. Georgina Feldberg et al. (Montreal: McGill University Press, 2003), 67-83에서 리드의 폭로에 대해 적었다.
71. S. C. Reed, "Genetic Counseling Explosion"와 "Genetic Counseling and Human Values" (1973), Box 5, DIHGR, UMA.를 참고하라.
72. S. C. Reed, "Significance of Genetic Counseling,"
73. S. C. Reed to Mr. Frederick Osborn, May 19, 1961, Box 2, DIHGR, UMA.
74. C. Nash Herndon, "Eugenics and Preventive Medicine," *Eugenical News* 38, no. 3 (September 1953), 56.
75. Frederick Osborn to James Neel, June 27, 1957 Osborn Correspondence, Box Oh-Pa, James V. Neel Papers (JVN), MS Coll 96, APSL.
76. Frederick Osborn to S. C. Reed, June 27, 1957, Box 2, DIHGR, UMA.
77. "Heredity Counseling Symposium," November 1, 1957, Box Oh-Pa, MS Coll 96, JVN, APSL.
78. Neel to Osborn, November 14, 1957, Box Oh-Pa, JVN, APSL.
79. Helen G. Hammons, ed., *Heredity Counseling* (New York: Hoe-

ber-Harper, 1959).
80. Osborn to Neel, June 27, 1957, Box Oh-Pa, JVN, APSL.
81. Franz J. Kallmann, "Types of Advice Given by Heredity Counselors: I," chap. 9 in Hammons, *Heredity Counseling*, 82.
82. S. C. Reed, "Types of Advice Given to Heredity Counselors: II," chap. 10 in Hammons, *Heredity Counseling*, 92.
83. Ian H. Porter, "Evolution of Genetic Counseling," in *American Genetic Counseling*, ed. Lubs and de la Cruz, 17-34.
84. M. Susan Lindee, *Moments of Truth in Genetic Medicine* (Baltimore: Johns Hopkins University Press, 2005); Comfort, "'Polyhybrid Heterogeneous Bastards.'"
85. Diane B. Paul, "The History of Newborn Phenylketonuria Screening in the U.S.," Appendix 5, in *Promoting Safe and Effective Genetic Testing in the United States: Final Report of the Task Force on Genetic Testing*, ed. Neil A. Holtzman and Michael S. Watson (Baltimore: Johns Hopkins University Press, 1999), 137-69; Paul, "Towards a Realistic Assessment of PKU Screening," *PSA: Proceedings of the Biennial Meeting of the Philosophy of Science Association* 2 (1994): 322-28.
86. Wendy Kline, *Bodies of Knowledge: Sexuality, Reproduction, and Women's Health in the Second Wave* (Chicago: University of Chicago Press, 2010).
87. Audrey Heimler, "An Oral History of the National Society of Genetic Counselors," *Journal of Genetic Counseling* 6, no. 3 (1997), 315-35.
88. Robert Resta, 2007년 3월 20일 저자와의 인터뷰; Robert Resta, "The Great Genetic Counseling Divorce of 1992: A Historical Perspective on Change in the Genetic Counseling Profession," *The DNA Exchange* (blog), April 11, 2010, http://thedna-exchange.com.
89. Jennifer A. Bubb and Anne L. Matthews, "What's New in Prenatal Screening and Diagnosis," *Primary Care: Clinics in Office Practice* 31 (2004), 561-82.
90. James R. Sorenson and Arthur J. Culbert, "Genetic Counselors and Counseling Orientations-Unexamined Topics in Evaluation," in *Genetic Counseling*, ed. Lubs and de la Cruz, 131-56; "Who Should Counsel?-A Special Report," Reference-Articles-Genetic Counseling, 1969-1975, Human Genetics Graduate Program Records (HGGPR), Sarah Lawrence College (SLC), Bronxville, New York.
91. Joy Schaleben Lewis, "Genetic Counselors Multiply," New York Times, March 23, 1986, 22W/C-23W/C; Elizabeth M. Fowler, "Careers: Need Grows for Genetic Counselors," New York Times, June 5, 1990, 24; J. A. Scott et al., "Genetic Counselor

Training: A Review and Considerations for the Future," *American Journal of Human Genetics* 42, no. 1 (1988), 191-99.
92. Kenen and Smith, "Genetic Counseling for the Next 25 Years," 121를 보라.
93. Barton Childs, "Genetic Medicine," n.d., 14, Correspondence, Barton Childs folder, Curt Stem Papers (CS), MS Coll 5, APSL.
94. Ronald Conley and Aubrey Milunsky, "The Economics of Prenatal Genetic Diagnosis," chap. 20 in *The Prevention of Genetic Disease and Mental Retardation*, ed. Aubrey Milunsky (Philadelphia: W. B. Saunders, 1975), 448-49.
95. www.nsgc.org.에서 확인 가능.
96. Vivian Ota Wang, "Multicultural Genetic Counseling: Then, Now, and in the 21st Century," *American Journal of Medical Genetics* (Seminars in Medical Genetics) 106, no. 3 (2001), 208-15; Ilana Suez Mittman and Katy Downs, "Diversity in Genetic Counseling: Past, Present and Future," *Journal of Genetic Counseling* 17, no. 4 (2008), 301-13; Stephanie C. Smith, Nancy Steinberg Warren, and Lavanya Misra, "Minority Recruitment into the Genetic Counseling Profession," *Journal of Genetic Counseling* 2, no. 3 (1993), 171-81; Tracey Oh and Linwood J. Lewis, "Consideration of Genetic Counseling as a Career: Implications for Diversifying the Genetic Counseling Field," *Journal of Genetic Counseling* 14, no. 1 (2005), 71-81.
97. Nancy Callanan, "2005 National Society of Genetic Counselors Presidential Address: Raising Our Voice," *Journal of Genetic Counseling* 15, no. 2 (2006), 74.
98. Jon Weil, 2007년 11월 23일 저자와의 인터뷰.
99. Resta, 인터뷰.
100. Kathryn T. Hock et al., "Direct-to-Consumer Genetic Testing: An Assessment of Genetic Counselors' Knowledge and Beliefs," *Genetics in Medicine* 13, no. 4 (2011), 325-32.
101. United States Government Accountability Office, *Direct-to-Consumer Genetic Tests: Misleading Test Results Are Further Complicated by Deceptive Marketing and Other Questionable Practices.* GAO-10-847, July 22, 2010, www.gao.gov/products/GAO-10-847T; Shobita Parthasarathy, *Building Genetic Medicine: Breast Cancer, Technology, and the Comparative Politics of Health Care* (Cambridge, MA: MIT Press, 2007); Cheryl Berg and Kelly Fryer-Edwards, "The Ethical Challenges of Direct-to-Consumer Genetic Testing," *Journal of Business Ethics* 77 no. 1 (2007), 17-31.

──────── 2장: 유전적 위험 ────────

1. "Huntington Disease (HD)," in Helen

V. Firth, Jane A. Hutst, and Judith G. Hall, *Oxford Desk reference: Clinical Genetics* (Oxford: Oxford University Press, 2005), 354-56; Alice Wexler, *The Women Who Walked into the Sea: Huntington's and the Making of a Genetic Disease* (New Haven, CT: Yale University Press, 2008).
2. Kindred 261, University of Michigan Adult Medical Genetics Clinic Records (AMGCR), Collection 4446 Bimu, Bentley Historical Library (BHL), University of Michigan (UM). 접근 승인은 University of Michigan Institutional Review Board, HUM00012519으로부터 받았고, 환자 기밀 보호를 위해 필명만 사용했다.
3. 이 일가족은 스미스 대학교의 에스텔라 휴즈(Estella M. Hughes)가 1923년 사회복지학 학위 연구를 하는 과정에서 처음 주목받았다. 휴즈는 졸업 후 정신의료 사회복지사로 칼라마주 주립 병원(Kalamazoo State Hospital)에 부임했다. 그 이후 유전 클리닉의 초기 직원으로 일했다. Estella M. Hughes, "Social Significance of Huntington Chorea," *American Journal of Psychiatry* 4, no. 3 (1925), 537-74를 참조.
4. Note from August 1985, Kindred 261, AMGCR, BHL, UM.
5. Department of Health, Education, and Welfare, Public Health Service, National Institutes of Health, *Report: Commission for the Control of Huntington's Disease and Its Consequences*, Vol. 1, Overview, October 1977, 2.
6. Nancy Sabin Wexler, "Genetic 'Russian Roulette': The Experience of Being 'At Risk' for Huntington's Disease," chap. 12 in *Genetic Counseling: Psychological Dimensions*, ed. Seymour Kessler (NewYork: Academic Press, 1979), 218.
7. Alice Wexler, *Mapping Fate: A Memoir of Family, Risk, Genetic Research* (Berkeley: University of California Press, 1995).
8. James F. Gusella et al., "A Polymorphic DNA Marker Genetically Linked to Huntin on's Disease," *Nature* 306 (November 17, 1983), 234-38.
9. Susan E. Andrew et al., "The Relationship between Trinucleotide (CAG) Repeat Length and Clinical Features of Huntington's Disease, *Nature Genetics* 4 (August 1993), 398-403; The Huntington's Disease Collaborative Research Group, "A Novel Gene Containing a Trinucleotide Repeat That Is Expanded and Unstable on Huntington's Disease Chromosomes, *Cell* 72 (March 26, 1993), 971-83.
10. Department of Health, Education, and Welfare, Public Health Service, National Institutes of Health, *Report: Commission for the Control of Huntington's Disease.*
11. Robert Klitzman et al., "Decision-Making about Reproductive Choices among Individuals At-Risk for Huntington's Disease, *Journal of Genetic Counseling* 16:3 (2007), 347-

62.

12. David H. Smith et al., *Early Warning: Cases and Ethical Guidance for Presymptomatic Testing in Genetic Diseases* (Bloomington and Indianapolis: Indiana University Press, 1998).

13. Wexler, *Mapping Fate,* 234.

14. Smith et al., *Early Warning.*

15. Ian D. Young, *Introduction to Risk Calculation in Genetic Counseling,* 3rd ed. (Oxford: Oxford University Press, 2007).

16. Jennifer Roggenbuck et al., "Perception of Genetic Risk among Genetic Counselors," *Journal of Genetic Counseling* 9:1 (2000), 47-59.

17. Bonnie J. Rough, *Carrier: Untangling the Danger in My DNA* (Berkeley: Counterpoint, 2010).

18. Nicole Hahn Rafter, *White Trash: The Eugenic Family Studies, 1877-1919* (Boston: Northeastern University Press, 1988); Alexandra Minna Stern, "'We Cannot Make a Silk Purse out of a Sow's Ear': Eugenics in the Hoosier Heartland," *Indiana Magazine of History* 103:1 (2007), 3-38.

19. "The Early Life of Lee Raymond Dice, Biographical Binder, Lee Raymond Dice Papers (LRD), Collection Aa2, BHL, UM.

20. "Professional History of Lee Raymond Dice," Biographical Binder, LRD, BHL, UM.

21. Ibid.

22. "History of Department of Human Heredity," "Report to Dean Yoakum on Research Grant R-108 (L. R. Dice), 1940-1941," and "The Heredity Clinic, September 20, 1941, Box 1, Department of Human Genetics Records (DHGR), BHL, UM.

23. Minutes of the Staff Meeting, Laboratory of Vertebrate Biology, June 24, 1941, Box 4, LRD, BHL, UM.

24. "History of Department of Human Heredity," and Lee R. Dice to Dr. Richard J. Porter, January 10, 1956, Box 1, DHGR, BHL, UM.

25. Clinic materials in Box 2, AMGCR, BHL, UM.

26. Office Procedures Manual, Box 1, DHGR, BHL, quotes om "Reports" section.

27. Robert G. Resta, "The Crane's Foot: The Rise of the Pedigree in Human Genetics," *Journal of Genetic Counseling* 2:4 (1993), 256; Robert G. Resta, "Genetic Drift: Whispered Hints," *American Journal of Medical Genetics* 59 (1995), 131-33.

28. Lee R. Dice, "Symbols for Human Pedigree Charts," *Journal of Heredity* 37:1 (January 1946), 11-15.

29. James V. Neel, *Physician to the Gene Pool: Genetic Lessons and Other Stories* (New York: John Wiley and Sons, 1994), 17.

30. Sheldon C. Reed, "Human Factors in Genetic Counseling," reprint, source unspecified, 107, Box 5, DIHGR, UMA.

31. S. C. Reed, 제목 미상 강연 ("Thank you, Dr. Jensen", 1960년대로 추정), likely in Box 4, DIHGR, UMA.
32. S. C. Reed, Selected Counseling Cases, Box 2; and "Incest Children: Brother x Sister Unions," Box 3, DIHGR, UMA
33. S. C. Reed, Public Services of the Dight Institute, 일시 불명, 그러나 그의 도착 이후일 것이다, Box 2, DIHGR, UMA.
34. S. C. Reed, "Etiology and Genetic Counseling in Mental Retardation" (1955), Box 4, DIHGR, UMA.
35. See Kindreds 95 and 106, AMGCR, BHL, UM.
36. S. C. Reed, "The Significance of Genetic Counseling" (1967), 11, Box 5, DIHGR, UMA.
37. 선별된 상담 사례로, 일시가 알려져 있지 않지만 대부분 1960년대의 것이다. Box 2, DIHGR, UMA.
38. Drawn from analysis of first 400 Case Record Sheets, Box 64, AMGCR, BHL, UM.
39. Robert Albrook, "U. Geneticists Seek Aid in Fight on Breast Cancer," *Minneapolis of Morning Tribune* January 9, 1946, n.p.; "Expert Finds Cancer Clue: Sisters of Patients Held Susceptible," *Mineapolis Sunday Tribune,* April 16, 1950, Box 2, DIHGR, UM.
40. Deborah Lupton, *Risk* (London: Routledge, 1999), 5.
41. 다음을 보라. Ian Hacking, *The Taming of Chance* (Cambridge: Cambridge University Press, 1990). [이언 해킹, 정혜경 역, 『우연을 길들이다: 통계는 어떻게 우연을 과학으로 만들었는가?』 (바다출판사, 2012).]
42. Ulrich Beck, *Risk Society: Towards a New Modernity* (London: Sage, 1992), 21 [울리히 벡, 홍성태 역, 『위험 사회: 새로운 근대성을 향하여』 (새물결, 1997)]; 다음 책도 보라. William G. Rothstein, *Public Health and the Risk Factor: A History of An Uneven Medical Revolution* (Rochester, NY: University of Rochester Press, 2003).
43. Paul Slovic, *The Perception of Risk* (Sterling, VA: Earthscan, 2000); Baruch Fischoff et al., *Acceptable Risk* (Cambridge: Cambridge University Press, 1981).
44. James E. Short Jr., "The Social Fabric at Risk: Toward the Social Transformation of Risk Analysis," *American Sociological Review* 49, no. 6 (1984): 711-25.
45. Chauncey Starr, Richard Rudman, and Chris Whipple, "Philosophical Basis for Risk Analysis," *Annual Review in Energy* 1 (1976): 629-62; Chris Whipple and Vincent T. Covello, eds., *Risk Analysis in the Private Sector* (New York: Plenum Press, 1985).
46. Chauncey Starr and Chris Whipple, "A Perspective on Health and Safety Risk Analysis," Management Science 30, no. 4 (1984): 452-63; Chauncey Starr, "Risk Management, Assessment, and Acceptability, *Risk*

Analysis 5, no. 2 (1985): 97-102; Elke U. Weber, "'A Descriptive Measure of Risk," *Acta Psychologica* 69 (1988): 185-203; Stanley Kaplan and B. John Garrick, "On the Quantitative Definition of Risk," *Risk Analysis* 1, no. 1 (1981): 11-27.

47. S. C. Reed, "Etiology and Genetic Counseling".

48. Christina G. S. Palmer and François Sainfort, "Toward a New Conceptualization and Operationalization of Risk Perception within the Genetic Counseling Domain," *Journal of Genetic Counseling* 2:4 (1993): 278.

49. Charles Vlek, "Risk Assessment, Risk Perception and Decision Making about Courses of Action Involving Genetic Risk: An Overview of Concepts and Methods," *Birth Defects: Original Article Series* 23, no. 2 (1987): 180; Patrick Humphreys and Dina Berkeley, "Representing Risks: Supporting Genetic Counseling," *Birth Defects: Original Article Series* 23, no. 2 (1987): 227-50.

50. J. H. Pearn, "Patients' Subjective Interpretation of Risks Offered in Genetic Counselling," *Journal of Medical Genetics* 10, no. 2 (1973): 131.

51. F. Clarke Fraser, "Counseling in Genetics: Its Intent and Scope," *Birth Defects: Original Article Series* 6, no. 1 (1970): 10.

52. Abby Lippman-Hand and F. Clarke Fraser, "Genetic Counseling: Provision and Reception of Information, *American Journal of Medical Genetics* 3 (1979): 113-27; A. Lippman-Hand and F. Clarke Fraser, "Genetic Counseling-the Post counseling Period: 1. Parents' Perceptions of Uncertainty, *American Journal of Medical Genetics* 4 (1979): 51-71; A. Lippman-Hand and F. Clarke Fraser, "Genetic Counseling-the Post counseling Period: II. Making Reproductive Choices," *American Journal of Medical Genetics* 4 (1979): 73-87.

53. Abby Lippman-Harid and F. Clarke Fraser, "Genetic Counseling: Parents' Responses to Uncertainty," *Birth Defects: Original Article Series* 15, no. 5C (1979): 331.

54. Jon Weil, *Psychosocial Genetic Counseling* (Oxford: Oxford University Press, 2000), 133-34.

55. Lippman-Hand and Fraser, "Genetic Counseling: Provision and Reception," 124.

56. Christina G. S. Palmer and François Sainfort, "Toward a New Conceptualization and Operationalization of Risk Perceptive within the Genetic Counseling Domain," *Journal of Genetic Counseling* 2, no. 4 (1993): 288.

57. Sheila Jasanoff, "Bridging the Two Cultures of Risk Analysis," *Risk Analysis* 13, no. 2 (1993): 123-29.

58. Paul Slovic, ed., *The Feeling of Risk: New Perspectives and Risk Perception* (London: Earthscan, 2010).

59. Carlos Novas and Nikolas Rose, "Genetic Risk and the Birth of the Somatic Individual," *Economy and Society* 29, no. 4 (2000): 485-513; Martha Lampland and Susan Leigh Star, eds., *Standards and Their Stories: How Quantifying, Classifying, and, Formal Practices Shape Everyday Life* (Ithaca, NY: Cornell University Press, 2009).

60. Mary Douglas and Aaron Wildavsky, *Risk and Culture: Essay on the Selection of Technological and Environmental Dangers* (Berkeley: University of California Press, 1982).

61. Barbara Katz Rothman, *The Tentative Pregnancy: How Amniocentesis Changes the Experience of Motherhood*, 2nd ed. (New York: W. W. Norton, 1993), 43.

62. Diana Puñales-Morejon, 저자에 의한 인터뷰, 2007년 1월 19일.

63. S. C. Reed, "The Delivery of Genetic Counseling," Box 4, DIHGR, UMA.

64. L. S. Penrose, "The Relative Effects of Paternal and Maternal Age in Mongolism", *Journal of Genetics* 27 (1933): 219-24.

65. J. A. Böök and S. C. Reed, "Empiric Risk Figures in Mongolism," *Journal of the American Medical Association* 143, no. 8 (June 24, 1950): 730-32.

66. Ibid., 732.

67. 다음을 보라. Hans Olof Ðkesson, "Empiric Risk Figures in Mental Deficiency," *Acta Genetica* 12 (1962): 28-32; J. G. Masterson, "Empiric Risk, Genetic Counseling and Preventive Measures in Anencephaly," *Acta Genetica* 12 (1962): 219-29.

68. Robert Albrook, "U. Geneticists Seek Aid in Fight on Breast Cancer," *Minneapoils Morning Tribune*, January 9, 1946, n.p.; "Expert Finds Cancer Clue."

69. S. C. Reed to Dr. Charles O. Warren, November 22, 1948, and "'U' Cancer Experts Get $55,352 Grants," *Minneapolis Morning Tribune*, April 20, 1949, n.d., Box 2, DIHGR, UMA.

70. "With the American Cancer Society Research Tour, Minneapolis, Humans Do Not Inherit Cancer", undated press release, Box 2, DIHGR, UMA.

71. "Expert Finds Cancer Clue," 2.

72. Böök and Reed, "Empiric Risk Figures in Mongolism," 732.

73. James V. Neel, "The Meaning of Empiric Risk Figures for Disease or Defect, *Eugenics Quarterly* 5, no. 1 (March 1958): 41-42.

74. Kenneth K. Kidd, "Empiric Recurrence: Risks and Models of Inheritance: Part II," *Birth Defects: Original Article Series* 15, no. 5C (1979): 51; Nancy Role Mendell and M. Anne Spence, "Empiric Recurrence: Risks and Models of Inheritance: Part I, *Birth Defects: Original Article Series* 15, no. 5C (1979): 39-49; Seymour Packman, "Empiric Risk Counseling: A Perspective," *Birth Defects: Original Article Series* 15, no. 5C (1979): 69-70.

75. Jon Weil, 저자와의 이메일, 2011년 5월 20일.
76. André Rogatko, "Evaluating the Uncertainty of Risk Prediction in Genetic Counseling: A Bayesian Approach," *American Journal of Human Genetics* 31 (1988): 513-19.
77. S. C. Reed, "Practical Genetic Counseling," Box 5, DIHGR, UMA.
78. Kathleen and Arthur S. Postle, "Whose Little Girl Are You?," McCall's, December 1948, 22-23, 126, 134, 138.
79. Minutes, Heredity Clinic, December 3, 1948, Folder: Laboratory of Vertebrate Biology, Meeting Minutes, 1945-1952, LRD, BHL, UM.
80. Robert J. R. Johnson, "Heredity Explained-U Team Calls Toss on Genetic Gamble, Pioneer Press, March 16, 1958", n.p., Box 2, DIHGR, UMA.
81. "Mr. Fixit Says: No Wisecrack, Blue Eyes," *Minneapolis Morning Tribune,* November 17, 1948, 17; "Mr. Fixit Says: Cousins Can't Wed Here," *Minneapolis Morning Tribune,* May 19, 1949, 19; "How to Join Baldy Row," *Minneapolis Morning Tribune,* May 6, 1953, 12, Box 2, DIHGR, UMA.
82. Sheldon C. Reed, *Counseling in Medical Genetics* (Philadelphia: W. B. Saunders, 1955).
83. Ibid., 12.
84. "Got Genes? Then You Must Read This Book," *Minneapolis Sunday Tribune,* October 2, 1955, 2, Box 3, DIHGR, UMA.
85. W. B. Saunders Company의 표본 광고 지면, Box 3, DIHGR, UMA.
86. S. C. Reed, "Genetic Counseling (Women's Studies)" (1977), likely Box 5, DIHGR, UMA.
87. Frances Whitney to S. C. Reed, January 14, 1957, Box 2, DIHGR, UMA.
88. Alice Wexler, "Stigma, History, and Huntington's Disease," *Lancet* 376 (June 30, 2010): 18-19, doi:10.1016/S0140-6736(10)60957-9.
89. Mrs. Nedra C. Kuntz to X (name withheld), August 8, 1944, Kindred 261, AMGCR, BHL, UM.
90. Mrs. L to Ms. Hughes, December 19, 1955, Kindred 302, AMGCR, BHL, UM.
91. S. C. Reed, 다이트연구소에서의 제목 미상 강연, 1960년대로 추정. Box 3, DIHGR, UMA.
92. S. C. Reed, 제목 미상 강연 ("Thank you, Dr. Jensen", 1960년대로 추정).
93. Ian D. Young , *Introduction to Risk Calculation in Genetic Counseling*, 3rd ed. (Oxford: Oxford University Press, 2007).
94. S. C. Reed, 제목 미상 강연 ("Thank you, Dr. Jensen", 1960년대로 추정).
95. S. C. Reed, "Practical Genetic Counseling".
96. S. C. Reed to James R. Sorenson, November 2, 1970, Box 2, DIHGR, UMA.
97. Richard D. James, "Genetic Counselors Give Advice to Parents-to-be on Hereditary Defects," *Tall Street*

Journal, October 5, 1967 n.p., Box 2, DIHGR, UMA.

98. William Leeming, "Tracing the Shifting Sands of 'Medical Genetics': What's in a Name?," *Studies in History and Philosophy of Biological and Biomedical Sciences* 41 (2010), 50-60.

99. S. C. Reed, "Medical and Genetic Indications for Therapeutic Abortion," Box 3, DIHGR, UMA.

100. Roggenbuck et al., "Perception of Genetic Risk."

101. Dorothy C. Wertz, James R. Sorenson, and Timothy C. Heeren, "Clients' Interpretation of Risks Provided in Genetic Counseling," *American Journal of Human Genetics* 39 (1986): 253-64.

102. Katie Featherstone et al., *Risky Relations: Family, Kinship, and the New Genetics* (Oxford: Berg, 2006), 16.

103. "Huntington Disease (HD)". in Firth, Hurst, and Hall, *Clinical Genetics,* 354-56; Wexler, *Woman Who Walked into the Sea.*

104. Note from August 1985, Kindred 261, AMGCR, BHL, UM.

105. 다음 책을 보라. Patricia T. Kelly, *Dealing with Dilemma: A Manual for Genetic Counselors* (New York: Springer, 1977); Joan H. Marks et al., *Genetic Counseling Principles in Action: A Casebook* (White Plains, NY: March of Dimes Birth Defects Foundation, 1989); Jon Weil, *Psychosocial Genetic Counseling.*

106. Wexler, *Women Who Walked into the Sea;* Beth Linnen, "Marjorie Guthrie Sings Out against Cause of Woody's Death," *Minnesota Daily* 78, no. 45 (October 14, 1977), n.p., Box 2, DIHGR, UM.

107. Marjorie Guthrie, "A Personal View of Genetic Counseling," in *Counseling in Genetics,* ed. Y. Edward Hsia et al. (New York: Alan R. Liss, 1979), 329-41.

108. Diane Baker, 2008년 1월 16일 저자와의 인터뷰.

109. Dorene Markel, 2007년 12월 7일 저자와의 인터뷰. 비슷한 노력들이 미네소타 대학교에서 이루어졌다. Joe Kimball, "With Help, They Face Huntington's Disease," Family Living Section, *Minneapolis Tribune,* Sunday, Feburary 10, 1980, 12F, Box 2, DIHGR, UMA.

110. Dorene Markel, 2011년 8월 11일 이메일.

111. Shelly Clark et al., "Patient Motivation, Satisfaction, and Coping in Genetic Counseling and Testing for BRCA1 and BRCA2," *Journal of Genetic Counseling* 9 no. 3 (2000), 219-35.

——————— 3장: 인종 ———————

1. Interracial Service, Sunday, February 11, 1951, The Cathedral Church of St. Mark, Box 4, University of Minnesota Dight Institute for Human Genetics Records (DIHGR), Univer-

sity of Minnesota Archives (UMA), Minneapolis, Minnesota; Book 2, January 1, 1950-June 30, 1951, Dight Institute Inquiries, 저자가 미시간 주 앤아버에 소장하고 있는 자료 참고.

2. Sheldon Reed, "All Men Are Brothers under the Skin," February 11, 1951, Box 4, DIHGR, UMA.
3. Book 2, January 1, 1950-June 30, 1951, Dight Institute Inquiries.
4. S. C. Reed, "A Scientist Looks at the Races of Man," Box 2, DIHGR, UMA.
5. S. C. Reed, "Color of the U.S.A.-3000 A.D.," (1954), Box 4, DIHGR, UMA.
6. 1940년대와 1950년대에 걸쳐 리드와 도브잔스키는 활발하게 서신을 주고받았다. 둘 사이의 편지는 다음에서 볼 수 있다. Box 1, DIHGR, UMA.
7. Geoffrey C. Bowker and Susan Leigh Star, *Sorting Things Out: Classification and Its Consequences* (Cambridge, MA: MIT Press, 1999). [제프리 보커, 수잔 리 스타, 주은우 역, 『사물의 분류』(현실문화연구, 2005).]
8. 다음을 보라. Matthew Connelly, *Fatal MisConception: The Struggle to Control World Population* (Cambridge, MA: Belknap Press of Harvard University Press, 2008).
9. 다음 책을 보라. Dorothy Roberts, *Fatal Invention: How Science, Politics, and Big Business Re-Create Race in the Twenty-First Century* (New York: New Press, 2011); 또한 Pilar Ossorio, "Societal and Ethical Issues in Pharmacogenics," chap. 12 in *Pharmacogenomics: Applications to Patient Care* (Kansas City, MO: American College of Clinical Pharmacy, 2004), 339-439도 보라.
10. 인종과 생물학의 과학적, 사회학적, 인류학적 분석으로는 다음을 보라. Joseph L. Graves Jr., *The Emperor's New Clothes: Biological Theories of Race at the Millennium* (New Brunswick, NJ: Rutgers University Press, 2002); Troy Duster, "Buried Alive: The Concept of Race in Science," chap. 13 in *Genetic Nature/Culture: Anthropology and Science beyond the Two-Culture Divide,* ed. Alan H. Goodman, Deborah Heath, and M. Susan Lindee (Berkeley: University of California Press, 2003), 258-77; Anne Fausto-Sterling, "Refashioning Race: DNA and the Politics of Health Care," *differences: A Journal of Feminist Critical Studies* 15, no. 3 (2004): 1-37; Jonathan Kahn, "Genes, Race, and Population: Avoiding a Collision of Categories," *American Journal of Public Health* 96 no. 11 (2006): 1965-70; Pilar N. Ossorio and Troy Duster, "Race and Genetics: Controversies in Biomedical, Behavioral, and Forensic Sciences," *American Psychologist* 60, no. 1 (2005): 115-28; Duana Fullwiley, "The Biologistical Construction of Race: 'Admixture' Technology and the New Genetic Medicine," *Social Studies of Science* 38, no. 5 (2008): 695-735.

11. 다음 책들을 보라. Daniel J. Kevles, *In the Name of Eugenics: Genetic and the Uses of Human Heredity* 2nd ed. (Cambridge, MA: Harvard University Press, 1995); Diane B. Paul, *Controlling Human Heredity:* 1865 to the Present (Amherst, NY: Humanity Books, 1995).
12. 다음 책을 보라. Peggy Pascoe, *What Comes Naturally: Miscegenation Law and the Making of Race in America* (New York: Oxford University Press, 2009).
13. 다음 책들을 보라. Elazar Barkan, *The Retreat of Scientific Racism: Changing Concepts of Race in Britain and the United States between the World Wars* (New York: Cambridge University Press, 1992); Nancy Stepan, *The Idea of Race in Science: Great Britain 1800-1960* (Hamden, CT: Archon Books, 1982); William B. Provine, "Geneticists and Race," *American Zoologist* 26 (1986): 857-87; Joanne Meyerowitz, "How Common Culture Shapes the Separate Lives: Sexuality, Race, and Mid-Twentieth-Century Social Constructionist Thought," *Journal of Ameircan History* 96, no. 4 (2010): 1057-84.
14. 다음 책들을 보라. Jenny Reardon, *Race to the Finish: Identity and Governance in an Age of Genomics* (Princeton, NJ: Princeton University Press, 2005); Rachel Caspari, "From Types to Populations: A Century of Race, Physical Anthropology, and the American Anthropological Association," *American Anthropologist* 105, no. 1 (2003): 65-76.
15. Reardon, *Race to the Finish.*
16. UNESCO, *The Race Concept: Results of an Inquiry* (Paris, 1952), 99. 셸던 리드는 유네스코 인종 선언문에 관해 평가하도록 위촉받은 여러 전문가들 중 한 명이었다.
17. 다음도 보라. Melinda Gormley, "Scientific Discrimination and the Activist Scientist: L. C. Dunn and the Professionalization of Genetics and Human Genetics in the United States," *Journal of the History of Biology* 42 (2009): 33-72.
18. L. C. Dunn and Th. Dobzhansky, *Heredity, Race, and Society.* rev. ed. (New York: New American Library, 1952), 115.
19. Ibid., 118, 126.
20. 다음 글을 보라. Lisa Gannett, "Racism and Human Genome Diversity Research: The Ethical Limits of 'Population Thinking,'" *Philosophy of Science* 68, no. 3 (2001): S479-92.
21. Ibid., S490.
22. Reardon, *Race to the Finish,* 2.
23. 다음 책을 보라. Roberts, Fatal Invention; Dorothy Nelkin and M. Susan Lindee, *The DNA Mystique: The Gene as Cultural Icon,* 2nd ed. (Ann Arbor, MI: University of Michigan Press, 2004); Troy Duster, *Backdoor to Eugenics,* 2nd ed. (New York: Routledge, 2003).

24. S. C. Reed, "Population Brakes" and "Dynamics of Population Control," Box 4; "Hunger-Winner in the Population Race?," Minneapolis Star, April 4, 1951, Box 2, DIHGR, UMA.
25. "Population Control Called Possible without Offending Religion," *Minneapolis Morning Tribune,* January 13, 1960, 13, Box 2, DIHGR, UMA.
26. S. C. Reed, "Toward a New Eugenics: The Importance of Differential Reproduction," *Eugenics Review* 57 no. 2 (1965): 74, Box 5, DIHGR, UMA.
27. ERO에 대한 여전히 최고의 연구 중 하나로 다음을 보라. Garland E. Allen, "The Eugenics Record Office at Cold Spring Harbor, 1910-1940: An Essay in Institutional History," *Osiris,* 2nd series, 2 (1986): 225-64.
28. 다음 글을 보라. Paul A. Lombardo, "'The American Breed': Nazi Eugenics and the Origins of the Pioneer Fund," *Albany Law Review* 65, no. 3 (2002): 743-830.
29. 다음 글을 보라. William H. Tucker, *The Funding of Scientific Racism: Wickliffe Draper and the Pioneer Fund* (Urbana: University of lllinois Press, 2002). 그리고 Michael G. Kenney, "Toward a Racial Abyss: Eugenics, Wickliffe Draper, and the Origins of the Pioneer Fund," *Journal of History of the Behavioral Sciences* 38, no. 3 (2002): 259-83.
30. James V. Neel to C. Nash Herndon, March 7, 1950, Box Correspondence He-Ho, James V. Neel Papers (JVN), MS Coll 96, American Philosophical Society Library (APSL), Philadelphia, Pennsylvania.
31. 그의 우생학에 대한 태도를 보여주는 논의로는 다음을 보라. James V. Neel, *Physician to the GenePool; Genetic Lessons and Other Stories* (New York: John Wiley and Sons, 1994).
32. James V. Neel to Frederick Osborn, December 10, 1953, Box 4, American Eugenics Society (AES) folder, JVN, APSL.
33. Nicole Hahn Rafter, ed., *White Trash: The Eugenic Family Studies, 1877-1919* (Boston: Northeastern University Press, 1988).
34. Regents Communication, Exhibits of the Regents Meetings, May 20, 1950, Box 63, University of Michigan Board of Regents records (UMBR), Bentley Historical Library (BHL), University of Michigan (UM).
35. James P. Adams to Mr. Wickliffe Draper, April 25, 1950, Exhibits of the Regents Meetings, May 20, 1950, Box 63, UMBR, BHL, UM.
36. Wickliffe Draper to the President of the University of Michigan, April 18, 1950, Exhibits of the Regents Meetings, May 20, 1950, Box 63, UMBR, BHL, UM.
37. Institute of Human Biology, University of Michigan, Minutes of staff meeting of October 23, 1950, Folder 1949-1950, Box 2, University of Michigan Department of Human Ge-

netics Records (DHGR), BHL, UM; J. N. Spuhler, "Assortative Mating with Respect to Physical Characteristics," *Eugencis Quarterly* 15, no. 2 (1968): 128-40.

38. James V. Neel to Dr. Sheldon Reed, March 28, 1950, Box 2, DIHGR, UMA.

39. 다음 글을 보라. Kevin Begos, "Benefactor with a Racist Bent: Wealthy Recluse Apparently Liked the Looks and Potential of Bowman Gray's New Medical-Genetics Department," from Part Two of "Against Their Will: North Carolina's Sterilization Program" (2002), Web-based supplement, *Winston-Salem Journal*, http://extras.journalnow.comfagainsttheir'.villfpartsftwofprintstory3.html.

40. Nash Herndon to L. H. Snyder, March 10, 1950, Snyder Folder, Unprocessed Box, Nash Herndon and William Allan Papers (NHWAP), Dorothy Carpenter Medical Archives (DCMA), Wake Forest Baptist Medical Center (WFBMC), Winston-Salem, North Carolina. 윈스턴-살렘(Winston-Salem)을 연구차 방문한 이후 이러한 자료들과 일부 추가적인 자료들을 찾아서 보내준 모니카 가넷(Monica Garnett)에게 감사를 표한다.

41. 앨런에 대해서는 다음 글을 보라. Nathaniel Comfort, "'Polyhybrid Heterogeneous Bastards': Promoting Medical Genetics in America in the 1930s and 1940s," *Journal of the History of Medicine and Allied Sciences* 61, no. 4 (2006): 415-55; 다음 글도 보라. William Allan, "Medicine's Need of Eugenics," *Southern Medicine Surgery* 98, no. 8 (1936): reprint with no page numbers, Folder: Journal Reprints, Box P323-1, Dr. William Allan Papers (WAP), DCMA, WFBMC.

42. Nash Herndon to Mrs. Allan, November 18, 1957, Allan Correspondence-Misc, Nash Herndon Papers (NH), DCMA, WFBMC.

43. "Suggested Program of Research in Medical Genetics," and "Review of the Year's Activity" July 1941-July 1942," Folder: Foundation-Carnegie, Unprocessed Box, Department of Medical Genetics Records (DMGR), DCMA, WFBMC.

44. "Suggested Program of Research in Medical Genetics," Unprocessed Box, Nash Herndon and William Allan Papers (NHWAP), DCMA, WFBMC.

45. "Review of the Year's Activity, July 1941-July 1942,"

46. William Allan to Dr. Laurence H. Snyder, October 19, 1941, Unprocessed Box, NHWAP, DCMA, WFBMC.

47. Johanna Schoen, *Choice & Coercion, Birth Control, Sterilization, and Abortion in Public Health and Welfare* (Chapel Hill: University of North Carolina Press, 2005).

48. "Report of Department of Medical Genetics," May 1, 1943-May 1, 1944;

다음 글도 보라. "Report of Department of Medical Genetics," May 1, 1946-May 1, 1947, Folder: Foundation-Carnegie, Unprocessed Box, DMGR, DCMA, WFBMC.

49. Begos, "Benefactor with a Racist Bent"에서 인용.

50. S. C. Reed to Mr. Ronald W. May, February 3, 1960; S. C. Reed to Mr. Ronald W. May, February 11,1960, Box 2, DIHGR, UMA.

51. Alexandra Minna Stern, *Eugenic Nation: Faults and Frontiers of Better Breeding in Modern America* (Berkeley: University of California Press, 2005).

52. S. C. Reed to President James L. Morrill; R. Joel Tierney to Mr. Al Cheese, September 16, 1976; S. C. Reed to Dean Richard S. Caldecott, September 23, 1976, Box 2, DIHGR, UMA. DIHGR에는 1940년대부터 1960년대에 걸쳐 괴테와 리드가 주고받은 서신이 몇 개의 두꺼운 폴더로 보관되어 있다.

53. Ellen Herman, *Kinship by Design: A History of Adoption in the Modern United States* (Chicago: University of Chicago Press, 2008); Rickie Solinger, *Beggars and Choosers: How the Politics of Choice Shapes Adoption, Abortion and Welfare in the United States* (New York: Hill and Wang, 2002); Rickie Solinger, *Wake Up Little Susie: Single Pegnancy and Race before* Roe v. Wade, 2nd ed. (New York: Routledge, 2000).

54. E. Wayne Carp, ed. *Adoption in America: Historical Perspectives* (Ann Arbor: University of Michigan Press, 2002).

55. Judith Modell and Naomi Dambacher, "Making a 'Real' Family: Matching and Cultural Biologism in American Adoption," *Adoption Quarterly* 1, no. 2 (1997): 16; 다음 글도 보라. Ellen Herman, "The Difference Difference Makes: Justine Wise Polier and Religious Matching in 'Twentieth-Century Child Adoption," *Religion and American Culture* 10, no, 1 (Winter 2000): 57-98.

56. Sheldon C. Reed, *Counseling in Medical Genetics* (Philadelphia: W. B. Saunders, 1955), 8.

57. Book 1, 1948-1949, Dight Institute Inquiries.

58. Ibid.

59. Consultations requested by Adoption Agencies, Dight Institute for Human Genetics, September 1947-December 1957, Box 3, DIHGR, UMA.

60. Reed, *Counseling in Medical Genetics,* 155.

61. Ibid., chap. 20; and S. C. Reed, "Human Racial Differences," Box 5, DIHGR, UMA.

62. C. Stern, "Model Estimates of the Number of Gene Pairs Involved in Pigmentation variability of the Negro-American," *Human Heredity* 20 (1970): 165-68; Reed, "Human Racial Differences".

63. Book 2, January 1, 1950-June 30, 1951, Dight Institute Inquiries.
64. "Mr. Fixit Says: Whites Have White Babies," *Minneapolis Morning Tribune,* August 20, 1949, 11, Box 2, DIHGR, UMA.
65. Adoption Referrals, Dight Institute, Box 3, DIHGR, IIA. 리드는 종종 이 문제를 대중 매체에서 제기했다. 다음을 보라. "Mr. Fixit Says: Whites Have White Babies," *Minneapolis Morning Tribune,* August 20, 1949, 11, Box 2, DIHGR, UMA.
66. Reed, "Adoption and the Child's Heritage" (1957), Box 4, DIHGR, UMA.
67. Reed, *Counseling in Medical Genetics,* 159; Sheldon C. Reed and Esther B. Nordlie, "Genetic Counseling for Children of Mixed Racial Ancestry," *Eugenics Quarterly* 8, no. 3 (1961): 157-63.
68. Reed, *Counseling in Medical Genetics,* 159.
69. Ibid., 158; 다음 글도 보라. "Illegitimate Child Held Good Risk for Adoption," *Minneapolis Morning Tribune,* November 4, 1949, n.p., Box 2, DIHGR, UMA.
70. Reed, *Counseling in Medical Genetics,* 158.
71. Ibid., 153.
72. 필자는 알파벳 순서대로 질병을 분류하는 방식으로 유전 클리닉에서 "입양" 항목에 속해 있는 111개의 입양 사례를 정리했다. 그 후 68개 박스의 파일을 검토했다. 박스 자료는 대체로 단일 사례 기록지로 이루어져 있었지만, 때로는 더 큰 사례 문서들 또한 포함했다. 질병 카탈로그는 University of Michigan Adult Medical Genetics Clinic Records (AMGCR), BHL, UM을 다루는 Box 1에 있다. 이 기록에의 접근은 미시간대학교의 기관검토위원회(Institutional Review Board), HUM00012519의 승인을 받았다. 가명은 환자들의 개인정보 보호를 위해 사용되었다.
73. 마찬가지로, 인종적 형질과 관련된 파일에서 입양에 관한 대략적 사례를 살피기 위해, 필자는 알파벳 순서의 질병명 분류를 사용해서 129개의 사례를 찾아내고 분류했다. 적게는 54개, 많게는 74개의 사례들이 입양과 관련된 것으로 밝혀졌다. 하지만 많은 경우 단일 사례 기록지가 너무 부족한 정보를 담고 있어서 입양과 관련된 사례로 분류할 수 없었다. Box 1, and related files, AMGCR, BHL, UM.
74. Herman, Kinship by Design.
75. James V. Neel to Mr. Richard L. McCartney, March, 1957, Kindred 4943, Box 26, AMGCR, BHL, UM.
76. James V. Neel to Mrs. Marie McCracken, November 12, 1959, Kindred 7408, Box 29 AMGC~ BHL, UM.
77. J. A. Fraser Roberts, "Reginald Ruggles Gates, 1882-1962," *Biographical Memoirs of Fellows of the Royal Society* 10 (1964): 91.
78. Gavin Schaffer, "'Scientific' Racism Again?': Reginald Gates, *the Mankind Quarterly* and the Question of 'Race' in Science after the Second

World War," *Journal of American Studies* 41, no. 2 (2007): 253-78.
79. Juvenile Investigation, Official Case, File no. 1458, Kindred 4943, Box 26, AMGCR, BHL, UM.
80. Richard L. McCartney to Dr. James V. Neel, March 1, 195τ Kindred 4943, Box 26, AMGCR, BHL, UM.
81. James V. Neel to Judge Robert P. Polleys, March 14, 1957; and Statement by James V. Neel, March 13, 1957, Kindred 4943, Box 26, AMGCR, BHL, UM
82. Donald C. Smith to Ernest H. Watson, October 18, 1960, Kindred 7296, Box 29, AMGCR, BHL, UM.
83. E. H. Watson to Donald C. Smith, October 31, 1960, Kindred 7296, Box 29, AMGCR, BHL, UM.
84. Donald C. Smith to Ernest H. Watson, October 18, 1960, Kindred 7296, Box 29, AMGCR, BHL, UM.
85. Margery W. Shaw to Donald C. Smith, November 17, 1961, Kindred 7296, Box 29, AMGCR, BHL, UM.
86. Margery W. Shaw to Mrs. C. Fisher, October 16, 1961; Report of Psychological Examination, September 23, 1961, Kindred 7296, Box 29, AMGCR, BHL, UM.
87. James V. Neel to Mrs. Virginia Jackson, January 23, 1970, Kindred 10882, Box 66 AMGCR, BHL, UM.
88. Verle E. Headings to Bernard Kazyak, June 15, 1967, ndred 10138, Box 66, AMGCR, BHL, UM.
89. Pearl Buck, *Children for Adoption* (New York: Random House, 1964); Pearl Buck, "Should White Families Adopt Brown Babies?," *Ebony,* June 1958, 26-30.
90. Theresa Monsour, "Retired Couple Share Passion for a Busy Life," St. Paul *Pioneer Press,* June 12, 1990, 1A, 5A, Biographical File: Sheldon Reed (SR), UMA.
91. Danielle Deaver, "WFU Medical School Apologizes Again for Role: Officials Critized in Choice of a Supporter," from Epilogue of "Against Their Will: North Carolina's Sterilization Program" (2002), Web-based supplement, *Winston-Salem Journal,* Journalnow, http://extras.journalnow.com/againsttheirwill/parts/epilogue/printstory27.html.
92. Connelly, *Fatal MisConception.*
93. Stern, *Eugenic Nation.*
94. 예를 들어, 다음을 보라. Michael M. Kaback and Robert S. Zieger, "Heterozygote Detection in Tay-Sachs Disease: A Prototype Community Screening Program for the Prevention of Recessive Genetic Disorders (1972)," in *Landmarks in Medical Genetics: Classic persith Commentaries,* ed. Peter S. Harper (Oxford: Oxford University Press, 2004), 279-84.
95. 다음을 보라. Howard Markel, "Scientific Advances and Social Risks: Historical Perspectives of Genetic Screening Programs for Sickle Cell Disease, Tay-Sachs Disease, Neural

Tube Defects, and Down Syndrome, 1970-1997," *Promoting Safe and Effecctive Genetic Testing in the United States.* Final Report of the Task Force on Genetic Screening (*Appendix II*), ed. Neil A. Holtzman and Michael S. Watson (Bethesda, MD: NIH-DOE Working Group on Ethical, Legal and Social Implications of Human Genome Research, 1997), www.genome.govjl0002401; Keith Wailoo and Stephen Pemberton, *The Troubled Dream of Genetic Medicine: Ethnicity and Innovation in Tay-Sachs, Cystic Fibrosis, and Sickle Cell Disease* (Baltimore: Johns Hopkins University Press, 2006); Sherry I. Brandt-Rauf et al., "Ashkenazi Jews and Breast Cancer: The Consequences of Linking Ethnic Identity to Genetic Disease," *American Journal of Public Health* 96, no. 11 (2006): 1979-88; and Duster, *Backdoor to Eugenics.*

96. Harriet A. Washington, *Medical Apartheid: The Dark History of Medical Experimetation and Black Americans from Colonial Times to the Present* (New York: Anchor Books, 2008); Alexandra Minna Stern, "Sterilized in the Name of Public Health: Race, Immigration, and Reproductive Control in Modern California," *American Journal of Public Health* 95, no. 7 (2005): 1128-38.

97. Nancy Steinberg Warren, interviewed by the author, March 18, 2011.

98. 다음 페이지를 보라. www.genetic-counselingtoolkit.com/about.htm.

99. Vivian Ota Wang, "Multicultural Genetic Counseling: Then, Now, and in the 21st Century," *American Journal of Medical Genetics* 106, no. 3 (2001): 208-15; Ilana Suez Mittman and Katy Downs, "Diversity in Genetic Counseling: Past, Present and Future," *Journal of Genetic Counseling* 17, no. 4 (2008): 301-13; Stephanie C. Smith, Nancy Steinberg Warren, and Lavanya Misra, "Minority Recruitment into the Genetic Counseling Profession," *Journal of Genetic Counseling* 2, no. 3 (1993): 171-81; Tracey Oh and Linwood J. Lewis, "Consideration of Genetic Counseling as a Career: Implications for Diversifying the Genetic Counseling Field," *Journal of Genetic Counseling* 14, no. 1 (2005): 71-81.

———————— 4장: 장애 ————————

1. *The Dark Corner Transcript,* Folder: Films, Robert E. Cooke Papers (RC), Alan Mason Chesney Medical Archives (AMCMA), Johns Hopkins Medical Institutions (JHMI).

2. 묘성증후군은 5번 염색체의 아종말체 결실의 결과이며, 임상적 심각성은 그 결실의 정도에 달려있다. 질병의 이름은 그 증상인 고양이 같은 울음소리를 반영한 것이다. "Submicroscopic Chromosomal Abnormalities and the Chromosomal Phenotype," in Helen

V. Firth, Jane A. Hurst, and Judith G. Hall, *Oxford Desk Reference: Clinical Genetics* (Oxford: Oxford University Press, 2005), 548.
3. 지역 산모에게 보낸 편지에서 쿡 (Cooke)은 지적장애 아동을 키우는 어려움에 공감하며 다음과 같이 말했다. "저는 심한 지적장애가 있는 아이를 키우는 문제를 매우 잘 알고 있습니다. 제 아이 중 둘은 일반적인 몽고증(다운 증후군) 아이보다 더 지적장애가 심했습니다. 이 아이들은 우리와 20년을 보내면서 제대로 이야기하지도 못했습니다." Robert E. Cooke to Mrs. Marilyn Birkmeyer, February 27, 1973, RC, AMCMA, JHMI. 다음도 참고하라. Robert E. Cooke, recorded interview by John F. Stewart, March 29, 1968, John F. Kennedy Library Oral History Program.
4. The Dark Corner transcript, 4-5.
5. Ibid., 17.
6. David J. Rothman and Sheila M. Rothman, *The Willowbrook Wars: Bringing the Mental Disabled into the Community* (New Brunswick, NJ: AldineTransaction, 2005 [1984]); Joel D. Howell and Rodney A. Hayward, "Writing Willowbrook, Reading Willowbrook: The Recounting of a Medical Experiment," in *Useful Bodies: Humans in the Service of Medical Science in the Twentieth Century,* ed. Jordan Goodman, Anthony McElligott, and Lara Marks (Baltimore: Johns Hopkins University Press, 2003), 190-213.
7. James W. Trent Jr., *Inventing the Feeble Mind: A History of Mental Retardation in the United States* (Berkeley: University of California Press, 1994); Allison C. Carey, *On the Margins of Citizenship: Intellectual Disability and Civil Rights in Twentieth Century America* (Philadelphia: Temple University Press, 2009).
8. Lennard J. Davis, "Constructing Normalcy," in *The Disability Studies Reader,* ed. Lennard Davis, 3rd ed. (New York: Routledge, 2010), 3-192; Erik Parens and Adrienne Asch, eds., *Prenatal Testing and Disability Rights* (Washington, DC: Georgetown University Press, 2000); Douglas C. Baynton, "Disability and the Justification of Inequality in American History," in *The New Disability History: American Perspectives,* ed. Paul K. Longmore and Lauri Umansky (New York: New York University Press, 2001), 33-57; Richard K. Scotch, "Nothing about Us without Us': Disability Rights in America," *OAH Magazine of History* 23, no. 3 (2009): 17-22.
9. Nathaniel Comfort, *The Science of Human Perfection: Heredity, Health, and Human Improvement in American Biomedicine* (New Haven, CT: Yale University Press, 2012); Diane B. Paul, *The Politics of Heredity: Essays on Eugenics, Biomedicine, and the Nature-Nurture Debate* (Albany: State University of New York Press,

1998); Molly Ladd-Taylor, "'A Kind of Genetic Social Work': Sheldon Reed and the Origins of Genetic Counseling," in *Women, Health, and Nation: Canada and the United States since 1945,* ed. Georgina Feldberg et al. (Montreal: McGill University Press, 2003), 67-83; Ruth Schwartz Cowan, *Heredity and Hope: The Case for Genetic Screening* (Cambridge, MA: Harvard University Press, 2008); Allen Buchanan et al., *From Chance to Choice: Genetics & Justice* (Cambridge: Cambridge University Press, 2000).

10. 미셸 푸코의 "종속된 지식"은 이 바뀐 정체성에 적용할 수 있다. 다음을 보라. Michel Foucault, *Power/Knowledge: Selected Interviews and Other Writings,* 1972-1977 ed. Colin Gordon (New York: Pantheon, 1980).

11. 다음 책을 보라. Nikolas Rose, *The Politics of Life Itself: Biomedicine, Power, and Subjectivity in the Twenty First Century* (Princeton, NJ: Princeton University Press, 2006).

12. 리드가 유전상담에 관해 논의한 첫 공식 출판물은 다음과 같다. Sheldon C. Reed, *Reactivation of the Dight Institute, 1947-1949, Counseling in Human Genetics Bulletin no. 6* (Minneapolis: University of Minnesota Press, 1949).

13. Curriculum Vita, Sheldon C. Reed, Biographical File: Sheldon Reed (SR), University of Minnesota Archives (UMA); V. Elving Anderson, "Sheldon C. Reed, Ph.D. (November 7, 1910-February 1, 2003): Genetic Counseling, Behavioral Genetics," *Behavior Genetics* 33, no. 6 (2003): 630, SR, UMA.

14. Ken Der, "Retired Genetics Prof Keeps Himself Busy," *Minnesota Daily,* February 2, 1982, SR, UMA.

15. S. C. Reed to Kenneth M. Ludmerer, July 28, 1970, Box 1, Dight Institute of Human Genetics Research (DIHGR), UMA.

16. S. C. Reed, "From Tree House to Family Tree," Box 4; Robert J. R. Johnson, Heredity Explained-U Team Calls Toss on Genetic Gamble," *Pioneer Press,* March 16, 1958, n.p.; John Medelman, "The Incredible Dr. Dight: His Crusade to Abolish Wickedness," *Select Twin Citizen* July 1961,11-13, Box 2, DIHGR, UMA; also see Neal Ross Holtan, "From Eugenics to Public Health Genetics in Mid-Twentieth Century Minnesota" (PhD dissertation, University of Minnesota, 2011).

17. Brochure, Relating to the Minnesota Eugenics Society, n.d. (likely late 1920s), Box 5, DIHGR, UMA.

18. Annual Report of the Dight Institute, 1941-1942, Box 1, Minnesota Human Genetics League Records (MHGLR), UMA; Clarence P. Oliver, "A Report on the Organization and Aims of the Dight Institute," and Evadene Burris Swanson, "A Biographical Sketch of Charles Fremont

Dight," *Dight Institute of the University of Minnesota Bulletin* 1 (1943); "Annual Report of the Dight Institute" (1941-1942), MHGLR, UMA; Dick Margolis, "Dight Studies Show Genes May Decide Your Future," *Minneapolis Daily* May 27, 1949, n.p., Box 3, DIHGR, UMA.
19. Clarence P. Oliver, "A Report of the Dight Institute for the Year 1943-1944." *Dight Institute of the University of Minnesota Bulletin* 3 (1945): 1.
20. Statement of C. P. Oliver in Lee R. Dice, "A Panel Discussion: Genetic Counseling," *American Journal of Human Genetics* 4, no. 4 (1952): 341.
21. Clarence P. Oliver to the Dight Institute Committee, n.d. (1940년대 초반으로 추정된다), Box, 1, MHGLR, UMA.
22. Minutes of the Dight Institute Committee Meeting of September 18, 1945, Box 1, MHGLR, UMA.
23. Minnesota Human Genetics League, Inc., News Bulletin no. 1, November 1945, Box 1; Minnesota Human Genetics League History; 9/1969, Box 1, MHGLR, UMA; Dight Institute Committee Meeting of October 8,1945, Box 1; Dight Institute Committee Meeting of October 23, 1945, DIHGR, UMA; C. P. Oliver, Report to the Committee of the Dight Institute for the Year 1945-1946, Box 2, DIHGR, UMA.
24. Sheldon C. Reed, "The Local Eugenics Society," *American Journal of Human Genetics* 9, no. 1 (1957): reprint, DIHGR, UMA.
25. Meeting of Board of Directors, Minnesota Human Genetics League, May 14, 1946, Box 1, MHGLR, UMA.
26. S. C. Reed to Mr. Joseph T. Velardo, September 30, 1948, Box 2, DIHGR, UMA.
27. S. C. Reed, Conversational Report to the Dight Committee, November 21, 1947, included in S. C. Reed to Dean T. C. Blegen, November 21, 1947, Box 1, DIHGR, UMA.
28. S. C. Reed to Dr. M. Demerec, December 5, 1947, Box 1, DIHGR, UMA; "University Gets Gift of 40,000 Family Trees," *Minneapolis Daily Times,* April 9, 1948; "40,000 Family Histories-U Gets Valuable Data," 아마도 같은 시기 *Pioneer Press*가 출처로 보인다, Box 2, DIHGR, UMA.
29. A. C. Rogers and Maud A. Merrill, *Dwellers in the Vale of Siddem: A True Story of the Social Aspect of Feeble-Mindedness* (Boston: Richard G. Badger, Gorham Press, 1919), 15.
30. 이러한 경로에 대한 통찰력 있는 분석으로는 다음을 보라. Molly Ladd-Taylor, "Coping with a 'Public Menace': Eugenic Sterilization in Minnesota," *Minnesota History* 59, no.6 (2005): 237-48.
31. S. C. Reed to E. J. Engberg, March 14, 1950, Box 1, DIHGR, UMA; The Dight Institute of the University of Minnesota, *Report of Progress, 1949-1951* (Minneapolis: University of

Minnesota Press, 1949).
32. D. E. Minnich to Dr. Hastings, mid-December 1951; Preliminary Report on Project E-1126, Between the Division of Public Institutions and the University of Minnesota, "Genetics of Mental Deficiency," Box 1, MHGLR, UMA.
33. Elizabeth W. Reed and Sheldon C. Reed, *Metal Retardation: A Family Study* (a project of the Minnesota Human Genetics League) (Philadelphia: W. B. Saunders, 1965).
34. Ibid, 14.
35. Ibid, 71.
36. Trent Jr., *Inventing the Feeble Mind.*
37. Kathleen W. Jones, "Education for Children with Mental Retardation: Parent Activism, Public Policy, and Family Ideology in the 1950s," in *Mental Retardation in America: A Historical Reader,* ed. Steven Noll and James W. Trent Jr. (New York: New York University Press, 2004), 322-50; Katherine Castles, "'Nice, Average Americans': Postwar Parents' Groups and the Defense of the Normal Family," in *Mental Retardation in America,* ed. Noll and Trent Jr., 351-70.
38. Jane Brody, "Treatise Suggests Ways to Reduce Retardation," *Minneapolis Tribune,* 1965년 5월 2일, 14B, Box 2, DIHGR, UMA.
39. E. W. Reed and S. C. Reed, *Mental Retardation,* 72.
40. S. C. Reed, "Genetic Indications for Therapeutic Abortion," Box 5, DIHGR, UMA.
41. S. C. Reed, "Selected Counseling Cases," Box 2, DIHGR, UMA.
42. S. C. Reed, "Etiology and Genetic Counseling in Mental Retardation" (1955), Box 4, DIHGR, UMA.
43. Israel Zwerling, "Initial Counseling of Parents with Mentally Retarded Children," *Journal of Pediatrics* 44 (1954): 470.
44. Charlotte H. Waskowitz, "The Parents of Retarded Children Speak for Themselves," *Journal of Pediatrics* 54, no. 3 (1959): 322.
45. S. C. Reed, 제목 미상 강연 ("Thank you, Dr. Jensen", 1960년대로 추정), Box 4, DIHGR, UMA.
46. "Hereditary Mental Defects Called Curable," *Minneapolis Sunday Tribune,* 1952년 6월 8일, 4, Box 2, DIHGR, UMA.
47. Pearl S. Buck, *The Child Who Never Grew* (Vineland, NJ: Woodbine House, 1992 [1950]) [펄 S. 벽, 『자라지 않는 아이』 (양철북, 2003)]; Dale Evans Rogers, *Angel Unaware* (Westwood, NJ: Fleming H. Revell, 1953) [데일 에반스 로저스 저, 김용한 역, 『숨은 천사』 (크리스챤서적, 2002)].
48. Eunice Kennedy Shriver, "Hope for Retarded Children," *Saturday Evening Post,* 1962년 9월 22일, 72. 지적장애의 원인을 밝히기 위한 슈라이버의 헌신적인 노력에 대해서는 다

음을 참고. Edward Shorter, *The Kennedy Family and the Story of Mental Retardation* (Philadelphia: Temple University Press, 2000).
49. Dorothy Garst Murray, *This is Stevie's Story,* rev. and enlarged ed. (Nashville: Abingdon Press, 1967[1956]), 62.
50. Ibid, 116-17.
51. Carey, *On the Margins of Citizenship,* 113.
52. 선별된 상담 사례, (일시 불명이나 1960년대로 추정된다), Box 2, DIHGR, UMA.
53. S. C. Reed, "Counseling for the Parents of the Retarded," Box 4, DIHGR, UMA.
54. S. C. Reed, 제목 미상 강연 ("Thank you, Dr. Jensen", 1960년대로 추정).
55. Mr. and Mrs. Lyle Giesike to S. C. Reed, July 28, 1954, Box 1, DIHGR, UMA.
1954년 7월 28일, Box 1, DIHGR, UMA.
56. Mildred Thomson, *Prologue: A Minnesota Story of Mental Retardation* (Minneapolis: Gilbert, 1963), 149.
57. Mrs. Miles J. Hubbard to S. C. Reed에, January 20, 1962; "No Simple Answer to Retardation, Genetics Expert Tells County Group," Box 2, DIHGR, UMA.
58. Mrs. Floyd Frank to S. C. Reed, October 20, 1963, Box 2, DIHGR, UMA.
59. S. C. Reed to Elizabeth M. Boggs, April 20, 1961, Box 1, DIHGR, UMA. 다음의 자료도 참고할 수 있다. President's Panel on Mental Retardation, *A Proposed Program for National Action to Combat Mental Retardation* (Washington, DC: Government Printing Office, 1962); Elizabeth M. Boggs, Interview with John F. Stewart, July 17, 1968, 존 F. 케네디 도서관 구술사 프로그램.
60. S. C. Reed, "Genetic Indications for Therapeutic Abortion" (1971), Box 5, DIHGR, UMA.
61. Marc Lappé, "Can Eugenic Policy Be Just?," chap. 21 in *The Prevention of Genetic Disease and Mental Retardation,* ed. Aubrey Milunsky (Philadelphia: W. B. Saunders, 1975), 465에 설명 및 인용.
62. Memorandum, A. B. Rosenfeld, MD to Members of the Minnesota Advisory Committee on Human Genetics, May 6, 1960, Box 1; S. C. Reed to Representative William Shovell, May 8, 1961, Box 2; Brochure, Human Genetics, A New Service for Minnesota, 1960년대 초반 추정, Box 2, DIHGR, UMA.
63. Paul Rabinow, "Artificiality and Enlightenment: From Sociobiology to Biosociality," chap. 5 in *Essays on the Anthropology of Reason* (Princeton, NJ: Princeton University Press, 1996), 91-111; 다음의 책들도 참고하라. Kaja Finkler, *Experiencing the New Genetics: Family and Kinship on the Medical Frontier* (Philadelphia: University of Pennsylvania Press, 2000); Aviad E. Raz, *Commu-*

nity *Genetics and Genetic Alliances: Eugenics, Carrier Testing, and Networks of Risk* (New York: Routledge, 2009).
64. Foucault, *Power/Knowledge*.
65. 다음을 참고하라. David S. Newberger, "Down Syndrome: Prenatal Risk Assessment and Diagnosis," *American Family Physician*, 2009년 8월 15일, www.aafp.org/afp/20000815/825.html.
66. David Wright, "Mongols in Our Midst: John Langdon Down and the Ethnic Classification of Idiocy, 1858-1924," in *Mental Retardation in America*, ed. Noll and Trent Jr., 92-119.
67. Daniel J. Kevles, "'Mongolian Idiocy': Race and Its Rejection in the Understanding of Mental Disease," in *Mental Retardation in America*, ed. Noll and Trent Jr., 120-29.
68. David Goode, *"And Now Let's Build a Better World": The Story of the Association for the Help of Retarded Children, New York City, 1948-1998*, 18에서 인용. www.ahrcnyc.org에서 접근 가능함.
69. WolfWolfensberger and Richard A. Kurtz, "Use of Retardation-Related Diagnostic and Descriptive Labels by Parents of Retarded Children," *Journal of Special Education* 8, no. 2 (1974): 131-42.
70. Carey, *On the Margins of Citizenship*, 156에서 인용.
71. 다음을 참고하라. Adrienne Asch, "Disability and Genetics: A Disability Rights Perspective," *Encyclopedia of the Life Sciences* (2006). http://onlinelibrary.wiley.com/doi/10.1038/npg.els0005212/full에서도 확인 가능하다. 이 외에는 다음을 참고하라. Jackie Leach Scully, "Disability and Genetics in the Era of Genomic Medicine," *Nature Reviews Genetics* 9 (2008): 797-99.
72. First Draft, Statement, "Mongolism," 이는 다음 자료에 포함되어 있다. Letter to Colleagues, December 12, 1960, Down's Syndrome/Mongolism Folder, MS Coll 5, Papers of Curt Stern (CS), American Philosophical Society Library (APSL), Philadelphia, Pennsylvania.
73. Hideo Nishimura to Stern, December 28, 1960, Down's Syndrome/Mongolism Folder, CS, APSL.
74. Letter to Colleagues, December 12, 1960, Down's Syndrome/Mongolism Folder, CS, APSL.
75. Irene Uchida to Curt Stern, January 5, 1960, Down's Syndrome/Mongolism Folder, CS, APSL. 이들의 단체 성명서는 이곳에서 볼 수 있다. "Mongolism," *Lancet*, April 8, 1961, 775.
76. 다음을 참고하라. Fiona Alice Miller, "Dermatoglyphics and the Persistence of 'Mongolism': Networks of Technology, Disease and Discipline," *Social Studies of Science* 33, no. 1 (2003): 75-94; 다음도 참고할 수 있다. Fiona Alice Miller et al., "Redefining Disease? The Nosological

Implications of Molecular Genetic Knowledge," *Perspectives in Biology and Medicine* 49, no. 1 (2006): 99-114.

77. David Hendin and Joan Marks, *The Genetic Connection: How to Protect Your Family against Hereditary Disease* (New York: William Morrow, 1978), 74.

78. Martha M. Jablow to Ms. Marks, October 25, 1978, Record Group 2-Marks, Joan-Speeches, Lectures and Writings, Human Genetics Graduate Program Records (HGGPR), Sarah Lawrence College Archives (SLCA), Bronxville, New York.

79. Joan H. Marks to Martha M. Jablow, November 9, 1978, Record Group 2-Marks, Joan-Speeches, Lectures and Writings, HGGPR, SLCA.

80. 다음의 책들과 앞의 책에서 도움을 얻을 수 있다. Jason Kingsley and Mitchell Levitz, *Count Us In: Growing Up with Down Syndrome* (Orlando: Harvest Book, 2007 [1994]); William I. Cohen, Lynn Nadel, and Myra K Madnick, *Down Syndrome: Visions for the 21st Century* (New York: Wiley-Liss, 2002).

81. Campbell K. Brasington, "What I Wish I Knew Then... Reflections from Personal Experiences in Counseling about Down Syndrome," *Journal of Genetic Counseling* 16 (2007): 731.

82. Ibid.

83. Judith Tsipis, 저자와의 인터뷰, 2010년 8월 5일.

84. Annette Kennedy, 저자와의 인터뷰, 2011년 8월 30일.

85. Judith Tsipis, 저자에게 보낸 이메일, 2011년 7월 29일.

86. Wendy Uhlmann, 저자와의 인터뷰, 2007년 4월 23일과 2010년 9월 8일.

87. 같은 인터뷰; Matt Schudel, "Frank Uhlmann: Psychologist Wrote, Spoke on Living with MS," *Washington Post,* 2008년 6월 29일, C08.

88. Robin Bennett, 저자와의 인터뷰, 2008년 2월 13일.

89. "Angelman Syndrome," in Firth, Hurst, and Hall, *Clinical Genetics,* 272-73.

90. Bennett, 앞의 인터뷰.

91. Catherine A. Reiser and Joan Burns, 저자와의 인터뷰, 2010년 10월 22일.

92. Joan Burns, Peter Harper와의 인터뷰, 2003년 5월 12일, www.genmedhist.info/Interviews%20/Burns.

93. Anna Middleton, J. Hewison, and R. F. Mueller, "Attitudes of Deaf Adults toward Genetic Testing for Hereditary Diseases," *American Journal of Human Genetics* 63 (1998): 1175-80.

94. Katy Downs, 저자와의 인터뷰, 2007년 3월 30일; Ilana Suez Mittman and Katy Downs, "Diversity in Genetic Counseling: Past, Present and Future," *Journal of Genetic Counseling* 17 (2008): 301-13.

95. 다음을 참고하라. Aubrey Milunsky, ed., *The Prevention of Genetic Disease and Mental Retardation* (Philadelphia: W. B. Saunders, 1975).

96. 다음을 참고하라. Erik Parens and

Adrienne Asch, "The Disability Rights Critique of Prenatal Genetic Testing," Special Supplement, *Hastings Center Report* 29, no. 5 (1999): S1-S22; Adrienne Asch, "Prenatal Diagnosis and Selective Abortion: A Challenge to Practice and Policy," *American Journal of Public Health* 89, no. 11 (1999): 1649-57; Sonia Mateu Suter, "The Routinization of Prenatal Testing," *American Journal of Law and Medicine* 28 (2002): 233-70.

97. 다음을 참고하라. Norma J. Waitzman, Richard M. Scheffler, and Patrick S. Romano, *The Cost of Birth Defects: Estimates of the Value of Prevention* (Lanham, MD: University Press of America, 1996).

98. 다음을 참고하라. Tom Shakespeare, *Disability Rights and Wrongs* (New York: Routledge, 2006).

99. Ibid, 100. 이러한 긴장을 생산적으로 중재하려는 시도로는 다음 연구가 있다. William M. McMahon, Bonnie Jeanne Baty, and Jeffery Botkin, "Genetic Counseling and Ethical Issues for Autism," *American Journal of Medical Genetics Part C* 142C (2006): 52-57; 다음 역시 참고할 수 있다. Rayna Rapp, *Testing the Fetus: The Social Impact of Amniocentesis in America* (New York: Routledge, 2000).

100. Linda L. McCabe and Edward R. B. McCabe, "Down Syndrome: Coercion and Eugenics," *Genetics in Medicine* 13, no. 8 (2011): 710.

101. 다음 논문을 참고하라. Brian Skotko, "Mothers of Children with Down Syndrome Reflect on Their Postnatal Support," *Pediatrics* 115, no. 1 (2005): 64-77; Brian Skotko, "Prenatally Diagnosed Down Syndrome: Mothers Who Continued Their Pregnancies Evaluate Their Health Care Providers," *American Journal of Obstetrics and Gynecology* 192 (2005): 670-77.

102. 다음 논문을 참고하라. Darrin P. Dixon, "Informed Consent or Institutionalized Eugenics? How the Medical Profession Encourages Abortion of Fetuses with Down Syndrome," *Issues in Law & Medicine* 24, no. 1 (2008): 3-59.

103. 다음을 참고하라. Tamsen M. Caruso, Marie-Noel Westgate, and Lewis B. Holmes, "Impact of Prenatal Screening on the Birth Status of Fetuses with Down Syndrome at an Urban Hospital, 1972-1994," *Genetics in Medicine* 1, no. 1 (1998): 22-28; Peter A. Benn et al., "The Centralized Prenatal Genetics Program of New York City III: The First 7,000 Cases," *American Journal of Medical Genetics* 20 (1985): 369-84; Ralph L. Kramer et al., "Determinants of Parental Decisions after the Prenatal Diagnosis of Down Syndrome," *American Journal of Medical Genetics* 79 (1998): 172-74; Mark I. Evans et al., "Prenatal Decisions to Terminate/Continue Following Ab-

normal Cytogenetic Prenatal Diagnosis: 'What' is Still More Important Than 'When,'" *American Journal of Medical Genetics* 61 (1996): 353-55; Victoria A. Vincent et al., "Pregnancy Termination because of Chromosomal Abnormalities: A Study of 26,950 Amniocenteses in the Southeast," *Southern Medical Journal* 84, no. 10 (1991): 1210-13; Arie Drugan et al., "Determinants of Parental Decisions to Abort for Chromosome Abnormalities," *Prenatal Diagnosis* 10 (1990): 483-90; Marion S. Verp et al., "Parental Decision Following Prenatal Diagnosis of Fetal Chromosome Abnormality," *American Journal of Medical Genetics* 29 (1988): 613-22.

104. 1989년부터 1991년까지 캘리포니아의 기형아 모니터링 프로그램에서 모니터링한 바에 따르면, 캘리포니아의 두 카운티에서 백인의 경우 아이가 다운 증후군을 갖고 태어난 비율은 46.3% 감소한 반면 히스패닉의 경우 불과 10%만 감소했다. 이는 다운 증후군 태아에 대한 임신 중지 비율이 히스패닉에서 훨씬 낮다는 것을 보여 준다. 이에 관해서는 다음을 참고하라. Jennifer Bishop et al., "Epidemiologic Study of Down Syndrome in a Racially Diverse California Population, 1989-1991," *American Journal of Epidemiology* 145, no. 2 (1997): 134-47.

105. Brian L. Shaffer, Aaron B. Caughey, and Mary E. Norton, "Variation in the Decision to Terminate Pregnancy in the Setting of Fetal Aneuploidy," *Prenatal Diagnosis* 26 (2006): 667-71.

106. 다음을 참고하라. Csaba Siffel et al., "Prenatal Diagnosis, Pregnancy Terminations and Prevalence of Down Syndrome in Atlanta," *Birth Defects Research (Part A)* 7 (2004), 565-671. 연구에 따르면 아프리카계 미국인 여성과 라틴계 미국인 여성이 산전 진단을 받을 가능성이 더 낮다. 이에 관해서는 다음을 참고하라. Miriam Kupperman, Elena Gates, and A. Eugene Washington, "Racial-Ethnic Differences in Prenatal Diagnostic Test Use and Outcomes: Preferences, Socioeconomics, or Patient Knowledge?," *Obstetrics & Gynecology* 87, no. 5, Part 1 (1996): 675-82.

107. "Screening for Fetal Chromosomal Abnormalities," ACOG Practice Bulletin 77 (2007년 1월). 이는 다음에 실려 있다. *Obstetrics & Gynecology* 109, no. 1 (2007): 217-27.

108. Patricia E. Bauer, "What's Lost in Prenatal Testing," *Washington Post*, 2007년 1월 14일, B07.

109. George F. Will, "Golly, What Did Jon Do?," *Newsweek*, 2007년 1월 29일, www.thedailybeast.com/newsweek/2007/01/28/golly-what-did-jon-do.html; 이외에도 같은 저자의 "Eugenics by Abortion: Is Perfection an Entitlement?," *Washington Post*, 2005년 4월 24일, A27.

110. Janice Edwards, 저자와의 인터뷰, 2010년 8월 27일; "Toward Con-

currence: Understanding Prenatal Screening and Diagnosis of Down Syndrome from the Health Professional and Advocacy Community Perspectives," 2009년 6월 17일, www.ndsccenter.org/news/documents/ConsensusConversationStatement.pdf.
111. 이를 비롯해 NSGC의 모든 입장문은 다음에서 확인할 수 있다. www.nsgc.org/Advocacy/PositionStatements/tabid/107/Default.aspx.
112. Anne C. Madeo et al., "The Relationship between the Genetic Counseling Profession and the Disability Community: A Commentary," *American Journal of Medical Genetics Part A* 155, no. 8 (2011): 1777-85.
113. Ibid., 1779.
114. 다음을 참고하라. Jan Hodgson and Jon Weil, "Talking about Disability in Prenatal Genetic Counseling: A Report of Two Interactive Workshops," *Journal of Genetic Counseling* 21, no. 1 (2012): 17-23; Robert Resta, "Are Genetic Counselors Just Misunderstood? Thoughts on 'The Relationship between the Genetic Counseling Profession and the Disability Community: A Commentary,'" *American Journal of Medical Genetics Part A* 155, no. 8 (2011): 1786-87.

──────── 5장: 여성 ────────

1. "Degrees Offered in Genetic Counseling," *New York Times*, 1970년 12월 6일, 71에 인용된 Melissa Richter를 참고하라.
2. Regina H. Kenen, "Opportunities and Impediments for a Consolidating and Expanding Profession: Genetic Counseling in the United States," *Social Science & Medicine* 45, no. 9 (1997): 1377-86; 이 외에 다음 역시 참고할 수 있다. ABGC 웹사이트(www.abgc.net/english/view.asp?x=1), NSGC 웹사이트(www.nsgc.org); Audrey Heimler, "An Oral History of the National Society of Genetic Counselors," *Journal of Genetic Counseling* 6, no. 3 (1997): 315-36.
3. Robin Morgan, ed., *Sisterhood Is Powerful: An Anthology of Writings from the Women's Liberation Movement* (New York: Vintage, 1970).
4. Terry H. Anderson, *The Movement and the Sixties* (Oxford: Oxford University Press, 1996).
5. Edith Evans Asbury, "Sarah Lawrence Bypassing a Sit-In," *New York Times*, 1969년 3월 6일, 26; "Sarah Lawrence Quiet," *New York Times*, 1969년 3월 15일, 22; Thomas F. Brady, "Mrs. Raushenbush Emerges Unscarred in Sarah Lawrence Confrontation," *New York Times*, 1969년 3월 23일, 70; "Sarah Lawrence Institute Center of Student Protest," *New York Times*, 1969년 5월 13일, 33.
6. Melissa Richter가 Mrs. Esther Raushenbush에게 보내는 서신, 1969년 10월 6일, Record Group (RG) 2, Human Genetics Graduate Program Records (HGGPR), Sarah Lawrence

College Archives (SLCA), Bronxville, New York.
7. M. Richter가 Sheldon C. Reed에게 보내는 서신, 1969년 4월 23일, RG 2, HGGPR, SLCA.
8. Melissa L. Richter and Jane Banks Whipple, *A Revolution in the Education of Women: Ten Years of Continuing Education at Sarah Lawrence College* (Bronxville, NY: Sarah Lawrence College, 1972).
9. Ibid 7쪽에 인용됨.
10. Richter, "Health Sciences in Social Change: Pilot Projects at Sarah Lawrence College," RG 2, HGGPR, SLCA.
11. Marylin Bender, "A New Breed of Middle-Class Women Emerging," *New York Times*, 1969년 3월 17일, 34; Ruth Rosen, *The World Split Open: How the Women's Movement Changed America* (New York: Penguin, 2000).
12. David Harris et al., "Legal Abortion 1970-1971-the New York City Experience," *American Journal of Public Health* 63, no. 5 (1973): 409-18; James C. Mohr, *Abortion in America: The Evolution of National Policy* (Oxford: Oxford University, 1979).
13. Wendy Kline, *Bodies of Knowledge: Sexuality, Reproduction and Women's Health in the Second Wave* (Chicago: University of Chicago Press, 2010).
14. The National Foundation-March of Dimes, "Genetic Counseling with Particular Reference to Anticipatory Guidance and the Prevention of Birth Defects," *Birth Defects: Original Article Series* 6, no. 1 (Baltimore: Williams and Wilkins, 1970); Richter, "Notes on Symposium on Genetic Counseling," 1969년 1월 29일, RG 2, HGGPR, SLCA; Robert W. Stock, "Will the Baby Be Normal? The Genetic Counselor Tries to Find the Answer by Translating the Biological Revolution into Human Terms," *New York Times* (Sunday magazine), 1969년 3월 23일, 25-27, 79, 82-84, 94-96.
15. Audrey Heimler, 저자와의 인터뷰, 2007년 10월 13일.
16. M. Richter, "History, Human Genetics Program, Sarah Lawrence College," RG 9, HGGPR, SLCA.
17. "Memorial Dec. 21 for Dr. Richter," *Providence Journal*, 1974년 12월 5일, B2.
18. Melissa Richter의 학내 인사 문서, SLCA.
19. Melissa Richter, Vita, Richter 약력 문서, ca. 1970-1976, HGGPR, SLCA.
20. Jacquelyn Mattfeld, 저자와의 인터뷰, 2008년 4월 17일.
21. "Happenings," *Sarah Lawrence Alumnae Magazine*, 1971년 봄, 5.
22. Frank A. Walker가 Mrs. Melissa L. Richter에게 보내는 서신, 1969년 3월 28일; Jeanette Schulz가 Mrs. Melissa Richter에게 보내는 서신, 1969년 3월 25일; Stanley W. Wright가 Mrs. Melissa Richter에게 보내는

서신, 1969년 4월 2일, RG 2, HGGPR, SLCA.
23. Sheldon C. Reed가 Melissa L. Richter에게 보내는 서신, 1969년 4월 2일, RG 2, HGGPR, SLCA.
24. 다음의 예시와 같은 자료를 참고할 수 있다. Melissa L. Richter가 Dr. John W. Littlefield에게 보내는 서신, 1970년 7월 3일, RG 3; Richmond S. Paine가 Mrs. Melissa L. Richter에게 보내는 서신, 1969년 4월 7일, RG 2, HGGPR, SLCA.
25. Richter, "Health Sciences in Social Change: Pilot Projects at Sarah Lawrence College," RG 2, HGGPR, SLCA.
26. Melissa Richter, "The Effects of Over-Population on Behavior: The Biologist's View," *Sarah Lawrence Alumnae Magazine*, 1968년 봄, 12; Paul R. Ehrlich, *The Population Bomb* (New York: Sierra Club-Ballantine Books, 1968).
27. Nathaniel Comfort, *The Science of Human Perfection: Heredity, Health, and Human Improvement in American Biomedicine* (New Haven, CT: Yale University Press, 2012).
28. M. Richter, "A Talk to the New England Association of Nurses at Boston College," RG 2, HGGPR, SLCA.
29. Steven R. Coleman, "To Promote Creativity, Community, and Democracy: The Progressive Colleges of the 1920s and the 1930s" (doctoral dissertation, Columbia University, 2000); Suzanne Walters, "An Individual Education: The Foundations of Sarah Lawrence College," *Westchester Historian* 79, no. 4 (2003): 100-112.
30. Joan H. Marks, 저자와의 인터뷰, 2007년 1월 19일.
31. Jessica Davis, 저자와의 인터뷰, 2008년 3월 14일; Mattfeld, 앞의 인터뷰.
32. Marks, 앞의 인터뷰.
33. Jacquelyn Mattfeld가 Mr. Quigg Newton에게 보내는 서신, 1968년 12월 20일, RG 1, HGGPR, SLCA.
34. 인류유전학 프로그램에 대한 보조금 지원, 1969-1992, RG 1, HGGPR, SLCA.
35. Davis, 앞의 인터뷰.
36. Ellie Miller가 인류유전학 학생들에게 보내는 서신, 1972년 8월 18일, RG 6, HGGPR, SLCA; Mattfeld, 앞의 인터뷰.
37. Jessica G. Davis가 Dr. John B. Graham에게 보내는 서신, 1972년 12월 18일, RG 2, HGGPR, SLCA.
38. Sheldon C. Reed, *Counseling in Medical Genetics* (Philadelphia: W. B. Saunders. 1955).
39. 회의 내용을 포함하여, Richter와 Hirschhorn이 주고받은 광범위한 서신은 RG 3, HGGPR, SLCA에서 확인할 수 있다. Kurt Hirschhorn, 저자와의 인터뷰, 2008년 3월 8일; 다음의 토의 포럼 자료 또한 참고하라. "A Question of Genes: Inherited Risk," Lynn Godmilow와의 인터뷰, 1997, www.backbonemedia.org/genes/ca-

reer/635_godmilow.html.
40. Davis, 앞의 인터뷰.
41. Graduate Program in Human Genetics, Sarah Lawrence College, Center for Continuing Education, 1969, RG 6, HGGPR, SLCA.
42. John R. Whittier가 Melissa Richter에게 보내는 서신, 1969년 3월 20일; Richter, Whittier와의 회의 및 대화에서 나온 메모, 1969년 12월 10일; 1970년 2월 2일; 1970년 7월 10일; 1970년 10월 22일; 1970년 10월 26일, RG 2, HGGPR, SLCA.
43. Melissa L. Richter가 Henry L. Nadler에게 보내는 서신, 1971년 4월 1일, RG 6, HGGPR, SLCA.
44. Melissa Richter가 교육과정 위원회에게 보내는 서신, 1970년 5월 25일, RG 6, HGGPR, SLCA.
45. Audrey Heimler에게 보낸 이메일, 2008년 6월 18일; "Details of the Proposed Program," RG 1, HGGPR, SLCA.
46. 인류유전학 프로그램 졸업생들의 직업에 대한 설명, 1973년 10월, RG 1, HGGPR, SLCA.
47. Davis, 앞의 인터뷰. 결과적으로는 이후에 태도를 바꾸긴 했지만, 처음에 모툴스키는 리히터의 계획에 대해 "당신이 유전상담사를 위한 교육 프로그램을 마련하는 것에 강력히 반대한다. 그런 프로그램을 통해 훈련받은 사람들은 아마 얻는 것보다는 잃는 것이 더 많을 것"이라고 말했다. 이에 관해 다음을 참고하라. Arno G. Motulsky가 Mrs. Melissa L. Richter에게 보내는 서신, 1969년 4월 9일, RG 3, HGGPR, SLCA.
48. Mattfeld, 앞의 인터뷰.
49. Heimler, 앞의 인터뷰.
50. 1974년 미국 ASHG 연례회의의 기조 연설자로서 마크스가 세라로렌스 칼리지의 유전상담 프로그램의 개요에 관해 발표하고 유전상담사의 교육과 미래 역할에 대해 논의한 것이 결정적인 순간이었다. 이에 관해서는 다음을 참고하라. Joan H. Marks, "Training of Genetic Associates: A Five Year Report," RG 2, HGGPR, SLCA; "Clinical Placements-since 1973-1974, Human Genetics Program, December 1977," RG 6, HGGPR, SLCA; Joan H. Marks, 저자에게 보낸 이메일, 2011년 8월 23일.
51. Arno G. Motulsky, "2003 ASHG Award for Excellence in Human Genetics Education: Introductory Speech for Joan Marks," *American Journal of Human Genetics* 74 (2004): 393-94.
52. Joan H. Marks, "Caring for the Whole Patient: Health Advocacy," *Connecticut Medicine* 45, no. 2 (1981): 103-6, RG 2, HGGPR, SLCA.
53. Melissa Richter to Andy(no last name), July 9, 1969, RG1, HGGPR, SLCA.
54. Richter, "History, Human Genetics Program," Fall 1970, with additions 6/71.
55. Heimler, 앞의 인터뷰.
56. Joan H. Marks and Melissa Richter, "The Genetic Associate: A New Health Professional," *American*

Journal of Public Health 66, no. 4 (1976): 388-90.

57. "Report of a Site Visit of the Advisory Committee to the Human Genetics Program of Sarah Lawrence College" (1973), RG 3, HGGPR, SLCA.

58. Joan H. Marks to Dr. John Opitz, May 1, 1975, RG 2; Joan H. Marks, Memorandum, August, 1974, RG 1, HGGPR, SLCA; Joan H. Marks와의 이메일.

59. Changing Student Population, December 1977, RG 3; "Sarah Lawrence College Human Genetics Graduate Program," December 1977; "Report to the President on the Human Genetics Program, 1973-1974," June 1974, RG 1, HGGPR, SLCA.

60. Changing Student Population, December 1977, Administrative Files-Statistics-1969-1979, HGGPR, SLCA.

61. Caroline Lieber, 저자와의 인터뷰, 2010년 11월 5일.

62. Asilomar Conference, 1975, RG 2, HGGPR, SLCA; 다음의 자료 역시 참고할 수 있다. A. P. Walker et al., "Report of the 1989 Asilomar Meeting on Education in Genetic Counseling," *American Journal of Human Genetics* 26 (1990): 1223-30.

63. Biographical Information Sheet, 1965년 7월; "Dr. Charlotte Avers, 63, Rutgers professor," *Star-Ledger,* 1990년 3월 14일, n.p., Charlotte Avers Papers, Special Collections and University Archives (SCUA), Rutgers University Archives (RUA).

64. Charlotte J. Avers, "Proposal for a Graduate Program in Human Genetics and Genetic Counseling," 1971년 4월, Douglass College Office of the Dean Records (DCODR), Record Group (RG) 19/AO/02, Box 3, Folder 1, SCUA, RUA.

65. Marian L. Rivas, 저자와의 인터뷰, 2010년 9월 28일.

66. Graduate Program in Genetic Counseling, July 1, 1976, DCODR RG 19/AO/02, Box 3, Folder 2, SCUA, RUA.

67. Bulletins of the Graduate School, 1971-1972, and 1972-1973, Course Catalog Collection, SCUA, RUA.

68. Marian Rivas, 저자에게 보낸 이메일, 2011년 8월 19일.

69. Gan Frohlich, Michael Begleiter, June Peters, and Bonnie Baty, 저자와의 인터뷰, 2007년 12월 18일.

70. 같은 인터뷰.

71. 같은 인터뷰; Rivas, 앞의 인터뷰. 아래의 자료도 참고할 수 있다. Kenneth W. Fisher to Dean Margery S. Foster, February 26, 1975, 초기 몇 명의 졸업생 코호트가 전문적인 성과를 냈음에도 불구하고 초창기 학위과정의 교수진이 제한적이었음에 대한 불만을 표하는 내용, DCODR, RG 19/AO/02, Box 3, Folder 2, SCUA, RUA.

72. Health and Medical Sciences Program 1977/78 (Berkeley: University of California, Berkeley, 1977년 9월), 4.

73. Leonard J. Duhl and Stephen R. Blum, "The Berkeley Program in Health and Medical Sciences: Origins, Life History, and Aspirations," 1976, Genetic Counseling Program (GCP) 관련 자료, University of California at Berkeley (UCB), Personal Archive of Margie Goldstein (MG).
74. 교육 정책 위원회를 위한 유전상담 선택지에 관한 설명 자료, 1977년 5월 25일, GCP, UCB, MG.
75. Roberta Palmour, 저자와의 인터뷰, 2010년 6월 10일.
76. Lucille Poskanzer, 저자와의 인터뷰, 2007년 11월 23일.
77. Charles Epstein, 저자와의 인터뷰, 2008년 5월 15일; Jon Weil, 저자와의 인터뷰, 2007년 11월 20일.
78. Bryan D. Hall, 저자와의 인터뷰, 2010년 8월 11일.
79. Palmour, 앞의 인터뷰.
80. Lucille Poskanzer, 저자에게 보낸 이메일, 2011년 8월 2일.
81. Anne Matthews, 저자와의 인터뷰, 2010년 8월 18일.
82. Vincent M. Riccardi, "Regional Genetic Counseling Programs," chap. 18 in *The Prevention of Genetic Disease and Mental Retardation,* ed. Aubrey Milunsky (Philadelphia: W. B. Saunders, 1975), 410-21; Vincent M. Riccardi, "Commentary: Community Response to a Regional Genetic Counseling Program," in *Genetic Counseling,* ed. Herbert A Lubs and Felix de la Cruz (New York: Raven Press, 1977), 93-96; Vikki Porter, "How Are Your Genes? It's All Mom and Dad's Fault," *Colorado Spring Sun, Silhouette,* 1973년 4월 1일, 6-7, Box 3, Series 3: Birth Defects (S3), Medical Program Records (MPR), March of Dimes Archives (MDA), White Plains, New York.
83. Matthews, 앞의 인터뷰.
84. Robin Grubs, 저자와의 인터뷰, 2010년 6월 14일.
85. Ann Walker, 저자와의 인터뷰, 2007년 10월 13일.
86. Heimler, 앞의 인터뷰.
87. Frohlich et al., 앞의 인터뷰.
88. Lieber, 앞의 인터뷰.
89. Frohlich et al., 앞의 인터뷰.
90. Barbara Biesecker, 저자와의 인터뷰, 2007년 2월 1일.
91. Bonnie LeRoy, 저자와의 인터뷰, 2008년 1월 30일.
92. Catherine Reiser과 Joan Burns, 저자와의 인터뷰, 2010년 10월 22일
93. Debra Lochner Doyle, 저자와의 인터뷰, 2008년 1월 11일.
94. Carol Norem, 저자와의 인터뷰, 2007년 4월 30일.
95. Diane Baker, 저자와의 인터뷰, 2008년 1월 16일.
96. Amy S. Wharton, "The Sociology of Emotional Labor," *Annual Review of Sociology* 35 (2009) 147-65; Amy S. Wharton and Rebecca J. Erickson, "The Consequences of Caring: Exploring the Links between Women's Job and Family Emotion Work," *Sociological Quarterly* 36, no. 2 (1995): 273-96.

97. Arlie R. Hochschild, *The Managed Heart: The Commercialization of Human Feeling* (Berkeley: University of California Press, 1983)[앨리 러셀 혹실드 저, 이가람 역, 『감정노동: 노동은 우리의 감정을 어떻게 상품으로 만드는가』(이매진, 2009)]; Amy S. Wharton, "The Sociology of Emotional Labor," *Annual Review of Sociology* 35 (2009): 147–65.

98. June A. Peters, "Genetic Counselors: Caring Mindfully for Ourselves," chap. 13 in *Genetic Counseling Practice: Advanced Concepts and Skills*, ed. Bonnie S. Leroy, Patricia McCarthy Veach, and Dianne M. Bartels (New York: Wiley-Blackwell, 2010), 307-52; 이외에 다음의 자료 역시 참고할 수 있다. Céleste M. Brotheridge and Alicia A. Grandey, "Emotional Labor and Burnout: Comparing Two Perspectives of 'People Work,'" *Journal of Vocational Behavior* 60 (2002): 17-39.

─────── 6장. 윤리 ───────

1. Daniel Callahan, "The Hastings Center and the Early Years of Bioethics," *Kennedy Institute of Ethics Journal* 9, no. 1 (1999): 56.
2. Ibid., 55.
3. *The Hastings Center Institute of Society, Ethics, and the Life Sciences Studies* 1 no. 1 (1973); Callahan, "Hastings Center and Early Years".
4. 다음을 참고하라. Albert R. Jonsen, *Birth of Bioethics* (Oxford: Oxford University Press, 2003), esp. chap. 6. 헤이스팅스 센터가 초기에 초점을 맞춘 다섯 주요 분야는 장기 이식, 인체 실험, 유전 질환의 산전 진단, 연명 치료, 행동 통제였다.
5. Walter G. Peter III, "Ethical Perspectives in the Use of Genetic Knowledge," *BioScience* 21, no. 22 (1971): 1133-37.
6. Daniel Callahan, "Ethics, Law, and Genetic Counseling," *Science* 176 (1972년 4월 14일): 199.
7. Thomas H. Murray, "Deciphering Genetics," *A Hastings Center Report* 39, no. 3 (2009): 19-22.
8. Marc Lappé, "Allegiances of Human Geneticists: A Preliminary Typology," *Hastings Center Studies* 1, no. 2 (1973): 65.
9. Marc Lappé et al., "The Genetic Counselor: Responsible to Whom?," *Hastings Center Studies* 1, no. 2 (1971): 6.
10. Robert G. Resta, "Complicated Shadows: A Critique of Autonomy in Genetic Counseling Practice," in *Genetic Counseling Advanced Practice Text*, ed. Bonnie S. LeRoy, Patricia McCarthy Veach, and Diane B. Bartels (New York: John Wiley and Sons, 2010), 13-30.
11. Ibid.
12. 이러한 질문에 대한 열정적이고 상세한 분석은 다음을 참고하라. Robert M. Veatch, *Patient, Heal Thyself: How the NEW MEDICINE Puts the patient in Charge* (Oxford: Oxford

University Press, 2009).
13. 다음을 참고하라. James R. Sorenson, "Genetic Counseling: Values That Have Mattered"; Beth A. Fine, "The Evolution of Nondirectiveness in Genetic Counseling and Implications of the Human Genome Project"; Arthur L. Caplan, "Neutrality Is Not Morality: The Ethics of Genetic Counseling," in *Prescribing Our Future: Ethical Challenges in Genetic Counseling,* ed. Dianne M. Bartels, Bonnie S. LeRoy, and Arthur L. Caplan (New York: Aldine de Gruyter, 1993), 3-14, 101-18, 149-68.
14. Jon Weil et al., "The Relationship of Nondirectiveness to Genetic Counseling: Report of a Workshop at the 2003 Annual Education Conference," *Journal of Genetic Counseling* 15 (2006): 85-93; Clare Williams, Priscilla Alderson, and Bobbie Farsides, "Is Nondirectiveness Possible within the Context of Antenatal Screening and Testing?," *Social Science & Medicine* 54, no. 3 (2002): 339-47.
15. Jon Weil, "Psychosocial Genetic Counseling in the Post-Nondirective Era: A Point of View," *Journal of Genetic Counseling* 12, no. 3 (2003): 199-211; Barbara Bowles Biesecker, "Back to the Future of Genetic Counseling: Commentary on 'Psychosocial Genetic Counseling in the Post-Nondirective Era'," *Journal of Genetic Counseling* 12, no. 3 (2003): 213-17.
16. Ann P. Walker, "The Practice of Genetic Counseling," chap. 1 in *A Guide to Genetic Counseling,* ed. Wendy R. Uhlmann, Jane L. Schuette, and Beverly M. Yashar, 2nd ed. (Hoboken, NJ: John Wiley, 2009), 1-36.
17. 다음을 참고하라. Jonsen, *Birth of Bioethics.*
18. Howard Kirschenbaum, *The Life and Work of Carl Rogers* (Ross-on-Wye, UK: PCCS Books, 2007).
19. Ibid, 79. Rogers의 심리치료 철학에 대한 토론을 보려면 다음을 참고하라. Carl R. Rogers, *Client-Centered Therapy: Its Current Practice, Implications, and Theory* (Boston: Houghton Mifflin, 1951).
20. Nathaniel J. Raskin, "The Development of Nondirective Therapy," *Journal of Consulting Psychology* 12 (1948): 92-110.
21. Kirschenbaum, *Life and Work,* 90.
22. Carl R. Rogers, "The Use of Electrically Recorded Interviews in Improving Psychotherapeutic Techniques," *Journal of Orthopsychiatry* 12, no. 3 (1942): 429-34.
23. William U. Snyder, ed., *Casebook of Non-directive Counseling* (New York: Houghton Miffiin, 1947).
24. Carl Rogers and David E. Russell, *Carl Rogers: The Quiet Revolutionary, An Oral History* (Roseville, CA: Penmarin Books, 2002), 245.
25. Ibid.
26. Rogers, *Client-Centered Therapy;* James H. Capshew, *Psychologists*

On the March: Science, Pratice, and Professional Identity in America 1929-1969 (Cambridge: Cambridge University Press, 1999).
27. Kirschenbaum, *Life and Work.*
28. Ellen Herman, *The Romance of American Psychology: Political Culture in the Ages of Experts* (Berkeley: University of California Press, 1995), esp. chap. 9.
29. 다음 책의 7장을 참고하라. Ruth R. Faden, Tom L. Beauchamp, and Nancy M. P. King, *A History and Theory of Informed Consent* (Oxford: Oxford University Press, 1986); 다음의 글 역시 참고할 수 있다. Matthew Clayton, "Individual Autonomy and Genetic Choice," chap. 14 in *A Companion to Genetics,* ed. Justine Burley and John Harris (Malden, MA: Blackwell, 2002), 191-205.
30. 다음을 참고하라. Sheldon C. Reed, "A Short History of Genetic Counseling," *Dight Institute for Human Genetics at the University of Minnesota Bulletin* 14 (1974): 5, 이는 *Social Biology* 12, no. 4 (1974): 332-39 이 글은 구 *Eugenics Quarterly*에 다시 실렸다. 이외에 다음의 글도 참고할 수 있다. Robert G. Resta, "In Memoriam: Sheldon Clark Reed, PhD, 1910-2003," *Journal of Genetic Counseling* 12, no. 3 (2003): 283-85.
31. Diane B. Paul, *The Politics of Heredity: Essays On Eugenics, Biomedicine, and the Nature-Nurture Debate* (Albany: State University of New York Press, 1998); Molly Ladd-Taylor, "'A Kind of Genetic Social Work': Sheldon Reed and the Origins of Genetic Counseling," in *Women, Health, and Nation: Canada and the United States since 1945,* ed. Georgina Feldberg et al. (Montreal: McGill University Press, 2003), 67-83.
32. Sheldon C. Reed, *Counseling in Medical Genetics* (Philadelphia: W. B. Saunders, 1955), 11-12.
33. 다음에 실린 Sheldon C. Reed의 성명서. Lee R. Dice, "A Panel Discussion: Genetic Counseling," *American Journal of Human Genetics* 4, no. 4 (1952): 339.
34. Sheldon C. Reed, "Genetic Counseling," *Proceedings of Symposium on Human Genetics in Public Health* (University of Minnesota, 1964년 8월 9-11일), 36. 이 책의 pdf 파일을 보내준 Debra Doyle에게 감사를 표한다.
35. S. C. Reed, 제목 미상 강연 ("Thank you, Dr. Jensen", 1960년대로 추정).
36. S. C. Reed, "Genetic Counseling (Women's Studies)" (1997), Box 3, DIHGR, UMA.
37. 다음에 실린 C. P. Oliver의 성명서. Dice, "Panel Discussion," 341, 342, 343.
38. F. Clarke Fraser, 저자와의 인터뷰, Andrea Maestrejuan의 인터뷰, 2004년 10월 27-28일, Oral History of Human Genetics Project, UCLA and Johns Hopkins University, http://ohhgp.pendari.com/Links.aspx.

39. S. C. Reed가 Dr. Harry L. Shapiro에게 보내는 서신, 1961년 5월 15일; S. C. Reed가 Dr. Harry L. Shapiro에게 보내는 서신, 1961년 5월 15일, Box 2, DIHGR, UMA.
40. Mrs. Ernest J. Schrader가 Sheldon Reed에게 보내는 서신, 1951년 1월 16일, Box 2, DIHGR, UMA.
41. S. C. Reed가 Chas. S. Campbell에게 보내는 서신, MD, 1968년 3월 14일; Chas S. Campbell이 S. C. Reed에게 보내는 서신, 1968년 2월 23일, and attachment, chap. 436, 1967 Sterilization Part, Sterilization for Social Protection, Box 2, DIHGR, UMA.
42. Seymour Kessler, "The Psychological Paradigm Shift in Genetic Counseling," *Social Biology* 27, no. 3 (1980): 167-85.
43. Reed, "Genetic Counseling (Women's Studies)".
44. S. C. Reed, "Etiology and Genetic Counseling in Mental Retardation" (1955), Box 4, DIHGR, UMA.
45. 다음을 참고하라. Daniel J. Kevles, *In the Name of Eugenics: Genetics and the Uses of Human Heredity*, rev. ed. (Cambridge, MA: Harvard University Press, 1995).
46. S. C. Reed, "Human Factors in Genetic Counseling" (1967), Box 5, DIHGR, UMA.
47. 미국 의회도서관의 칼 로저스 문서를 면밀히 검토해준 이그나 마틴(Igna Martin)과 미네소타대학교 아카이브의 기록 보관 담당자 베스 케플런(Beth Kaplan)에게 감사의 인사를 전한다.
48. 다음을 참고하라. David J. Rothman, *Strangers at the Bedside: A History of How Law and Bioethics Transformed Medical Decision Making* (New Brunswick, NJ: Aldine Transaction, 2003).
49. Ibid.
50. 다음을 참고하라. Jonsen, *Birth of Bioethics*.
51. Bruce Hilton, "Will the Baby Be Normal?... And What Is the Cost of Knowing?," *Hastings Center Report* 2, no. 3 (1972): 8-9.
52. 다음 예시를 참고하라. Marc Lappé, "Genetic Knowledge and the Concept of Health," *Hastings Center Report* 3, no. 4 (1973): 1-3. 그는 이 문제를 해결하기 위해 다음과 같은 연구를 이어 나갔다. Marc Lappé, "The Limits of Genetic Inquiry," *Hasting Center Report* 17, no. 4 (1987): 5-10.
53. Marc Lappé, "How Much Do We Want to Know about the Unborn?," *Hastings Center Report* 3, no. 1 (1973): 8-9.
54. Murray, "Deciphering Genetics".
55. 다음을 참고하라. Erik Parens and Adrienne Asch, "The Disability Rights Critique of Prenatal Genetic Testing," Special Supplement, *Hastings Center Report* 29, no. 5 (1999): S1-S22.
56. 다음을 참고하라. Mark M. Ravitch et al., "Closure of Duodenal, Gastric and Intestinal Stumps with Wire Staples: Experimental and Clinical

Studies," *Annals of Surgery* 163, no. 4 (1966): 573-79.
57. Armand Matheny Antommaria, "'Who Should Survive?: One of the Choices of Our Conscience': Mental Retardation and the History of Contemporary Bioethics," *Kennedy Institute of Ethics Journal* 16, no. 3 (2006): 206에서 재인용.
58. David C. Clark가 Dr. Mary Ellen Avery에게 보내는 서신, 1963년 12월 19일, Folder: Speeches, Mongoloids with duodenal atresia, Speeches Mi-Wo, Box 119E2, Papers of Robert E. Cooke (REC), Alan Mason Chesney Medical Archives (AMCMA), Johns Hopkins Medical Institutions (JHMI), Baltimore, Maryland.
59. Case records, Folder: Speeches, Mongoloids with duodenal atresia, Speeches Mi-Wo, Box 119E2, REC, AMCMA, JHMI.
60. Richard L. Peck, "When Should the Patient Be Allowed to Die?," *Hospital Physician*, 1972년 7월, 28-33, Folder: Right to Die, Box 119E2, REC, AMCMA, JHMI.
61. Robert E. Cooke가 Mrs. Emily J. McKeown에게 보내는 서신, 1972년 11월 10일, Folder: Right to Die, Box 119E2, REC, AMCMA, JHMI.
62. Peck, "When Should the Patient Be Allowed to Die?" 다음 역시 참고할 수 있다. Harry Nelson, "Hospital Let Retarded Baby Die, Film Shows," Los Angeles Times, 1971년 10월 17일, A9.
63. Mrs. Marilyn Birkmeyer가 Robert E. Cooke에게 보내는 서신, 1972년 11월 1일, Folder: Right to Die, Box 119E2, REC, AMCMA, JHMI.
64. Lorna M. Schroder가 Dr. Robert E. Cooke에게 보내는 서신, 1971년 10월 18일, Folder: Right to Die, Box 119E2, REC, AMCMA, JHMI.
65. 이 영화에는 윤리적 의사 결정 그룹을 위한 토론 안내서가 함께 제공되었다. 다음을 참고하라. Discussion Guide, *Who Should Survive?*, A Film by the Joseph P. Kennedy, Jr. Foundation Medical Ethics Series, Joseph P. Kennedy, Jr. Foundation Film Services (1971).
66. Richard Heller가 Theodore M. King에게 보내는 서신, 1977년 5월 12일, Box 504035, Howard W. Jones Jr. Papers, (HWJ), Folder: Prenatal (3 of 4), AMCMA, JHMI.
67. Tabitha M. Powledge and John Fletcher, "Guidelines for the Ethical, Social and Legal Issues in Prenatal Diagnosis," *New England Journal of Medicine* 300, no. 4 (1979): 171.
68. Arno Motulsky, "Brave New World? Ethical Issues in Prevention, Treatment and Research of Human Birth Defects," in Proceedings of the Fourth International Conference, ed. A. Motulsky & W. Lentz (Vienna, Austria, 1971년 9월 2-8일), *Birth Defects, International Congress Series* 310 (1973): 319, 327, 이 논문은 이듬해 *Science*에서 다음의 제목으로 다시 실렸다. "Brave New World? Current Approaches to Prevention,

68. Treatment, and Research of Genetic Diseases Raise Ethical Issues," *Science* 185 (1974): 653-63.
69. Motulsky, "Brave New World?," 318.
70. James R. Sorenson, Judith P. Swazey, and Norman A. Scotch, *Reproductive Pasts, Reproductive Futures: Genetic Counseling and Its Effectiveness,* Birth Defects Original Article Series 17, no. 4 (White Plains, NY: A lan R. Liss, 1981), 44.
71. Ibid, 42.
72. Jérôme Lejeune, "On the Nature of Men," *American Journal of Human Genetics* 22. no. 2 (1970): 128.
73. Melissa Richter가 Messeur Le June 에게 보내는 서신, 1970년 9월 21 일, Record Group (RG) 2, Human Genetics Graduate Program Records (HGGPR), Sarah Lawrence College Archives (SLCA), Bronxville, New York.
74. Richter, Memorandum, 1972년 1월 12일, RG 2, HGGPR, SLCA.
75. Course Description, Social Psychiatry, 1970-1971, RG 6, HGGPR, SLCA.
76. Seminar in Genetic Counseling, 1973 가을, and Issues in Clinical Genetics, 1979-1980, RG 6, HGGPR, SLCA; Joan Marks, 저자에게 보낸 이 메일, 2008년 6월 24일.
77. Seminar in Genetic Counseling, 1974 가을, RG 7, HGGPR, SLCA; Joan H. Marks, "2003 ASHG Award for Excellence in Human Genetics Education: The Importance of Genetic Counseling," *American Journal of Human Genetics* 74 (2004): 396.
78. EIsa Reich, 저자와의 인터뷰, 2011년 8월 16일.
79. "Client-Centered Therapy of Personality and Therapy," Seminar in Genetic Counseling, Curriculum, 1977-1978; RG 6, HGGPR, SLCA; 다음을 참고하라. Marvin Frankel and Lisbeth Sommerbeck, "Two Rogers and Congruence: The Emergence of Therapist-Centered Therapy and the Demise of Client-Centered Therapy," in *Embracing Non-directivity: Reassessing Person-Centered Theory and Practice in the 21st Century,* ed. Brian E. Levitt (Ross-on-Wye, UK: PCCS Books, 2005), 40-61.
80. "Client-Centered Counseling: A Practicum," Seminar in Genetic Counseling, Curriculum, 1983-1984, RG 6, HGGPR, SLCA.
81. Marvin Frankel, 저자에게 보낸 이 메일, 2011년 7월 17일.
82. Ibid.
83. Marvin Frankel, 저자에게 보낸 이 메일, 2010년 6월 1일.
84. "Issues in Clinical Genetics," Curriculum, 1978-1979, RG 6, HGGPR, SLCA.
85. Human Genetics Program, 1972, RG 1; Additional Course Offering-Spring 1975, Developmental Biology, RG 6, HGGPR, SLC.
86. Kessler, "Psychological Paradigm Shift".
87. 이에 대한 감정적인 토론을 더 살펴

보려면 다음을 참고. Seymour Kessler, "Notes and Reflections," chap. 13 in *Psyche and Helix: Psychological Aspects of Genetic Counseling*, ed. Robert G. Resta (New York: Wiley-Liss, 2000), 165-72.
88. Seymour Kessler, 저자와의 인터뷰, 2007년 5월 1일.
89. Seymour Kessler, "Psychological Aspects of Genetic Counseling. XI. Nondirectiveness Revisited," *American Journal of Medical Genetics* 72 (1997): 164-71.
90. Seymour Kessler, "Psychological Aspects of Genetic Counseling. VII. Thoughts on Directiveness," *Journal of Genetic Counseling* 1, no.1 (1992): 9-17.
91. Seymour Kessler, *Genetic Counseling: Psychological Dimensions* (New York: Academic Press, 1979).
92. Seymour Kessler, "Psychological Aspects of Genetic Counseling: Analysis of a Transcript," *American Journal of Medical Genetics* 8 (1981): 151.
93. Robert G. Resta, "Eugenics and Nondirectiveness in Genetic Counseling," *Journal of Genetic Counseling* 6, no. 2 (1997): 255-58; Angus Clarke, "Is Non-directive Genetic Counseling Possible?," *Lancet* 338 (1991): 998-1001; Mark Yarborough, Joan A. Scott, and Linda K. Dixon, "The Role of Beneficence in Genetic Counseling: Non-directive Counseling Reconsidered," *Theoretical Medicine* 10 (1989): 139-49; Susan Michie et al., "Nondirectiveness in Genetic Counseling: An Empirical Study," *American Journal of Human Genetics* 60 (1997): 40-47; Barbara A. Bernhardt, "Empirical Evidence That Genetic Counseling Is Directive: Where Do We Go from Here?," *American Journal of Human Genetics* 60 (1989): 17-20; Dianne M. Bartels et al., "Nondirectiveness in Genetic Counseling: A Survey of Practitioners," *American Journal of Medical Genetics* 72 (1997): 172-79.
94. Jon Weil, 저자와의 인터뷰, 2007년 11월 23일.
95. Attachment C, "Bioethics," 다음을 포함 "Descriptive Materials regarding the Genetic Counseling Option for the Committee on Educational Policy," 1977년 5월 5일, University of California at Berkeley Genetic Counseling Program (UCB), Personal Archive of Margie Goldstein (MG), Berkeley, California.
96. Bonnie LeRoy, 저자와의 인터뷰, 2008년 1월 30일.
97. 미네소타 인류유전학 연맹 이사회 회의록, 1991년 5월 2일; 미네소타 인류유전학 연맹 임원 회의록, 1991년 3월 5일, Box 1, Minnesota Human Genetics League Records (MHGLR), UMA.
98. 미네소타 인류유전학 연맹 이사회 회의록, 1991년 5월 2일. 다이트연구소가 인류유전학의 발전에 발맞추지 못하고 있다는 비판은 1980년대 초에

제기되었다. 이에 관해서는 다음을 참고하라. Richard A. King가 V. Elving Anderson에게 보내는 서신, 1983년 3월 17일, Box 1, DIHGR, UMA

99. Jon Weil, *Psychosocial Genetic Counseling*, (Oxford: Oxford University Press, 2000), 124; 다음도 참고하라. Mary Terrell White, "Making Responsible Decisions: An Interpretive Ethic for Genetic Decision making," *Hastings Center Report* 29, no. 1 (1999): 14-21.

100. David H. Smith et al., *Early Warning: Cases and Ethical Guidance for Presymptomatic Testing in Genetic Diseases* (Bloomington: Indiana University Press, 1998), 25.

101. Joan Marks, 저자와의 인터뷰, 2007년 1월 19일.

102. Barbara Biesecker, 저자와의 인터뷰, 2007년 2월 1일.

103. Luba Djurdjinovic, 저자와의 인터뷰, 2008년 1월 25일

104. Weil, *Psychosocial Genetic Counseling*, 125.

105. Arno Motulsky, 저자와의 인터뷰, 2008년 3월 6일; American Society Human Genetics, Conversations in Genetics, "Talking with Arno Motulsky" (on CD) (Betheseda, MD: Genetics Society of America, 2003).

106. Ibid. 및 다음을 참고. V. E. Headings, "Revisiting Foundations of Autonomy and Beneficence in Genetic Counseling," *Genetic Counseling* 8, no. 4 (1997): 291-94; Jan Hodgson and Merle Spriggs, "A Practical Account of Autonomy: Why Genetic Counseling Is Especially Well Suited to the Facilitation of Informed Autonomous Decision Making," *Journal of Genetic Counseling* 14, no. 2 (2005): 89-97; Mary Terrell White, "'Respect for Autonomy' in Genetic Counseling: An Analysis and a Proposal," *Journal of Genetic Counseling* 6, no. 3 (1997): 297-313.

──────── 7장: 산전 진단 ────────

1. Virginia Corson, 저자와의 인터뷰, 2007년 1월 30일; Alan L. Otten, "Parental Agony: How Counselors Guide Couples When Science Spots Genetic Risks," *Wall Street Journal*, 1989년 3월 8일, A1, A8, Subject Files: Genetic Diseases (GD); "Geneticist Predicts Defects," Messenger, 1980년 2월 27일, 1-3, Biographical File: Virginia Corson (VC), Alan Mason Chesney Medical Archives (AMCMA), The Johns Hopkins Medical Institutions (JHMI), Baltimore, Maryland.

2. 미국의 의학유전학 분야의 발전에 있어서 이 단체의 중요성에 대해서는 다음을 참고하라. Nathaniel Comfort, *The Science of Human Perfection: Heredity, Health, and Human Improvement in American Biomedicine* (New Haven, CT: Yale Univeristy Press, 2012).

3. "The History of Human Genetics in the Johns Hopkins University," Box 436833458, John Littlefield Papers (JL), Folder: Genetics Unit, AMC-

MA, JHMI; Lisa Harris, "In Vitro Fertilization in the United States: A Clinical and Cultural History" (PhD dissertation, University of Michigan, 2006); Robin Marantz Henig, *Pandora's Baby: How the First Test Tube Babies Sparked the Reproductive Revolution* (New York: Houghton Mifflin, 2004).

4. Michael M. Kaback et al., "Approaches to the Control and Prevention of Tay Sachs Diseases," *in Progress in Medical Genetics,* vol. 10, ed. A. Steinberg and A. Bearn (New York: Grune and Stratton, 1974), 103-34; Howard Markel, "Scientific Advances and Social Risks: Historical Perspectives of Genetic Screening Programs for Sickle Cell Disease, Tay Sachs Disease, Neural Tube Defects, and Down Syndrome, 1970-1997," in *Promoting Safe and Effective Genetic Testing in the United States. Final Report of the Task Force on Genetic Screening (Appendix 6),* ed. Neil A. Holtzman and Michael S. Watson (Bethesda, MD: NIH-DOE Working Group on Ethical, Legal and Social Implications of Human Genome Research, 1997), www.genome.gov/10002401; Keith Wailoo and Stephen Pemberton, *The Troubled Dream of Genetic Medicine: Disease and Ethnicity in Tay-Sachs, Cystic Fibrosis, and Sickle Cell Disease* (Baltimore: Johns Hopkins University Press, 2006).

5. Haig W. Kazazian Jr., Nathaniel Comfort와의 인터뷰, 2006년 7월 13일, Oral History of Human Genetics Project, http://ohhgp.pendari.com/Links.aspx에서 접근 가능.

6. John Littlefield가 Dr. Theodore M. King에게 보내는 서신, 1977년 9월 14일, Box 431969216/509130, Victor McKusick Papers (VM), Folder: Prenatal Diagnostic Center; Richard H. Heller가 Haig Kazazian에게 보내는 서신, 1978년 5월 29일, Howard W. Jones Jr. Papers (HWJ), Folder: Prenatal Diagnostic Center (3 of 4), AMCMA, JHMI.

7. Corson, 앞의 인터뷰; Judy Minkove, "The Gene Gurus: Genetic Counselors Help Us Grasp Our Biological Destiny," *Dome* 56, no. 4 (2005): 5-6, Subject Files: Genetic Counseling Clinics (GCC), AMCMA, JHMI.

8. Jennifer A. Bubb and Anne L. Matthews, "What's New in Prenatal Screening and Diagnosis?," *Primary Care: Clinics in Office Practice* 31, no. 3 (2004): 561-82.

9. Corson, 앞의 인터뷰; Otten, "Parental Agony."

10. 다음을 참고하라. Robert G. Resta, "Historical Aspects of Genetic Counseling: Why Was Maternal Age 35 Chosen as the Cut-Off for Offering Amniocentesis," *Medicina nei Secoli Arte e Scienza* 14, no. 3 (2002): 793-811.

11. Luba Djurdjinovic, 저자와의 인터뷰, 2011년 9월 22일.

12. Corson, 앞의 인터뷰.

13. 다음과 같은 자료를 참고할 수 있다. Deborah Kaplan, "Prenatal Screening and Its Impact on Persons with Disabilities," *Clinical Obstetrics and Gynecology* 36, no. 3 (1993): 605-12; Rayna Rapp, *Testing Women, Testing the Fetus: The Social Impact of Amniocentesis in America* (New York: Routledge, 2003).
14. Sonia Mateu Suter, "The Routinization of Prenatal Testing," *American Journal of Law & Medicine* 28 (2002): 233-70.
15. Memorandum for the Record, 1968년 11월 15일, Box 504035, HWJ, Folder: Prenatal (2 of 4), AMCMA, JHMI.
16. "Prenatal Birth Defects Diagnostic Center at the Johns Hopkins Hospital," Box 504035, HWJ, Folder: Prenatal (2 of 4), AMCMA, JHMI.
17. Leslie J. Reagan, *Dangerous Pregnancies: Mothers, Disabilities, and Abortion in Modern America* (Berkeley: University of California Press, 2010); National Foundation of Infant Paralysis, *Expanded Program* (1958), 15-29, Medical Programs Records (MPR), Series 6: Expanded Program, Box 6, March of Dimes Archives (MDA), White Plains, New York.
18. 1972년, 마치 오브 다임스의 전신인 국립소아마비재단(The National Foundation for Infantile Paralysis)은 낙태 문제에 휘말리고 싶지 않아하며 "합법적인 낙태는 재단의 권한 밖"이며 엄밀히는 부모가 결정할 일이라고 말했다. 이에 관해서는 다음을 참고하라. Memorandum, George P. Voss to Chairman of Chapters with a population of 25,000 and over, 1972년 3월 14일, MPR, Series 3: Birth Defects, Box 3, Folder: Amniocentesis (1972), MDA.
19. Form Letter, Medical Department, the National Foundation-March of Dimes, 1969년 10월 1일; Memorandum, Re:NF-MOD visibility in genetics, Dorothy Davis to Dr. Virginia Apgar, June 16, 1970, MPR, Series 3: Birth Defects, Box 3, MDA.
20. Richard H. Heller to John Littlefield, November 21, 1973, Box 436833456, JL, Folder: Prenatal, AMCMA, JHMI.
21. "Prenatal Birth Defects Diagnostic Center".
22. Marc Lappé, "How Much Do We Want to Know about the Unborn?," *Hastings Center Report* 3, no. 1 (1973): 8-9.
23. Sherman Elias, Joe Leigh Simpson, and Allan T. Bombard, "Amniocentesis and Fetal Blood Sampling," chap. 2 in *Genetic Disorders and the Fetus: Diagnosis, Prevention and Treatment,* ed. Aubrey Milunsky, 4th ed. (Baltimore: Johns Hopkins University Press, 1998), 53-82.
24. Robert G. Resta, "The First Prenatal Diagnosis of a Fetal Abnormality," *Journal of Genetic Counseling* 6, no. 1 (1997): 81-83.
25. Resta, "Historical Aspects of Genetic Counseling"; Ruth Schwartz

Cowan, "Women's Roles in the History of Amniocentesis and Chorionic Villi Sampling," in *Women and Prenatal Testing: Facing the Challenges of Genetic Technology,* ed. Karen Rothenberg and Elizabeth Thomson (Columbus: Ohio State University Press, 1994), 35-48; Jean Marie Brady, "Discussion of Amniotic Cell Cultures in Prenatal Diagnosis for Genetic Counseling," American Journal of Medical Technology2 37, no. 11 (1971): 428-33.

26. Comfort, *Science of Human Perfection;* Ruth Schwartz Cowan, *Heredity and Hope: The Case for Genetic Screening* (Cambridge, MA: Harvard University Press, 2008).

27. Daniel J. Kevles, *In the Name of Eugenics: Genetics and the Uses of Human Heredity,* 2nd ed., (Cambridge, MA: Harvard University Press, 1995).

28. Fiona Alice Miller, "A Blueprint for Defining Health: Making Medical Genetics in Canada, c. 1935-1975" (PhD dissertation, York University, February 2000).

29. 다음을 참고하라. Cowan, *Heredity and Hope,* chap. 3.

30. Albert B. Gerbie and Arnold A. Shkolnik, "Ultrasound Prior to Amniocentesis for Genetic Counseling," *Obstetrics and Gynecology* 46, no. 6 (1975): 716-19.

31. Mark W. Steele and W. Roy Breg Jr., "Chromosome Analysis of Human Amniotic-Fluid Cells," *Lancet* 1 (1966): 385.

32. "Prenatal Birth Defects Diagnostic Center."

33. Charles J. Epstein et al., "Prenatal Detection of Genetic Disorders," *American Journal of Human Genetics* 24 (1972): 214-26; Lillian Y. F. Hsu et al., "Results and Pitfalls in Prenatal Cytogenetic Diagnosis," *Journal of Medical Genetics* 10 (1973): 112-19; Aubrey Milunsky and Leonard Atkins, "Prenatal Diagnosis of Genetic Disorders: An Analysis of Experience with 600 Patients," *Journal of American Medical Association* 230, no. 2 (1974): 232-35; Gerald H. Prescott et al., "A Prenatal Diagnosis Clinic: An Initial Report," *American Journal of Obstetrics and Gynecology* 116, no. 7 (1973): 942-48.

34. Kurt Hirschhorn, 저자와의 인터뷰, 2009년 3월 9일; 다음의 글도 참고할 수 있다. Kurt Hirschorn, "The Role and Hazards of Amniocentesis," *Annals of the New York Academy of Medicine* 240 (1975): 117-20.

35. Henry L. Nadler and Albert B. Gerbie, "Role of Amniocentesis in the Intrauterine Detection of Genetic Disorders," *New England Journal of Medicine* 282, no. 11 (1970): 599.

36. Ibid.

37. Epstein et al., "Prenatal Detection of Genetic Disorders," 224.

38. Joseph R Hixson, "Forecasts from the Womb," New York Times, 1967년

1월 19일, 56; Robert W. Stock, "Will the Baby Be Normal? The Genetic Counselor Tries to Find the Answer by Translating the Biological Revolution into Human Terms," *New York Times*, 1969년 3월 23일, SM25.

39. Jane E. Brody, "Prenatal Diagnosis Is Reducing Risk of Birth Defects," *New York Times*, 1971년 6월 3일, 41.

40. Gilbert S. Omenn, "Prenatal Diagnosis of Genetic Disorders," *Science* 200, no. 26 (1978): 952-58; Charles J. Epstein and Mitchell S. Golbus, "The Prenatal Diagnosis of Genetic Disorders," *Annals Reviews of Medicine* 29 (1978): 117-28.

41. Leslie J. Reagan, *When Abortion Was a Crime: Women, Medicine, and Law in the United States, 1867-1973* (Berkeley: University of California Press,1997).

42. 다음의 예시를 참고하라. Walter Sullivan, "Wider Detection of Prenatal Flaws Expected to Spur Abortions," *New York Times*, 1970년 6월 13일, 11.

43. Richard H. Heller, MD, Curriculum Vitae, included in Questionnaire, March of Dimes 1973-1974, Box 504305, HWJ, Folder: Prenatal (4 of 4), AMCMA, JHMI.

44. Richard H. Heller, 편집자에게 보내는 서신. *Baltimore Sun*, November 3, 1971, Biographical Files, Folder: Richard Heller (RH), AMCMA, JHMI.

45. World Health Organization, "Genetic Counseling: Third Report of the WHO Expert Committee on Human Genetics," World Health Organization Technical Report Series, no. 416 (Geneva: World Health Organization, 1969), 10.

46. "Agenda, Amniocentesis Registry Meeting, July 12, 1973," and accomanying charts, Box 436833456, JL, Folder: Prenatal, AMCMA, JHMI.

47. The NICHD National Registry for Amniocentesis Study Group, "Midtrimester Amnioctenesis for Prenatal Diagnosis," *JAMA* 236, no. 13 (1976): 1475. 이 논문에 따르면 보스턴의 유니스 케네디 슈라이버 센터 (Eunice Kennedy Shriver Center)와 캘리포니아 대학교 샌디에이고 캠퍼스가 이후에 이 연구에 참여했다.

48. M. d'A. Crawfurd et al., "Early Prenatal Diagnosis of Hurler's Syndrome with Termination of Pregnancy and Confirmatory Findings on the Fetus," *Journal of Medical Genetics* 10 (1973): 144-53; Helmut G. Schrott, Laurence Karp, and Gilbert S. Omenn, "Prenatal Prediction in Myotonic Dystrophy: Guidelines for Genetic Counseling," *Clinical Genetics* 4 (1973): 38-45; Roscoe O. Brady, B. William Uhlendorf, Cecil B. Jacobson, "Fabry's Disease: Antenatal Detection," *Science* 172, no. 3979 (1971): 174-75.

49. Cowan, *Heredity and Hope*, 102; Centers for Disease Control and Prevention, "Chorionic Villus Sampling

and Amniocentesis: Recommendations for Prenatal Counseling," *Morbidity and Mortality Weekly Report* 44 (July 21, 1995): 2; Tabitha M. Powledge, "Prenatal Diagnosis: New Techniques, New Questions," *Hastings Center Report* 9, no. 3 (1979): 16-17.
50. Tamsen M. Caruso, Marie-Noel Westgate, and Lewis B. Holmes, "Impact of Prenatal Screening on the Birth Status of Fetuses with Down Syndrome at an Urban Hospital, 1972-1994," *Genetics in Medicine* 1, no.1 (1998): 22-28.
51. Mitchell S. Golbus et al., "Prenatal Genetic Diagnosis in 3000 Amniocenteses," *New England Journal of Medicine* 300, no. 4 (1979): 157-63.
52. Resta, "Historical Aspects of Genetic Counseling," Chart, Growth of the Prenatal Diagnostic Center of the Johns Hopkins Hospital, Box 504035, HWJ, Folder: Prenatal (4 of 4), AMCMA, JHMI.
53. Statistical Summary, Prenatal Diagnostic Center--Johns Hopkins Hospital, 1976. 다음의 자료에 포함되어 있다. Richard Heller to Dr. Benjamin White, 1977년 3월 29일 Box 405035, HWJ, Folder: Prenatal (4 of4), AMCMA, JHMI.
54. Minutes of the Prenatal Diagnostic Center, Medical Advisory Board, 1973년 4월 2일, 1974년 10월 7일, Box 504035, HWJ, Folder: Prenatal (1 of 4), AMCMA, JHMI.
55. Minutes, Prenatal Diagnostic Center, Meeting of the Medical Advisory Board, 1973년 1월 15일, Box 504035, HWJ, Folder: Prenatal (2 of 4), AMCMA, JHMI.
56. Minutes of the Meeting of the Prenatal Diagnostic Center, Medical Advisory Board, 1973년 10월 15일; Minutes of the Medical Advisory Board, Prenatal Diagnostic Center, 1973년 10월 15일, Box 436833458, JL, Folder: Prenatal, AMCMA, JHMI.
57. Richard Heller to Dr. John Littlefield, January 25, 1974, Box 436833458, JL, Folder: Prenatal, AMCMA, JHMI.
58. Richard Heller to Dr. Howard W. Jones, March 10, 1977, Box 504035, HWJ, Folder: Prenatal (3 of 4), AMCMA, JHMI.
59. Minutes of the Meeting of the Prenatal Diagnostic Center, Medical Advisory Board, 1974년 10월 7일, Box 504035, HWJ, Folder: Prenatal (1 of 4), AMCMA, JHMI.
60. Ibid.
61. Minutes of the Medical Advisory Board Meeting of the Prenatal Diagnostic Clinic, 1978년 1월 24일, Box 504035, HWJ, Folder: Prenatal (3 of 4), AMCMA, JHMI.
62. Ibid.
64. Ibid.
65. Richard H. Heller to John Littlefield, November 21, 1973, Box 436833456, Folder: Prenatal; Ques-

tionnaire, March of Dimes, 1973-1974, Box 504305, HWJ, Folder: Prenatal (4 of 4), AMCMA, JHMI.
67. Jane E. Brody, "Genetics Clinics Predict Defects," New York Times, 1969년 2월 2일, 76; 다음 글도 참고할 수 있다. "Medicine to Forecast Birth Defects," *New York Times,* 1969년 5월 25일, E8.
67. Questionnaire, March of Dimes, 1973-1974, Box 504305, HWJ, Folder: Prenatal (4 of 4), AMCMA, JHMI.
68. "Life Quality Paramount, Seminar Topic Here," *Daily Times* (Salisbury, MD), 1976년 11월 22일, n.p., RH, AMCMA, JHMI.
69. Obituary, *Baltimore Sun,* 1982년 2월 9일, D6, RH, AMCMA, JHMI.
70. Ronald Conley and Aubrey Milunsky, "The Economics of Prenatal Genetic Diagnosis", chap. 20 in *The Prevention of Genetic Disease and Mental Retardation,* ed. Aubrey Milunsky (Philadelphia: W. B. Saunders, 1975), 442-55.
71. "Prenatal Birth Defects Diagnostic Center".
72. Neil A. Holtzman to Benjamin White, 1973년 7월 16일, Box 436833458, JL, Folder: Genetics Unit, AMCMA, JHMI.
73. Gerald H. Prescott et al., "Prenatal Diagnosis Clinic: An Initial Report," *American Journal of Obstetrics and Gynecology* 116, no. 7 (1973): 945, 948.
74. Resta, "Historical Aspects of Genetic Counseling," 797; Susan P. Pauker and Stephen G. Pauker, "Prenatal Diagnosis - Why Is 35 a Magic Number?," *New England Journal of Medicine* 330 (1994): 1151-52.
75. David S. Newberger, "Down Syndrome: Prenatal Risk Assessment and Diagnosis," *American Family Physician,* www.aafp.org/afp/20000815/825.html.
76. Cowan, "Women's Roles in the History of Amniocentesis," 35-48; George J. Annas and Brian Coyne, "'Fitness' for Birth and Reproduction: Legal Implications of Genetic Screening," *Family Law Quarterly* 9 (1975): 463-89; Captain Jeffrey L. Grundtisch, "Legal Liability in Genetic Counseling and Testing," *Air Force Law Review* 21, no. 3 (1979): 462-72; Aubrey Milunsky and Philip Reilly, "The 'New' Genetics: Emerging Medicolegal Issues in the Prenatal Diagnosis of Hereditary Disorders," *American Journal of Law and Medicine* 1 (1975): 71-88.
77. Proposal, Statewide Screening for Spina Bifida by α-Fetoprotein, Box 504035, HWJ, Folder: Prenatal (4 of 4), AMCMA, JHMI.
78. Minutes of the Meeting of the Prenatal Diagnostic Center, Medical Advisory Board, 1973년 11월 5일, Box 436833458, JL, Folder: Prenatal, AMCMA, JHMI.
79. Richard Heller to Dr. H. Lorrin Lau, 1976년 7월 15일, Box 504035, HWJ, Folder: Prenatal (4 of 4), AMCMA,

JHMI.
80. Aubrey Milunsky and Elliott Alpert, "Sounding Board: Antenatal Diagnosis, Alpha Fetoprotein and the FDA," *New England Journal of Medicine* 295, no. 3 (1976): 169.
81. Proposal, Statewide Screening for Spina Bifida.
82. 다음을 보라. George J. Annas, "At Law: Is a Genetic Screening Test Ready When the Lawyers Say It Is?," *Hastings Center Report* 15, no. 6 (1985): 16-18. 1986년 캘리포니아 주는 주의 산전 검사 서비스를 이용하는 모든 환자에게 MSAFP 선별검사를 제공하기 시작했다. 다음을 참고하라. Carole H. Browner and Nancy Ann Press, "The Normalization of Prenatal Diagnostic Screening," chap. 17 in *Conceiving the New World Order: The Global Politics of Reproduction*, ed. Faye D. Ginsburg and Rayna Rapp (Berkeley: University of California Press, 1995), 307-22; Nancy Press and C. H. Browner, "Why Women Say Yes to Prenatal Diagnosis," *Social Science & Medicine* 45, no.7 (1997): 979-89.
83. "Prenatal Birth Defects Diagnostic Center".
84. "Dial the Doctor' for Info on Genetic Counseling," *Salisbury Advertiser*, 1974년 11월 14일, 9, RH, AMCMA, JHMI.
85. Kazazian, 앞의 인터뷰.
86. Mt. Sinai Amniocentesis, Record Group (RG) 6, Curriculum, 1975-1976, Fieldwork, Human Genetics Graduate Program Records (HGG-PR), Sarah Lawrence College Archives (SLCA), Bronxville, New York.
87. Djurdjinovic, 앞의 인터뷰.
88. Elsa Reich, 저자와의 인터뷰, 2011년 8월 16일.
89. Minutes of the Meeting of the Prenatal Diagnostic Center, Medical Advisory, 1976년 5월 17일, Box 426833458, JL, Folder: Prenatal, AMCMA, JHMI.
90. Haig H. Kazazian Jr., "A Medical View," *Hastings Center Report* 10, no. 1 (1980): 17.
91. Ibid., 18.
92. Barbara Katz Rothman, *The Tentative Pregnancy: How Amniocentesis Changes the Experience of Motherhood* (New York: W. W. Norton, 1986).
93. 다음의 글도 참고할 수 있다. Mitchell S. Golbus et al., "Intrauterine Diagnosis of Genetic Defects: Results, Problems, and Follow-Up of One Hundred Cases in a Prenatal Genetic Detection Center," *American Journal of Obstetrics and Gynecology* 118, no. 7 (1974): 897-905; Bruce D. Blumberg, Mitchell S. Golbus, and Karl H. Hanson, "The Psychological Sequelae of Abortion Performed for a Genetic Indication," *American Journal of Obstetrics and Gynecology* 122, no. 7 (1975): 799-808; Bruce D. Blumberg, Mitchell S. Golbus, and

Karl H. Hanson, "The Psychological Sequale of Abortion Performed for a Genetic Indication," *Obstetrics and Gynecology* 122, no. 7 (1975): 799-808.
94. Epstein et al., "Prenatal Detection of Genetic Disorders," 220.
95. Sara C. Finley et al., "Participants' Reactions to Amniocentesis and Prenatal Genetics Studies," *JAMA* 238, no. 22 (1977): 2377-79.
96. Dorothy C. Wertz and John C. Fletcher, "A Critique of Some Feminist Challenges to Prenatal Diagnosis," *Journal of Women's Health* 2, no. 2 (1993): 183.
97. Susan Markens, C. H. Browner, and H. Mabel Preloran, "I'm Not the One They're Sticking the Needle Into Latino Couples, Fetal Diagnosis, and the Discourse of Reproductive Rights," *Gender & Society* 17 no. 3 (2003): 465.
98. Cowan, *Heredity and Hope*.
99. C. H. Browner and H. Mabel Preloran, "Culture and Communication in the Cultural Realm of Fetal Diagnosis: Unique Considerations for Latino Patients," in *Genetic Testing: Care, Consent, and Liability*, ed. Neil F. Sharpe and Ronald F. Carter (New York: Wiley-Liss, 2006), 33.
100. Ibid., 44.
101. See Seymour Kessler, "Notes and Reflections," chap. 13 in *Psyche and Helix: Psychological Aspects of Genetic Counseling*, ed. Robert G. Resta (New York: Wiley-Liss, 2000), 165-66.
102. Gary Frohlich, Michael Begleiter, June Peters, and Bonnie Baty, 저자와의 인터뷰, 2007년 12월 18일.
103. Robert Resta, 저자와의 인터뷰, 2007년 3월 20일.
104. Rapp, *Testing Woman, Testing the Fetus*: Rothman, *Tentative Pregnancy*, Neil A. Holtzman, *Proceed with Caution: Predicting Genetic Risks in the Recombinant DNA Era* (Baltimore: Johns Hopkins University Press, 1989).
105. Reich, 앞의 인터뷰.

——————— 결론 ———————

1. Barton Childs, Andrea Maestrejuan 과의 인터뷰, 2001년 12월 12일, Oral History of Human Genetics Project, UCLA and Johns Hopkins, http://ohhgp.pendari.com/Links.aspx.
2. Misha Angrist, *Here Is a Human Being: At the Dawn of Personal Genomics* (New York: Harper Collins, 2010).
3. Luba Djurdijnovic, 저자와의 인터뷰, 2008년 1월 25일.
4. Wendy Uhlrnann, 저자와의 인터뷰, 2007년 12월 19일; Alan E. Guttrnacher, Jean Jenkins, and Wendy R. Uhlrnann, "Genornic Medicine: Who Will Practice It? A Call to Open Arms," *American Journal of Medical Genetics* 106 (2001): 216-22.
5. Catherine Reiser and Joan Burns, 저자와의 인터뷰, 2010년 10월 22일.

6. 다음을 참고. Angrist, *Here Is Human Being*.
7. Andrew Pollack, "A Less Risky Down Test Lifts Hopes," *New York Times*, 2011년 10월, B1.
8. Robert Resta와의 이메일, 2011년 10월 18일.
9. Arny Harrnon, "Love You, K2a2a, Whoever You Are," *New York Times*, 2006년 1월 22일, www.nytimes.com/2006/01/22/weekinreview/22harrnon.htrnl?pagewanted=all.
10. 다음의 문헌을 참고하라. Agrist, *Here Is a Human Being*: 그리고 Shobita Parthasarathy, "Assessing the Social Impact of Direct-to-Consumer Genetic Testing: Understanding Sociotechnical Architectures," *Genetics in Medicine* 12, no. 9 (2010): 544-47.
11. Kathryn T. Hock et al., "Direct-to-Consumer Genetic Testing: An Assessment of Genetic Counselors' Knowledge and Belief," *Genetics in Medicine* 13, no. 4 (2011): 325-32; United States Government Accountability Office, "Direct-to-Consumer Genetic Tests: Misleading Test Results Are Further Complicated by Deceptive Marketing and Other Questionable Practices," GAO-10-847, 2010년 7월 22일, www.gao.gov/products/GAO-10-847T; Shobita Parthasarathy, *Building Genetic Medicine: Breast Cancer Technology, and the Comparative Politics of Health Care* (Boston: MIT Press, 2007); Cheryl Berg and Kelly Fryer-Edwards, "The Ethical Challenges of Direct-to-Consumer Genetic Testing," *Journal of Business Ethics* 77 (2008): 17-32.
12. See Berg and Fryer-Edwards, "Ethical Challenges and ASHG Staternent on Direct-to-Consumer Genetic Testing in the United States," *American Journal of Human Genetics* 81 (2007): 635-37.
13. Beverly Yashar, 저자와의 인터뷰, 2010년 12월 15일.
14. Angrist, *Here Is a Human Being*.
15. Karen Heller, 저자와의 인터뷰, 2010년 10월 28일.
16. Heller, 앞의 인터뷰.
17. 2010 *Professional Status Survey: Salary and Benefits* (Chicago: National Society of Genetic Counselors, 2010), 18-19. www.nsgc.org에서 볼 수 있다.
18. Barbara Biesecker, 저자와의 인터뷰, 2007년 2월 1일.
19. Kelly Orrnond, "NSGC Foundations-Then, Now, Tomorrow," *Journal of Genetic Counseling* 14, no. 2 (2005): 85-88.
20. Kelly Orrnond, 저자와의 인터뷰, 2011년 9월 27일.
21. Caroline Lieber, 저자와의 인터뷰, 2010년 11월 5일.
22. 이는 다음 사이트에서 볼 수 있다. www.geneticcounselingtoolkit.com/about.html.

보론:
한국 유전상담에 관한 짧은 역사

현재환

최근 희귀·난치병 아동 치료에 종사하는 의료진들은 유전상담사 제도의 활성화를 요구하고 있다. 다수의 희귀 질환이 유전 질환이기에 환아와 가족들에게 이에 관한 정확한 유전적 정보를 제공하고 올바른 의사결정을 도울 수 있는 전문적인 유전상담사가 필요하다는 것이다.* 그 기원이 제2차 세계 대전 전후로 거슬러 올라가는 미국 유전상담의 역사를 확인한 독자들에게 한국에서는 왜 이처럼 뒤늦은 행보를 보이게 되었는지가 궁금할 것이다. 실제로 한국에서 유전상담은 오랜 시간 동안 정책적 논의나 언론에서의 담론적 차원에 머물렀으며, 유전상담이라 부를 만한 활동들은 소수의 산모나 부부가 대중적으로 알려진 유전학자들에게 전화 혹은 서신을 통해 문의하거나, 소아과나 산부인과 전문의들이 산모나 아동에게 유전자 검사를 시행하는 개별적인 실천에 불과했다.

하지만 국내 의사를 비롯한 전문가들이 유전상담의 필요성을 강조한 지는 생각보다 오래되었다. 1970년대부터 의료계와 유전학계는 유전상담의 제도화를 꾸준히 요구해 왔다. 이들의 요구 안에서 유전상담의 목적과 주체, 그리고 방법은 재생산과 장애, 그리고 전문성에 대한 이해의 변화와 맞물려 계속해서 시기마다 바뀌어 왔다. 이 보론은 언론과 논문, 보고서를 자료로 삼아 유전상담에 대한 의사, 유전학자, 보건학자를 비롯한 전문가들의

* "'마음의 병' 이어지는 희귀질환… "유전상담사 제도 활성화를"",《서울신문》 2024.9.2. (https://www.seoul.co.kr/news/plan/rare-disease-children-report/2024/09/03/20240903014001, 2025.1.6. 접속)

논의와 제도화 과정을 검토하면서 국내 유전상담 논의의 기원과
전개를 간략하게 살핀다. 한국 유전상담의 역사에 대한 검토는
유전상담사 제도의 활성화를 넘어 한국 유전상담의 미래 방향에
대한 고민의 필요성 또한 제기한다.

성별 감정을 위한 유전상담

한국에서 유전상담이라는 단어는 시대를 풍미한 과학저술가이자
과학사학자인 박익수가 1968년에 저술한 "바야흐로
인간개조시대"라는 글에서 최초로 언급된다. 이 글에서 박익수는
유전학의 발전으로 머지않은 미래에 "인공수정, 인공유전,
인공내장, 내장대용 등 그야말로 인간개조"가 가능할 것이고, 이런
인간개조 가능한 미래 병원에는 "유전상담소"가 자리할 것으로
전망했다. 그에 따르면, 유전상담소에서는 "결혼을 계획하고
있는 남녀나 산아를 원하는 부부들의 유전학적인 검사를 실시한
후에 자식에게 물려주게 될 유전적인 특징을 알려주고 남아 혹은
여아를 출생할 가능성의 비율을 말해줌으로써 그들의 최후 결정을
위한 과학적인 자료를 제공해 줄 뿐 아니라 그것에 대처할 방법의
상의에도 응하게 될 것"이었다.*

박익수의 언급 가운데 특기할 만한 내용은 유전상담소에서
태아의 성별을 알려 줄 수 있다는 것으로, 당시 널리 퍼진 남아
선호 사상과 관련해 유전상담에 대한 한국 특유의 관심을 보여
준다. 실제로 한국에서 "유전학적 문제"에 대해 가장 오래 전부터
초미의 관심 대상이 된 주제가 바로 태아 성 감별과 남아의
출산이라고 할 수 있다. 1960년 한 언론 사설에서 서울대학교의
유전학자 강영선은 본인이 태아 성 감별 문제와 관련해 자주
문의를 받아 왔음을 밝혔다.** 남아 출산에 대한 관심이 워낙 커서

---

* 박익수, "바야흐로 인간개조시대", 《신동아》 47호(1968), 304-305쪽.
** "태아의 성별은?", 《동아일보》, 1960.12.17.

1978년 전북대학교의 유전학자 이금영이 저술한 『유전상담』이라는 저서에서는 관련한 내용이 한 장을 채울 정도였다. 실제로 의학사 연구자 최은경은 1980년대 양수천자술과 초음파 검사와 같은 산전 진단 기술이 본격적으로 일반화되던 시기에 이 검사들이 성별 진단의 도구로 활용되었음을 보였다.* 산전 진단 기술이 "태아의 성 감별 과학"이라 불리며 "인류의 성별 비율을 파괴하는 위협"으로 떠오르자 1984년에 정부는 양수천자술을 이용한 성 감별 금지 지침을 배포했고, 1987년에는 의료법 개정을 통해 출생 전 태아 성별 확인을 금지하는 규제를 도입했다. 그러나 1990년대 중후반에도 불법적인 성별 진단이 성행하여 이에 대한 의료계의 추방 캠페인이나 정부의 병원 단속이 이어지기도 했다.**

유전상담을 둘러싼 전문성의 정치

한편, 유전상담을 진지하게 다룬 최초의 학술적 논의로는 1972년 4월 이화여자대학교의 유전학자 정용재의 글을 들 수 있다. 그는 생물 교육 강좌의 일환으로 인류유전학의 응용 분야를 설명하는 가운데 "결혼이나 산아, 우경(euthenics)에 대한 적극적인 계몽과 지도를 실시하는 사명"을 지닌 유전상담이 발달해 왔다고 소개했다. 정용재에 따르면 유전상담 과정에서 상담사는 "비정상 형질이나 기형이 나타"난 경우 이에 관한 진단을 내리고, 치료법을 소개하며, 가족과 친족 간의 동일한 "비정상 형질"이 발현될 위험도를 추정하는 일부터 특정 유전 질환 "보인자 여부의 판정, 결혼, 임신, 산아 지도, 입양아의 형질 판정, 근친 결혼의 가부, 방사선 피폭의 유전적 영향, 직업 선택과 진학 지도, 친부모-자식

---

* 최은경, "산전진단기술이 만들어낸 우생학적 공포", 현재환, 박지영, 김재형 편, 『우리 안의 우생학: 적격과 부적격, 그 차별과 배제의 역사』(파주: 돌베개, 2024), 148-152쪽.
** "태아 성감별 의료계 자체고발키로: 의학협회, 추방운동 전개", 《한겨레》, 1995.02.04; "복지부 태아 성감별 병원 단속 강화", 《매일경제》, 1997.01.10.

감정"에 이르기까지 폭넓은 문제들을 다루어야 했다.* 확인이
필요하지만 방사선 피폭에 대한 내용이나 직업 선택 및 진학
지도 등에 대한 언급들을 미루어 볼 때, 그는 미국보다는 일본의
유전상담 저작들을 참고한 것처럼 보인다.

  정용재의 글에서 주목할 만한 부분이 두 가지 있는데, 하나는
유전상담사를 의사의 직무로 한정하지 않는 것이고, 다른 하나는
비지시성을 강조하는 것이다. 그는 유전상담사는 "인류유전학
지식과 더불어 의학적 상식을 충분히 갖추어야" 한다며, "의사가
수시로 협력할 수 있는 조건을 구비"해야 하지만 의사일 필요는
없음을 분명히 했다. 특히 "근친 결혼의 가부나 색맹" 등과 같이
"유전 법칙을 적용"하는 것만으로도 분명하게 답을 얻을 수 있는
상담의 경우 "동식물 유전학자로 충분"하다고 밝혔다.** 다른
유전학자들도 유전학자가 유전상담을 진행할 수 있다는 입장을
피력했다. 1975년 5월 《조선일보》는 유전학자 강영선의 인류
유전에 관한 강연을 소개하면서 그의 유전상담 기구 구상을
소개했다. 강영선은 "유전학에 관한 지식이 부족한 일반 병원의
의사들"로부터 유전상담까지 "기대할 수 없"기에 독자적인
유전상담 기구가 필요하다고 주장했으며, 이 유전상담 기구의
주체는 인류 유전에 대한 연구를 진행해 온 유전학자들이 될
것이었다.***

  이처럼 유전학자들이 유전상담이라는 새로운 분야에서
자신들의 전문성의 중요성을 강조했지만, 의료계에서는
유전상담을 전적으로 의사가 수행해야 할 업무로 이해했다.
의사들이 보기에 유전자 검사는 비교적 새롭고 유전학이라는
전문적인 지식을 요구하는 특수한 검사이기는 하지만, 다른

---

* 정용재, "인류유전학의 응용(3)", 《과학교육과 시청각교육》 91(1972), 23-27쪽.
** 같은 글, 23-24쪽.
*** "유전상담기구 아쉽다", 《조선일보》, 1975.5.7.

검사들과 마찬가지로 해당 검사 결과에 대한 정보를 환자에게 최종적으로 전달하고 소통할 전문가는 의사여야 했던 것이다. 미시간 대학교 유전학과에서 의학유전학을 공부하고 귀국한 서울대학교 의과대학의 최규완은 1973년의 글에서 유전상담을 다른 "의료행위와 마찬가지로 과학(Science)이기에 앞서 기술(Art)"로 정의하며, "각급종합병원에 유전상담소가 설치"되어 의사의 관할하에 이루어져야 함을 당연시했다.*

과학기술학(Science and Technology Studies, STS)에서는 "특정 주제와 관련해 어떤 집단의 전문성과 지식을 사회적으로 가장 가치 있으며 믿을 만한 것으로 여겨야 하는가를 둘러싸고 사람들 사이에서 형성되는 갈등적 경합 과정"을 전문성의 정치(politics of expertise)라고 부른다.** 이와 같은 관점에서 1970년대 초 한국의 유전학자들과 의사들은 유전상담이라는 새로운 분야를 구상하는 가운데 유전학과 유전학자의 중요성 여부를 둘러싸고 전문성의 정치를 벌였다고 할 수 있다. 이 짧은 글에서 상술하기는 어렵지만, 결론적으로 의학계는 1981년 인류유전학에 대한 관심을 갖고 유전자 검사 등과 관련된 업무를 수행하는 의사들을 중심으로 대한의학유전학회라는 학회를 한국유전학회(1978년 설립)와 독립적으로 조직해 "의학유전학"이라는 분야를 만들어 내면서 전문성의 정치 문제를 일단락시켰다. 중요한 점은 이런 전문성의 정치가 젠더 문제와 교차한다는 것이다. 미국과 달리 유전상담의 주도권을 주장한 유전학자와 의사들이 모두 남성이었다는 점은 의미심장하다. 이는 1970년대 한국에서 의료계와 자연과학계 모두에서 성공적인 여성 학자를 찾아보기 힘든 당시 한국의 젠더 편중 상황을 일정 부분

---

* 최규완, "유전상담", 《이화간호학회지》 7(1973), 8쪽.
** 이영희, "전문성의 정치와 사회운동: 의미와 유형", 《경제와사회》 93(2012), 13-41쪽.

반영한다.*

　　다시 돌아와서, 정용재의 글이 흥미로운 또 다른 지점은 그의 비지시성에 대한 강조이다. 정용재는 상담 과정에서 피상담자의 질문에 대한 답변이 "강제적이거나 단정적이면 안 되며," 최종 결정은 피상담자 "자신에게 맡겨야 할 것"으로, 유전상담사는 의사 결정에 필요한 자료를 제공하는 이상의 활동을 하지 말아야 한다고 말했다.** 필자가 현재까지 살펴본 바에 따르면, 정용재의 비지시성 주장은 1970~1990년대 사이에 출판된 유전상담에 관한 문헌들 가운데 극소수의 사례 가운데 하나이다. 대부분의 글에서는 유전학자나 의사 모두 장애 아동 출산을 "예방"하도록 산모들을 적극 지도해야 할 필요성을 강조했는데, 이처럼 비지시성 원칙을 전혀 고려하지 않는 경향은 유전상담의 제도화에 대한 요구가 국가 주도의 우생학적 가족계획과 맞물려 일어났다는 사실과 연관된다.

우생학적 가족계획과 유전상담

유전상담의 제도화에 대한 주장이 여러 논자들에 의해 가장 뚜렷하게 제기된 것은 1970년대 중반이다. 1973년에 최규완이 《이화간호학회지》에 "유전상담"에 대한 짧은 원고를 게재하는 한편 결혼과 유전병을 주제로 《동아일보》와 인터뷰하면서 유전상담에 대해 대중적으로 알렸다.*** 1975년 5월 3일 유전학자 강영선은 "인류유전의 제문제"라는 제목으로 교수 아카데미 강연에서 유전상담을 강조했고, 같은 달 31일 한국생물교육학회는 와카야마 의과대학 해부학교실의 한다 요시토시(半田順俊)를

---

* 1980년대 국내 여성 과학자의 상황에 대한 통계로는 다음을 참고. 박영자, "기초과학에서의 우리나라 여성과학자의 지위와 역할에 관한 연구", 《아세아여성연구》 22(1983), 195-223쪽.
** 정용재, 앞의 글, 23쪽.
*** 최규완, 앞의 글; "결혼과 유전병: 최규완 교수 지상진단", 《동아일보》 1973.3.9.

초청해 "유전상담의 국제적 활동"이라는 강연회를 개최했다.*
대한소아과학회 역시 같은 해 10월에 인류유전학을 주제로
학술대회를 개최해 가톨릭대학교 의과대학의 이두봉과 서울의대의
문형로 등이 최규완과 함께 유전상담에 대해 발표했다.**

　　　이와 같은 유전상담 "붐"의 배경에는 1973년 1월 유신 치하의
비상국무회의의 결정으로 〈모자보건법〉이 법제화되는 상황이
놓여 있었다. 당시 박정희 정부가 추진하던 가족계획 사업을
보조하는 목적으로 입법된 이 법안은 제8조 "인공임신중절의
허용한계" 규정과 관련해 "본인 또는 배우자가 대통령령으로
정하는 우생학적 또는 유전학적 정신장애나 신체질환이 있는
경우" 인공임신 중절이 가능하며, 제9조 "불임수술 절차 및 소의
제기" 조항에 따라 관련 질환의 "유전 또는 전염을 방지하기
위하여 그 자에 대하여 불임수술을 행하는 것이 공익상 필요하다고
인정할 때에는 대통령령이 정하는 바에 따라 보건사회부장관"이
"불임수술을 명령"할 수 있게 규정했다.*** 당시 유전학자들과
의사들은 일본의 〈우생보호법〉과 유사한 법제로 이해하고,
유전상담을 "인구의 질"을 고려하는 우생학적 인구 관리에 기여할
제도로 제안했다. 1973년에 최규완은 비록 우생학에 대한 여러
비판에도 불구하고, "인류사회구성의 유전학적 향상은 바람직한
일"이기에 이 문제를 해결할 우생학적 방안으로 선진국들에서
채택해 온 "유전상담"을 소개했다. 최규완은 유전상담이
"환자들에게 더욱 많은 도움"을 주는 것을 넘어 "사회적인
견지에서도 eugenic한 방향"으로 나아가는 데 기여할 수 있다고

* "유전상담", 《경향신문》, 1975.6.5.
** "인체유전학 다뤄: 10월 소아과학회", 《매일경제》, 1975.7.24.
*** 소현숙, "한국 가족계획사업과 장애인 강제불임수술", 현재환, 박지영, 김재형 편, 『우리 안의 우생학: 적격과 부적격, 그 차별과 배제의 역사』(파주: 돌베개, 2024), 114-142쪽.

강조했다.* 1975년 여름에 유전상담 기구의 설립을 주장한 유전학자 강영선 역시 "모자보건법이 제대로 작동되지 않는 것이 유전학적인 뒷받침을 효과적으로 하지 못하고 있기 때문"이며, "민족의 유전적 향상"을 도모하여 "민족 건강의 장래"에 기여하기 위해서라도 이러한 기구의 설치가 시급하다고 주장했다.**

    1975년 6월 충청남도가 보령 소재의 정심원에서 수용 중인 12명의 "정신박약" 및 간질환자 소녀들이 〈모자보건법〉에 따른 불임수술 대상자라고 보고하고, 이후 가족계획심의회와 한국원자력연구소의 염색체 검사에 이어 보건사회부가 이 소녀들에게 강제 불임 수술을 명령할 것이 예고되자, 이를 둘러싸고 커다란 사회적 논쟁이 일어났다.*** 비록 강제 불임 수술을 하지 않는 것으로 일단락났지만, 이 논쟁에서도 유전상담은 "부드러운 우생학"으로서 일종의 해결책으로 제시되었다. 예를 들어 같은 해 7월 서울 YWCA 강당에서 열린 "강제불임수술 명령에 관한 좌담회"에서 최규완은 불임수술의 강제 집행보다는 "본인과 보호자를 설득시켜" 개인과 사회 모두가 "원하는 방법으로 이끌어가는 유전상담 방식이 바람직하다"고 주장했다.**** 같은 해 12월 국제키비탄클럽 한국 본부가 개최한 "1회 정박아 및 지체부자유아 특수교육세미나"에서 인제대학교 백병원 정신신경부장 유석진 또한 "정박아 및 지체부자유아"의 "발생예방"의 주요 방안으로 "유전상담"의 제도화를 제안했다.***** 이들이 상상하는 유전상담에서 피상담자들은 국가 혹은 민족의 유전적 소질 저하를 막기 위해 출산을 하지 않는, 사회적으로

---

* 최규완, 앞의 글, 8쪽 및 13쪽.
** "유전상담기구 아쉽다", 《조선일보》, 1975.5.7.
*** 이에 강제불임수술 사건을 둘러싼 논쟁에 대한 분석으로는 소현숙, 앞의 글 참고.
**** "정박아 불임수술 찬반토론", 《동아일보》, 1975.07.22.
***** "애정없이 갱생없다", 《경향신문》, 1975.12.02.

바람직한 방향으로 유도될 것이었다.

비록 이런 제안들이 구현되지는 않았지만, 1980년대에 가족계획 사업이 "양에서 질"로 본격적으로 전환되면서 다시금 '인구 자질 향상'이라는 목적하에 유전상담의 제도화 논의가 부상했다. 1987년 12월 서울대학교 보건대학원의 보건학자 이선자를 중심으로 꾸려진 연구팀은 "2000년대를 향한 국가장기발전구상연구과제"로 "인구자질정책과 보건제도에 관한 연구"라는 보고서를 제출했다. 보고서에서 이선자 연구팀은 그간 한국의 인구 정책이 식량 부족이나 실업 문제 등의 요인으로 인구 증가 제한이라는 양적 조절에 초점을 맞추어 왔지만 그간 산업화와 경제 성장을 바탕으로 인구 수용력이 확대되고, 가족계획의 성공으로 출산율이 효과적으로 감소해 등한시해 오던 인구 문제의 질적 측면에도 초점을 맞출 단계에 이르렀다고 판단했다. 이들은 환경 개선의 중요성을 강조하면서도 "유해돌연변이의 축적을 어느 수준 이하로 낮출 것을 목적으로 하는 소극적 측면에서의 우생대책은 시급을 요하는 과제"라고 이해했다. 왜냐하면 "의학의 진보가 인구의 유전적 소질의 변화를 가져오고 그것으로 인하여 본래 적응력이 낮은 개체의 출현이 증가하고, 이로 인해서 의료의 수요가 증가하고 이것은 다시 적응력이 낮은 개체가 출현하는 가능성을 증대한다는 악순환이 일어나고 있기 때문"이었다. 연구팀은 이런 맥락에서 "우생대책을 위주로 한 선천적 자질에 관한 대책"을 고민해야 한다고 주장했다.*

유전상담은 우생대책과 함께 인구의 선천적 자질을 향상시킬 수 있는 대책으로 제시되었다. 여기서 유전상담은 이상 유전자를 예방하기 위해 전문가가 환자를 "인류유전학적인 입장에서 적절한

---

* 이선자 외, "인구자질정책과 보건제도에 관한 연구", 한국학술진흥재단 편, 《2000년을 향한 국가장기발전을 위한 학술연구보고서: 인구·보건·의료 분야》(서울: 학술진흥재단, 1987).

진단과 지도"를 하는 활동으로 제시되었다.* 유전상담은 늘
"개인적으로는 가족계획으로서, 사회적으로는 예방의학으로서"
전문가의 "판정에 의해서 유전질환이환아(遺傳疾患罹患兒)를
출생시킬 위험이 있을 때에는 수태조절을 하도록 지도하든지
국가가 수태조절을 권유해야 할 것"이었다.** 이처럼 인구의
질적 하락을 막기 위해 장애인의 출생을 "예방"한다는 논리하에
비지시성 원칙은 철저히 무시되었다. 유전상담의 제도화가
이루어지지는 않았지만, 1990년대에도 많은 산부인과 전문의들은
국익을 위한 기형아 출산 "예방"을 외치며 산전 진단 검사를
실시하며 태아가 선천성 유전질환을 갖고 있는 것으로 판단될 경우
산모들에게 낙태를 적극적으로 권유했다.***

유전상담 논의의 새로운 동인: 유전자 검사의 상업화와 희귀 질환
비록 1980년에 한양대학교 의과대학에서 하와이 대학교
유전학과에 근무 중이던 유전학자 백용균을 주임교수로 초청해
유전학 교실을 설치하고 그 일부로 유전상담실을 개소하면서
유전상담이 본격적으로 시작될 것이라는 기대가 있었지만,****
1990년대에 이르면 이 유전학 교실 역시 여타 병원의 염색체
검사실과 크게 다르지 않은 기관이 되었다. 이후 한동안 잠잠하다
2000년대 초에 이르러 유전상담은 다시 한번 새로운 관심을 받게
되었다.
      이 시기의 유전상담에 대한 최초의 관심은 의학계 바깥에서
나왔다. 인간 유전체 프로젝트(Human Genome Project, HGP)와
함께 등장한 ELSI(Ethical, Legal and Social Implications) 연구가

---

* 같은 글, 49쪽.
** 같은 글, 49-50쪽.
*** 현재환, ""한민족의 뿌리"를 말하는 의사들: 의학 유전학과 한국인 기원론,
1975-1987," 《의사학》 28(2019), 551-589쪽.
**** 이선자 외, 앞의 글, 48쪽.

2000년대 들어 국내에 도입되었는데, 인간 유전체 염기서열 해독 초안이 발표되고 HGP의 종결이 예측되는 상황에서 ELSI 연구자들은 유전체 의학이 일반화될 것이라는 기대 가운데 유전체 연구들의 관리자로서 유전상담사를 육성해야 하며, 이를 위한 국가 교육 및 인증제를 만들어야 한다고 제안했다.*

당시 우후죽순으로 생겨나던 유전자 검사 벤처 기업들은 ELSI 연구자들의 제안에서 상업적 기회를 발견했다. 이들은 "생명공학유전자학회"를 설립하고 2004년부터 과학기술부에게 사단법인 허가를 받아 "임상유전자상담사" 인증제를 실시하여 단기간 교육 후 상담사 자격증을 부여하는 사업을 진행했다. 이때 "치매", "비만", "진로적성"에 대한 유전자 검사 등 사이비 검사들이 횡행하고 이런 검사 판촉에 "임상유전자상담사"들이 동원된 듯하다.** 비록 2006년 한국유전자검사평가원 설립과 함께 정부가 과학적 근거가 없는 유전자 검사가 의료계 바깥에서 일반인을 상대로 이루어지지 않도록 관련 지침을 만들고, 일부 유전자 검사들을 금지시켰지만, 오늘날에도 한국의 교육열에 편승해 "유전학적 기질검사"와 같은 사이비 검사가 대치동을 중심으로 유행하며 전국적인 확산세를 보이고 있다.

다른 한편, 2000년대 중반 무렵부터 의료계 내부에서도 질환의 80%가량이 유전성 질환인 희귀 질환의 진단과 치료와 관련해 유전상담 도입의 필요성을 주장하는 목소리와 함께 유전상담에 대한 관심이 커졌다. 이 맥락에서 희귀 질환 관련 유전상담의 필요성을 강하게 주장해 온 아주대학교 의과대학 의학유전학과의 김현주의 주도로 2006년부터 동 학과에서 비의사 전문 유전상담사에 대한 대학원 교육 과정을 처음으로

* KAIST ELSI 연구실, 《생명과학과 ELSI 연구: ELSI 심포지엄》(대전: KAIST ELSI 연구실, 2003).
** 김현주, "유전상담의 제도적 고찰," 《대한의학유전학회지》 3(2007), 1-5쪽.

시작하여 2010년에 졸업생 4명을 최초로 배출했다. 2011년에는 김현주를 이사장으로 한 한국희귀질환재단이 출범하고, 재단이 2012년부터 가천대 길병원 유전상담클리닉, 서울시립동부병원 유전상담클리닉, 서울시립어린이병원 삼성발달센터 유전학클리닉과 연계해 유전성 희귀난치성질환 환자와 고위험군 가족을 위한 유전상담서비스 지원사업을 전개해 왔다.*

이와 함께 2014년부터 대한의학유전학회가 유전상담사 자격인정 시험을 연 1회 실시하면서 제도화가 본격적으로 진행되었다. 동 학회는 2016년부터는 산전, 소아, 성인, 암 분야에 대해 유전상담사 인증제를 시행하기 시작했다. 인증제는 유전상담 석사학위를 취득한 후, 실습 포트폴리오를 작성하여 응시 자격을 얻은 후 자격인정 시험을 치르는 순서로 진행되며, 2024년 현재 총 76명의 유전상담사가 인증을 받았다. 이와 같은 의료계 내부의 인증 사업과 함께 아주대 외에도 2013년 건양대학교 보건복지대학원 유전상담학과, 2018년 울산대학교 산업대학원 유전상담학 전공, 2020년 이화여자대학교 일반대학원 유전상담학 협동과정, 2024년 부산대학교 융합의생명과학대학원 임상유전상담학과 등에 석사과정이 개설되어 운영되기 시작했다. 유전상담과정의 졸업생 및 재학생 대부분은 간호사이고, 나머지는 비의료계 이공계 출신이며, 미국과 마찬가지로 여성이 대다수인 것으로 추정된다.**

이와 같은 노력과 별도로, 비의사가 주도하는 유전상담 제도화 시도 또한 2000년대 들어 더 활발해졌다. 2000년대 초부터 일부 간호사들은 유전상담간호사 육성안을 제시했으며,***

---

* 김현주, "국제기준에 맞는 유전상담서비스의 활성화 및 의료서비스로의 제도화," ("국내 유전상담서비스 활성화 방안 모색을 위한 토론회", 국회의원회관, 2023.5.31.) 9-34쪽.
** 자세한 내용에 대해서는 〈부록 C〉 참고.
*** "유전상담전문간호사 배출해야,"《간호사신문》, 2002.7.11; 김미영,

실제로 한국인유전성 유방암 연구회에서는 2010년대까지 간호사를 대상으로 한 유전상담 교육을 실시하고 "유전성 유방암 유전상담사"와 같은 자격을 부여하기도 했다. 그러나 현재 연구회의 자격 인증은 대한의학유전학회의 유전상담사 인증제로 통합된 상태이다. 또 대한보건교육사협회가 보건교육사를 대상으로 일반인의 소비자대상직접시행(DTC) 유전자 검사와 마이크로바이옴(Microbiome) 검사, 개인맞춤건강기능식품 상담과 교육을 목적으로 하는 단기간의 유전상담(보건교육)사 실무 교육을 제공하고 있는데, 이를 두고 2000년대 중반 의료계 바깥의 벤처 기업인들을 위주로 설립된 "생명공학유전학회"와 부정적인 경험을 가진 대한의학유전학회가 갈등을 빚고 있다.*

이와 같은 상황들을 고려해 볼 때, 한국의 유전상담은 여전히 진화 중이라고 말할 수 있다. 희귀 질환 관련 의료진들이 주장하는 것처럼, 국내 유전상담의 활성화를 위해서는 한국 의료 체계의 특성상 유전상담을 의료행위로 인정하고 보험급여 코드를 부여하는 일이, 오랜 기간의 노력을 거쳐 마련된 유전상담 제도가 성장하고 활성화하는 데 중요할 것처럼 보인다.** 다른 한편으로 이와 같은 성장 과정에서 희귀 질환에 대한 관심에서 시작된 유전상담의 제도화만을 생각하며 그 이전의 유전상담 논의의 역사를 간과해서도 안 될 것이다. 남아 선호 사상을 배경으로 한 태아 성 감별로서의 유전상담, 국가주의적인 우생학적 가족계획의

변영순, 윤희상, "유전상담 전문간호사 교육프로그램 개발에 관한 문헌고찰," 《대한기초간호자연과학회지》 7(2005), 15-28쪽.
* "지지부진한 '유전상담 제도화'…DTC 확대로 유전상담 유료화 등 혼란," 《헬스로그》, 2024.2.16. (https://www.koreahealthlog.com/news/articleView.html?idxno=44948, 2025.1.6. 접속)
** "법적 근거 갖춘 희귀질환 유전상담…"의료행위로 인정돼야"," 《청년의사》, 2023.5.31. (https://www.docdocdoc.co.kr/news/articleView.html?idxno=3006370, 2025.1.6. 접속)

일환으로 제안된 비지시성을 무시한 유전상담, 유전자 검사의 상업화 가운데 교육열 등에 편승해 상업적 이익을 목적으로 오용되는 유전상담 모두 미래 한국의 유전상담이 짊어지고 갈 역사이다. 미국의 유전상담사들이 우생학적 과거를 직시하고 이와 대면하며 다양성을 포괄하는 유전상담을 발전시키려 노력하는 것처럼, 한국의 유전상담 역시 불편한 유산을 성찰하는 데서 올바른 성장 방향의 출발점을 찾을 수 있을 것이다.

옮긴이의 말

필자가 2018년 7월 한일문화 교류기금 후원으로 도쿄 이과대학 공학부의 신창건 선생님의 지도하에 도쿄에서 짧게나마 박사 후 연수를 하는 동안 도쿄대학 의학부 부속병원의 유전체 진료부(ゲノム診療部)를 방문할 기회가 있었다. 같은 대학 병원에서 유전상담사(遺伝カウンセラー)로 근무 중이던 장향리 선생님의 호의 덕분이었는데, 당시 부서에 막 도입된 차세대 염기서열 분석(NGS) 검사 장비를 보여 주시고, 선생님의 부서에서만 연 400건 이상의 상담이 이루어질 정도로 유전상담이 활발함을 소개해 주시며 당신이 유전상담사의 길을 걷게 된 배경을 차분히 들려주셨다. 장 선생님은 유능한 이과 출신 여성으로, 발달장애를 가진 아이를 키우다 아이를 위해 할 수 있는 일을 고민하던 끝에 유전상담사가 되셨다고 한다. 이듬해 우연한 계기로 『유전상담의 역사』를 읽으면서 미국의 초기 유전상담사들의 경력과 장 선생님의 삶이 크게 공명한다는 사실을 처음으로 깨달았다. 한국 인류유전학의 역사로 박사학위 논문을 작성하며 유전상담을 남성 의사들과 유전학자들의 시대착오적인 우생학적 관심과 연관된 것으로만 생각해 오던 필자에게 돌봄에 대해 큰 관심을 가진 이공계 여성들이 이 분야의 개척과 성장을 주도했다는 내용은 지적으로 신선한 충격이었고, 이 책을 국내에 소개할 마음을 품었지만 좀처럼 기회가 닿지 않았다.

이 가운데 코로나 팬데믹의 영향이 점차 희미해지던 2022년 상반기에 유전상담의 역사와 관련해 관심을 갖는 다양한 경력의 연구자들을 만나면서 번역의 계기가 마련되었다. 필자는 인류유전학의 역사에 대한 관심에서, 서울대 과학학과의 민병웅 선생님은 이 책의 주요 인물인 셸던 리드의 인종간 입양 상담에 관한 관심에서, 같은 학과의 조희수 선생님은 의학 분야의 여성들과 재생산 기술에 대한 관심에서, 그리고 경북의대

의료인문·의학교육학교실의 최은경 선생님은 산전 진단 기술과 장애 문제 때문에 이 책을 번역하는 데 의기투합했다. 필자가 서론과 1장 및 2장을 초역했으며, 민병웅 선생님이 3장과 4장을, 조희수 선생님이 5장과 7장을, 최은경 선생님이 6장과 결론을 초역한 후에 민병웅 선생님과 조희수 선생님이 참고 문헌을 다듬었다. 이후 필자가 각 장의 이미지 캡션 설명들을 초역하며 초고 완성이 일단락되었다. 번역 초고를 수합하는 일은 2023년 2월에 마무리되었지만 상업성이 크지 않은 책이기에 출판사를 찾는 데 어려움이 있었다. 다행히도 서울대 과학학과 이두갑 선생님의 주선으로 같은 해 12월에 이음 출판사에서 흔쾌히 원고를 받아 주었다. 그런데 이후 여러 역자들이 각자의 문체와 기준으로 번역한 글들을 통일하는 일이 생각보다 쉽지 않아 필자가 출판사에 출판용 원고를 넘기는 일이 계속 미루어졌다. 이처럼 지지부진한 상황이 이어지다 2024년 여름에 다시 큰 마음을 먹고 서울대학교 과학학과의 김하정, 황교련 두 선생님의 교열 도움을 받아 필자가 원고 전체를 재번역하는 작업을 거쳤다. 이 작업은 이음 출판사의 이임호 편집자님과 작업했던 12월 말까지 이어졌다. 필자의 게으름 때문에 편집자가 여러 번 바뀌는 일이 발생해 출판사 선생님들께 면목이 없을 뿐이다. 출판 원고에 대해 인내심을 갖고 기다려 주신 주일우 사장님과 원고를 정성스레 검토하고 좋은 제안을 주신 이음 편집부에 감사의 말씀을 드린다.

    출판사의 요청으로 한국의 독자들을 위해 한국 유전상담의 역사에 대한 보론과 한국 유전상담의 현황과 관련된 부록들도 추가했다. 저자 알렉스 스턴 선생님도 기꺼이 한국어판 서문을 보내 주셔서 이 또한 첨부했다. 독자들에게 도움이 되기를 바란다. 마지막으로 오탈자나 오역은 모두 책임역자인 필자의 책임임을 밝혀 둔다.

    역자들을 대신하여,
    책임역자 현재환